月刊誌

数理科学

毎月 20 日発売
本体 954 円

予約購読のおすすめ

本誌の性格上、配本書店が限られます。**郵送料弊社負担**にて確実にお手元へ届くお得な～
ご利用下さい

年間　**11000**円
（本誌**12**冊）

半年　**5500**円
（本誌**6**冊）

予約購読料は**税込み価格**です。

なお、**SGC** ライブラリのご注文については、予約購読者の方には、商品到着後のお支払いにて承ります。

お申し込みはとじ込みの振替用紙をご利用下さい！

サイエンス社

数理科学特集一覧

63 年/7〜15 年/12 省略
2016 年/1 数理モデルと普遍性
　　　/2 幾何学における圏論的思考
　　　/3 物理諸分野における場の量子論
　　　/4 物理学における数学的発想
　　　/5 物理と認識
　　　/6 自然界を支配する偶然の構造
　　　/7 〈反粒子〉
　　　/8 線形代数の探究
　　　/9 摂動論を考える
　　　/10 ワイル
　　　/11 解析力学とは何か
　　　/12 高次元世界の数学
2017 年/1 数学記号と思考イメージ
　　　/2 無限と数理
　　　/3 代数幾何の世界
　　　/4 関数解析的思考法のすすめ
　　　/5 物理学と数学のつながり
　　　/6 発展する微分幾何
　　　/7 物理におけるミクロとマクロ
　　　　　のつながり
　　　/8 相対論的思考法のすすめ
　　　/9 数論と解析学
　　　/10 確率論の力
　　　/11 発展する場の理論
　　　/12 ガウス

2018 年/1 素粒子物理の現状と展望
　　　/2 幾何学と次元
　　　/3 量子論的思考法のすすめ
　　　/4 現代物理学の捉え方
　　　/5 微積分の考え方
　　　/6 量子情報と物理学の
　　　　　フロンティア
　　　/7 物理学における思考と創造
　　　/8 機械学習の数理
　　　/9 ファインマン
　　　/10 カラビ・ヤウ多様体
　　　/11 微分方程式の考え方
　　　/12 重力波の衝撃
2019 年/1 発展する物性物理
　　　/2 経路積分を考える
　　　/3 対称性と物理学
　　　/4 固有値問題の探究
　　　/5 幾何学の拡がり
　　　/6 データサイエンスの数理
　　　/7 量子コンピュータの進展
　　　/8 発展する可積分系
　　　/9 ヒルベルト
　　　/10 現代数学の捉え方［解析編］
　　　/11 最適化の数理
　　　/12 素数の探究
2020 年/1 量子異常の拡がり

　　　/2 ネットワークから見る世界
　　　/3 理論と計算の物理学
　　　/4 結び目的思考法のすすめ
　　　/5 微分方程式の《解》とは何か
　　　/6 冷却原子で探る量子物理の
　　　　　最前線
　　　/7 AI 時代の数理
　　　/8 ラマヌジャン
　　　/9 統計的思考法のすすめ
　　　/10 現代数学の捉え方［代数編］
　　　/11 情報幾何学の探究
　　　/12 トポロジー的思考法のすすめ
2021 年/1 時空概念と物理学の発展
　　　/2 保型形式を考える
　　　/3 カイラリティとは何か
　　　/4 非ユークリッド幾何学の数理
　　　/5 力学から現代物理へ
　　　/6 現代数学の眺め
　　　/7 スピンと物理
　　　/8 《計算》とは何か

「数理科学」のバックナンバーは下記の書店・生協の自然科学書売場で特別販売しております

SGCライブラリ-170

一般相対論を超える
重力理論と宇宙論

向山 信治 著

サイエンス社

───── **SGC ライブラリ** (The Library for Senior & Graduate Courses) ─────

近年，特に大学理工系の大学院の充実はめざましいものがあります．しかしながら学部上級課程並びに大学院課程の学術的テキスト・参考書はきわめて少ないのが現状であります．本ライブラリはこれらの状況を踏まえ，広く研究者をも対象とし，**数理科学諸分野および諸分野の相互に関連する領域**から，現代的テーマやトピックスを順次とりあげ，時代の要請に応える魅力的なライブラリを構築してゆこうとするものです．装丁の色調は，

> **数学・応用数理・統計系**（黄緑），**物理学系**（黄色），**情報科学系**（桃色），
> **脳科学・生命科学系**（橙色），**数理工学系**（紫），**経済学等社会科学系**（水色）

と大別し，漸次各分野の今日的主要テーマの網羅・集成をはかってまいります．

※ SGC1〜114 省略（品切含）

115 ループ量子重力理論への招待
　　玉置孝至著　　　　　　　　　本体 2222 円

116 数理物理における固有値問題
　　楳田登美男著　　　　　　　　本体 2130 円

117 幾何学的に理解する物理数学
　　園田英徳著　　　　　　　　　本体 2296 円

120 例題形式で探求する微積分学の基本定理
　　森田茂之著　　　　　　　　　本体 2037 円

121 対称性の自発的破れ
　　菅本晶夫・曹基哲 共著　　　　本体 2315 円

122 可解な量子力学系の数理物理
　　佐々木隆著　　　　　　　　　本体 2241 円

125 重点解説 スピンと磁性
　　川村光著　　　　　　　　　　本体 2130 円

126 複素ニューラルネットワーク [第2版]
　　廣瀬明著　　　　　　　　　　本体 2407 円

127 ランダム行列とゲージ理論
　　西垣真祐著　　　　　　　　　本体 2194 円

128 数物系のための複素関数論
　　河村哲也著　　　　　　　　　本体 2204 円

129 数理物理学としての微分方程式序論
　　小澤徹著　　　　　　　　　　本体 2204 円

130 重点解説 ハミルトン力学系
　　柴山允瑠著　　　　　　　　　本体 2176 円

131 超対称性の破れ
　　大河内豊著　　　　　　　　　本体 2241 円

132 偏微分方程式の解の幾何学
　　坂口茂著　　　　　　　　　　本体 2037 円

133 新講 量子電磁力学
　　立花明知著　　　　　　　　　本体 2176 円

134 量子力学の探究
　　仲滋文著　　　　　　　　　　本体 2204 円

135 数物系に向けたフーリエ解析とヒルベルト空間論
　　廣川真男著　　　　　　　　　本体 2204 円

136 例題形式で探求する代数学のエッセンス
　　小林正典著　　　　　　　　　本体 2130 円

137 経路積分と量子解析
　　鈴木増雄著　　　　　　　　　本体 2222 円

138 基礎物理から理解するゲージ理論
　　川村嘉春著　　　　　　　　　本体 2296 円

139 ブラックホールの数理
　　石橋明浩著　　　　　　　　　本体 2315 円

140 格子場の理論入門
　　大川正典・石川健一 共著　　　本体 2407 円

141 複雑系科学への招待
　　坂口英継・本庄春雄 共著　　　本体 2176 円

143 ゲージヒッグス統合理論
　　細谷裕著　　　　　　　　　　本体 2315 円

144 基礎から学ぶファインマンダイアグラム
　　柏太郎著　　　　　　　　　　本体 2407 円

145 重点解説 岩澤理論
　　福田隆著　　　　　　　　　　本体 2315 円

146 相対性理論講義
　　米谷民明著　　　　　　　　　本体 2315 円

147 極小曲面論入門
　　川上裕・藤森祥一 共著　　　　本体 2083 円

148 結晶基底と幾何結晶
　　中島俊樹著　　　　　　　　　本体 2204 円

149 量子情報と時空の物理 [第2版]
　　堀田昌寛著　　　　　　　　　本体 2389 円

150 幾何学から物理学へ
　　谷村省吾著　　　　　　　　　本体 2241 円

151 物理系のための複素幾何入門
　　秦泉寺雅夫著　　　　　　　　本体 2454 円

152 粗幾何学入門
　　深谷友宏著　　　　　　　　　本体 2320 円

153 高次元共形場理論への招待
　　中山優著　　　　　　　　　　本体 2200 円

154 新版 情報幾何学の新展開
　　甘利俊一著　　　　　　　　　本体 2600 円

155 圏と表現論
　　浅芝秀人著　　　　　　　　　本体 2600 円

156 数理流体力学への招待
　　米田剛著　　　　　　　　　　本体 2100 円

157 新版 量子光学と量子情報科学
　　古澤明・武田俊太郎 共著　　　本体 2100 円

158 M理論と行列模型
　　森山翔文著　　　　　　　　　本体 2300 円

159 例題形式で探求する複素解析と幾何構造の対話
　　志賀啓成著　　　　　　　　　本体 2100 円

160 時系列解析入門 [第2版]
　　宮野尚哉・後藤田浩 共著　　　本体 2200 円

161 量子力学の解釈問題
　　和田純夫著　　　　　　　　　本体 2300 円

162 共振器量子電磁力学
　　越野和樹著　　　　　　　　　本体 2400 円

163 例題形式で探求する集合・位相
　　丹下基生著　　　　　　　　　本体 2300 円

164 数理モデルとシミュレーション
　　小川知之・宮路智行 共著　　　本体 2300 円

165 弦理論と可積分性
　　佐藤勇二著　　　　　　　　　本体 2500 円

166 ニュートリノの物理学
　　林青司著　　　　　　　　　　本体 2400 円

167 統計力学から理解する超伝導理論 [第2版]
　　北孝文著　　　　　　　　　　本体 2650 円

168 幾何学的な線形代数
　　戸田正人著　　　　　　　　　本体 2100 円

169 テンソルネットワークの基礎と応用
　　西野友年著　　　　　　　　　本体 2300 円

170 一般相対論を超える重力理論と宇宙論
　　向山信治著　　　　　　　　　本体 2200 円

まえがき

　宇宙の 9 割以上は，私たちの知らないエネルギーと物質で満ちている．こう聞いて，どう思うだろうか？ 実際のところ，近年の超新星や宇宙背景輻射の観測は，現在の宇宙の加速膨張，そして負の圧力を持ったエネルギーの存在を強く示唆している．また，銀河が回転によってばらばらになってしまわないためには，見えない物質が必要と考えられている．これらのエネルギーと物質は，それぞれダークエネルギー，ダークマターと呼ばれているが，私たちはそれらが何であるかを知らない．宇宙の大部分を占めていると考えられているのにもかかわらず．

　これらの謎を，物理学者や天文学者が放っておくはずがない．なにしろ，宇宙全体の 9 割以上を占める謎である．世界各地で，ダークエネルギー，ダークマター探査の実験・観測が実施され，新しい計画も進行している．また，理論物理学者や理論天文学者は，ダークエネルギーとダークマターの候補を擁立し，予想される性質を理論的に詳しく調べている．だから，これら宇宙の暗黒成分の正体は未だ全く分からないにもかかわらず，候補にはこと欠かない．

　ところで，物理学の歴史を振り返ってみると，実は，これに非常に似た状況があったのに気づく．時は 19 世紀，惑星の軌道の精密な観測により，水星が奇妙な動きをしていることが発見された．これは近日点移動と呼ばれる現象で，Newton の万有引力の法則と運動方程式を駆使して計算をしても，どうしても説明できなかった．そこで，人々は見えない惑星，言わば "ダークプラネット"，を導入して，この現象を説明しようとした．水星より内側に軌道を持つとされた，このダークプラネットはヴァルカンと呼ばれ，何と，発見したと主張した人もいたそうである．しかし結局のところ，この主張は正しくなく，ヴァルカンが発見されることはなかった．本当の答えはダークプラネットなどではなく，"重力理論を変える" ということであった．つまり，"Newton 力学から一般相対論へ" 新しい重力理論の幕開けである．Einstein の一般相対論は，惑星の近日点移動を説明し，実際の観測と見事に一致した．その後，Einstein の理論は次々に成功を収め，Newton 力学に変わる，新しい重力理論としての地位を獲得したのであった．

　この歴史的事実を鑑みれば，少なからぬ研究者が「ダークエネルギーとダークマターを導入する代わりに，一般相対論を変更することはできないか？」と考えるのも，自然に思えてくるだろう．ダークエネルギーとダークマターは，Einstein の一般相対論を用いて観測結果を説明しようとすると絶対に必要だが，一般相対論を超える重力理論であれば，もしかすると必要ないのかもしれない．

　本書は，一般相対論を超える重力理論への入門書という位置づけである．一般相対論の基礎から始め，それを超えるのに必要な理論的要素を整理した上で，太陽系スケールの重力の実験・観測データを理論に反映させるための枠組みについて学ぶ．そして，有効場の理論の方法，massive gravity，Hořava-Lifshitz 理論という 3 つの例について，それぞれの発展と宇宙論への応用について紹介する．

　本書の内容の多くは，共同研究の成果や，議論で培った知識に基づいている．共同研究者の皆様

に，あらためて感謝申し上げる．また，原稿の完成を辛抱強く待っていただいたサイエンス社の大溝良平氏に，感謝の意を表したい．最後に，家族の理解と協力に，この場を借りて感謝する．

2021 年 5 月

向山 信治

目　次

第 1 章　一般相対論を超えたいのは何故か？　　　　　　　　　　　　　　　1

第 2 章　一般相対論と Lovelock 重力　　　　　　　　　　　　　　　　　　4
　2.1　等価原理と計量 4
　2.2　一般相対論 5
　　2.2.1　原理 5
　　2.2.2　重力波 9
　　2.2.3　ハミルトニアン解析 13
　2.3　一般相対論の唯一性 16
　　2.3.1　Lovelock の定理 16
　　2.3.2　4 つの仮定の動機 17
　　2.3.3　Lovelock が実際に証明した 2 つの定理 18
　2.4　Lovelock 重力 20
　2.5　一般相対論を超えるには？ 22

第 3 章　PPN 形式　　　　　　　　　　　　　　　　　　　　　　　　　23
　3.1　定式化 23
　　3.1.1　エネルギー運動量テンソル 23
　　3.1.2　Post-Newtonian bookkeeping 25
　　3.1.3　Newton 極限での計量 26
　　3.1.4　PPN 計量（10＋1 パラメータ） 26
　　3.1.5　残っている座標変換の自由度 28
　　3.1.6　10 個の PPN パラメータ 28
　　3.1.7　一般相対論の場合 29
　3.2　PPN パラメータの制限 29
　　3.2.1　PPN 計量上の光子の運動 29
　　3.2.2　光の偏向 (deflection of light) 33
　　3.2.3　光の時間遅延 (Shapiro time delay) 37
　　3.2.4　制限のまとめ 38
　3.3　例：スカラーテンソル理論の場合 39
　　3.3.1　理論の説明 39
　　3.3.2　PPN 展開 40

3.3.3 パラメータ 40

3.3.4 計算の流れ 40

3.3.5 結果 41

3.4 PPN 形式のまとめ 42

第 4 章 スカラーテンソル理論: 有効場の理論の方法   **43**

4.1 極大対称時空上の有効場の理論: ゴースト凝縮 44

4.1.1 重力の Higgs 機構 45

4.1.2 有効場の理論の構築 47

4.2 一様等方宇宙への拡張 50

4.2.1 FLRW 計量 51

4.2.2 宇宙のインフレーション 51

4.2.3 有効場の理論の構築 52

4.2.4 NG ボソンの揺らぎから曲率揺らぎへ 56

4.3 応用: インフレーション中の揺らぎの非 Gauss 性 60

4.3.1 2 点相関関数 60

4.3.2 3 点相関関数 63

4.3.3 テンプレート 65

4.4 de Sitter 極限: ゴーストインフレーション 66

4.4.1 de Sitter 極限での有効作用 67

4.4.2 ゴーストインフレーション 67

4.4.3 2 点相関関数 68

4.4.4 3 点相関関数 69

4.5 有効場の理論の方法のまとめ 71

第 5 章 **Massive gravity**   **73**

5.1 Fierz-Pauli 理論 (1939) 73

5.2 70 年代初頭における進展 75

5.2.1 vDVZ 不連続性 (1970) 75

5.2.2 Vainshtein 半径 (1972) 76

5.2.3 Boulware-Deser ゴースト (1972) 78

5.3 dRGT 理論 (2010) 80

5.3.1 摂動展開による発見 80

5.3.2 無限級数の足し上げ 81

5.3.3 物理的自由度の数 82

5.4 dRGT 理論の宇宙論解と安定性 85

5.4.1 宇宙膨張が許されない? (2011) 85

5.4.2 開いた一様等方加速膨張解 (2011) 85

	5.4.3	線形摂動の不思議な振る舞い (2011)	87
	5.4.4	新しい非線形不安定性 (2012)	88
	5.4.5	等方性を破る解 (2012)	89
5.5	新しい理論への発展	91
	5.5.1	Bigravity (2011)	91
	5.5.2	Minimal theory of massive gravity (2015)	92
	5.5.3	Minimal theory of bigravity (2020)	93
5.6	Massive gravity のまとめ	94

第 6 章　Hořava-Lifshitz 理論　　96

6.1	基本的な考え方	96
	6.1.1	次数勘定	96
	6.1.2	非等方スケーリング	97
	6.1.3	対称性	98
6.2	Projectable 理論	99
	6.2.1	作用	99
	6.2.2	ハミルトニアン解析	106
	6.2.3	スカラー重力子と $\lambda \to 1 + 0$ 極限	107
	6.2.4	繰り込み可能性	119
6.3	他のバージョン	130
	6.3.1	Non-projectable 理論	130
	6.3.2	$U(1)$ 拡張	138
6.4	宇宙論への応用	141
	6.4.1	ダークマター	141
	6.4.2	バウンス宇宙とサイクリック宇宙	145
	6.4.3	スケール不変な揺らぎの生成機構	147
	6.4.4	平坦な宇宙の創世	152
6.5	Hořava-Lifshitz 理論のまとめ	154

第 7 章　最後に　　156

参考文献　　159

索　引　　165

第 1 章
一般相対論を超えたいのは何故か?

一般相対論は，量子論とともに，現代物理学の金字塔といえる．実際，様々な実験・観測が，一般相対論の予言の正しさを実証している．それにもかかわらず，なぜ一般相対論を超える重力理論が必要なのか? それに答えるのが本章の目的である．

自然界に存在する 4 つの力のうち，最も馴染みがあるのは重力であろう．私達が立っていられるのも，リンゴが落ちるのも，重力のおかげである．それにもかかわらず，重力は，実は私達の理解が最も浅い力である．実際，$0.01\,\mathrm{mm}$ 程度以下の短距離で重力の振る舞いが実験で検証されたことはない．また，宇宙論スケールの長距離の重力も，直接検証されたことはない．そのため，それよりも短距離や長距離で一般相対論と大きくずれていても，実験・観測と矛盾しない．つまり，超短距離や超長距離であれば，一般相対論を超える余地が残されているということである．それだけではなく，そのような領域で何らかの形で一般相対論を変更することで，宇宙の謎や，理論物理学における問題を解決できる可能性があると，多くの研究者が考えている．その意味で，超短距離や超長距離で一般相対論を超える重力理論の研究は，理論物理学のフロンティアの一つと言える．

ここで，一般相対論を超える重力理論を研究する動機について整理しておこう．様々なことが考えられるが，以下の 3 つの動機は多くの研究者に共通しているように思われる．

宇宙の謎 最大スケールの物理である宇宙論は，精密な観測データを背景に飛躍的に発展してきた．今や，宇宙を記述するパラメータの多くはかなりの精度で決まった，少なくとも決まりつつあると言える．しかし，それらのパラメータの値が何を意味するのか，その多くは未だベールに包まれたままである．実際，現在の宇宙の殆どを占めていると考えられている，**ダークエネルギー**と**ダークマター**の正体を私たちは知らない．また，宇宙がこれだけ大きいの

は何故か？ その大部分を説明すると考えられているのが**インフレーション**だが，その源となる真空のエネルギーが何によるものかも未だ分かっていない．豊富な精密観測データを誇る宇宙論の前には，ダークエネルギー・ダークマター・インフレーションという，3つの大きな謎が立ちはだかっているのである．また，初期特異点，宇宙磁場の起源など，宇宙論には他にも多くの謎が残されている．さらに，ダークエネルギーと関連して，**宇宙項問題**という理論物理学における難問もある．一般相対論を観測・実験と矛盾しない範囲で変更することで，これらの謎に挑戦することができるかもしれない．

量子重力理論の構築 宇宙の始まりやブラックホール内部のような重力と量子論の両方が本質的となる状況では，重力現象を記述する一般相対論も，素粒子の世界を記述する場の量子論も破綻してしまう．したがって，真に宇宙創世やブラックホールの最終状態を論ずるには，この理論的破綻を回避して重力と量子論とを調和させる，**量子重力理論**が必要になる．そのため，量子重力理論の構築は理論物理学における大きな目標の一つである．しかし，一般相対論は繰り込み可能でないため，量子論的な計算における発散により，超短距離では予言性を完全に失ってしまう．そのため多くの研究者が，一般相対論を超短距離で変更する必要があると考えている．

一般相対論の検証 仮に一般相対論が宇宙論スケールの長距離で正しかったとしても（そしてダークエネルギーやダークマターが実際に存在していたとしても），それを実験や観測で確かめるには，一般相対論を修正した場合にどのようなずれが生じるのかを予言し，そのずれについて実験・観測データから制限するのが最も有効な手法である．実際，2015 年に **Advanced LIGO** によって初めて直接検出された重力波は，**一般相対論の検証**という役割も期待されている．一般相対論を超える重力理論の予言がないと，実験・観測データをどのように解釈すればよいのか分からないこともあるだろう．また，実験や観測を重ねるうちに，どうしても一般相対論では説明できない現象が発見され，新たな重力理論が必要になる可能性もある．最近活発に議論されている，H_0 テンションや S_8 テンションと呼ばれる観測データと宇宙論の標準理論とのずれは，もしかするとそのような兆候なのかもしれない．どちらになるにせよ，理論と実験・観測を繋ぐ，架け橋のような研究が重要であることは確かである．

　以上のように，一般相対論を超える重力理論を追求する主な理由が，少なくとも3つある．そして，世界中の多くの研究者が，宇宙の謎の解明，量子重力理論の構築，そして一般相対論の検証をめざし，一般相対論を超える重力理論を探求している．本書の目的は，そのような研究への入門となることである．

Notation

本書では，n 次元時空において，ギリシャ小文字 $\mu,\nu,\rho,\sigma,\cdots$ は時空座標の足 $0,\cdots,n-1$ を表す．また，ラテン小文字 $i,j,k,l,\cdots$ は空間座標の足 $1,\cdots,n-1$ を表すことにする．時空の計量 $g_{\mu\nu}$ は符号 $(-+\cdots+)$ を持つとし，その Riemann テンソルは $\mathsf{R}^{\mu}{}_{\nu\rho\sigma}$，Ricci テンソルは $\mathsf{R}_{\mu\nu}$，Ricci スカラーは R，Einstein テンソルは $\mathsf{G}_{\mu\nu}$ と記す．一方，空間の計量 γ_{ij} は正定値で，その Ricci テンソルは R_{ij}，Ricci スカラーは R，Einstein テンソルは G_{ij} と記す．また，$a,b,\cdots$ は内部空間の足を表す．重力定数は G_{N}，真空中の光速は $c_\gamma=1$，換算 Planck 定数は $\hbar=1$ とする．

第 2 章
一般相対論とLovelock重力

　一般相対論を超えるためには，まずは一般相対論そのものを良く理解する必要があるだろう．そのため，本章では，一般相対論とそれを高次元に拡張したLovelock重力について解説しよう．

2.1　等価原理と計量

　重力以外の力を受けないテスト粒子の運動を考えよう．**テスト粒子**とは，重力の影響を受けて運動するが，その大きさと質量が十分小さいために，外場の非一様性および自己重力の影響を無視できる粒子である．ある初期時刻におけるテスト粒子の場所と速度が与えられたとして，その後の軌道が，粒子の内部構造や構成に依らずに一意的に決まる場合，**弱い等価原理**が成立しているという．

　Einstein は，一般相対論を構築するにあたって，以下の2つを仮定した．

1. 弱い等価原理が成立する．
2. 重力に起因しない局所的なテスト実験の結果は，実験装置が自由落下する速度や，実験装置の場所と時刻に依存しない．

これら2つを合わせて，**Einstein の等価原理**という．ここで，局所的な**テスト実験**とは，必要な装置全体が自由落下していて，その大きさと質量が十分小さいために，外場の非一様性および自己重力の影響を無視できる実験のことである．Einstein の等価原理は，局所的に重力と加速度は同等であるということを意味している．

　Einstein の等価原理を要請すると，自由落下する局所系において，特殊相対論が成立することになる．したがって，自由落下する局所系で **Minkowski 計量**になるようなテンソル場が存在することになる．**計量**と呼ばれるこのテンソル場 $g_{\mu\nu}$ は，対称（$g_{\mu\nu} = g_{\nu\mu}$）で非縮退（$\det g_{\mu\nu} \neq 0$），その固有値の符号は（$-+++$）である（第1章の最後の段落参照）．このように，Einstein の等価原理は計量の存在を意味する．ただし，計量以外の場や複数の計量の存在を否

定しているわけではない.

2.2　一般相対論

2.2.1　原理
2.2.1.1　仮定
低エネルギー有効理論としての**一般相対論**は,
1. Einstein の等価原理が成立.
2. 重力は計量のみによって記述される.

という 2 つの仮定から導かれる. 仮定 1. から計量の存在が言え, 仮定 2. はそれ以外に重力を媒介する場が存在しないことを要請する.

2.2.1.2　作用
重力を媒介する唯一の場である計量 $g_{\mu\nu}$ の作用は, $g_{\mu\nu}$ とその微分から作ったスカラー量 L により

$$I = \int d^4x \sqrt{-g}\, L \tag{2.1}$$

と書けるはずである. しかし, 計量 $g_{\mu\nu}$ と Christoffel 記号 $\Gamma^\rho{}_{\mu\nu}$ から定数以外のスカラー量を作ることはできない. なぜなら, 注目する点において局所的に $g_{\mu\nu} = \eta_{\mu\nu}$, $\Gamma^\rho{}_{\mu\nu} = 0$ となる座標, つまり局所慣性系を選ぶことが可能であるからである[*1]. 実際, この座標において, 計量 $\eta_{\mu\nu}$ と Christoffel 記号 0 からスカラー量を作ると, 明らかに定数となる. つまり, 計量の 1 階微分までから作れるスカラー量は定数のみである.

では, 計量の 2 階微分まで許すとどうだろうか. 局所慣性系における計量の 2 階微分の情報は, Riemann テンソルが全て担っている. したがって, 任意の座標系に戻っても, 計量の 2 階微分までで作れるテンソルは, 計量と Riemann テンソルだけから（さらに微分することなく）構成できることになる. 同様にして, 計量の n 階微分 $(n \geq 3)$ までで作れるテンソルは, 計量と Riemann テンソルの $(n-2)$ 階共変微分までで（さらに微分することなく）構成できる.

定数や Ricci スカラーは（名前の通り）スカラーなので, 作用中に使うことができる. また, Riemann テンソル $\mathsf{R}^\mu{}_{\nu\rho\sigma}$, Ricci テンソル $\mathsf{R}_{\mu\nu}$, Ricci スカラー R やそれらの微分から様々なスカラーを構成することができる. 例えば,（定数と Ricci スカラーを含め）

$$1, \quad \mathsf{R}, \quad \mathsf{R}^2, \quad \mathsf{R}^{\mu\nu}\mathsf{R}_{\mu\nu}, \quad \mathsf{R}^{\mu\nu\rho\sigma}\mathsf{R}_{\mu\nu\rho\sigma}, \quad g^{\mu\nu}\nabla_\mu\nabla_\nu\mathsf{R}, \quad \cdots \tag{2.2}$$

等があり, スカラー L は, これらの線形結合で表されるはずである.

[*1]　与えられた滑らかな曲線に対し, その曲線上の注目する点に接する直線が, 必ず存在するのと同じこと.

但し，L 中の項は全て質量次元 4 を持たなければならない[*2]．そこで，次元を揃えて上記の項を書き直すと，

$$M^4,\; M^2\mathsf{R},\; \mathsf{R}^2,\; \mathsf{R}^{\mu\nu}R_{\mu\nu},\; \mathsf{R}^{\mu\nu\rho\sigma}\mathsf{R}_{\mu\nu\rho\sigma},\; g^{\mu\nu}\nabla_\mu\nabla_\nu\mathsf{R},\; \cdots \tag{2.3}$$

となる．ここで，M は重力理論の特徴的な（質量）スケールである．スカラー量 L は，これらの項に次元を持たない係数をかけて足しあげたものとなる[*3]．

微分を多く含む項ほど，その係数の質量次元は，絶対値の大きな負の値になることに注意しよう．（Ricci スカラー，Ricci テンソル，Riemann テンソルは，一つ当たり 2 階微分と数えることにする．）したがって，理論の特徴的なスケール M に比べて時空の歪みが十分弱い場合には，微分の次数の低い項のみが効くことになる．定数項だけでは重力場の運動項を与えられないので（定数項を含めて）最初の 2 項のみを残すと，$I = \int d^4x\sqrt{-g}\,(\mathsf{c}_1 M^4 + \mathsf{c}_2 M^2\mathsf{R})$ となる．ここで c_1 と c_2 は無次元係数である．慣例にしたがって $\mathsf{c}_2 M^2 = 1/(2\kappa^2)$，$\mathsf{c}_1\kappa^2 M^4 = -\Lambda, I = I_{EH}$ と表すことにすると，

$$I_{\mathrm{EH}} = \frac{1}{2\kappa^2}\int d^4x\sqrt{-g}(\mathsf{R} - 2\Lambda) \tag{2.4}$$

となる．この作用は，**Einstein-Hilbert 作用**と呼ばれる．ここで，定数 κ は，Newton の重力定数 G_N と $\kappa^2 = 8\pi G_\mathrm{N}$ という関係がある（(3.21) 参照）．また，Λ は宇宙項と呼ばれる．因みに，理論物理学および宇宙論における最難問の一つと言われる**宇宙項問題**とは，何故 $|\mathsf{c}_1/\mathsf{c}_2^2| \ll 1$ なのか？という問題である[*4]．

2.2.1.3 Einstein-Hilbert 作用の変分

では，Einstein-Hilbert 作用の変分を取ることで，真空中（物質のない状態）での重力場の方程式を導こう．

まず，計量 $g_{\mu\nu}$ を背景 $g_{\mu\nu}^{(0)}$ と摂動 $h_{\mu\nu}$ に分解する．

$$g_{\mu\nu} = g_{\mu\nu}^{(0)} + h_{\mu\nu}. \tag{2.5}$$

この節では，摂動量の添字の上げ下げは背景計量 $g_{\mu\nu}^{(0)}$ とその逆行列 $g^{(0)\mu\nu}$ を用いて行うことにする．つまり，

$$h^\mu{}_\nu = h_\nu{}^\mu \equiv g^{(0)\mu\rho}h_{\rho\nu},\; h^{\mu\nu} \equiv g^{(0)\mu\rho}g^{(0)\nu\sigma}h_{\rho\sigma},\; h \equiv g^{(0)\mu\nu}h_{\mu\nu} \tag{2.6}$$

である．以下では，Einstein-Hilbert 作用を $h_{\mu\nu}$ の 1 次まで展開する．

最初に，$\sqrt{-g}, g^{\mu\nu}$, Christoffel 記号 $\Gamma^\rho{}_{\mu\nu}$ は以下のように展開できる．ここで，g は $g_{\mu\nu}$ の行列式．

[*2]　さもないと，距離・時間・質量等の尺度を変えた時に物理が変わってしまう．

[*3]　この場合，作用は無次元になる．

[*4]　実際，観測データは $|\mathsf{c}_1/\mathsf{c}_2^2| \lesssim -10^{-120}$ という値を示唆している．

$$\sqrt{-g} = \sqrt{-g^{(0)}} \left[1 + \frac{1}{2}h + \mathcal{O}(h^2) \right],$$

$$g^{\mu\nu} = g^{(0)\mu\nu} - h^{\mu\nu} + \mathcal{O}(h^2),$$

$$\Gamma^\rho{}_{\mu\nu} = \Gamma^{(0)\rho}{}_{\mu\nu} + \Gamma^{(1)\rho}{}_{\mu\nu} + \mathcal{O}(h^2), \qquad (2.7)$$

ここで，$g^{(0)}$ は $g^{(0)}_{\mu\nu}$ の行列式，$\Gamma^{(0)\rho}{}_{\mu\nu}$ は $g^{(0)}_{\mu\nu}$ から作った Christoffel 記号で，$\Gamma^{(1)\rho}{}_{\mu\nu}$ は

$$\Gamma^{(1)\rho}{}_{\mu\nu} \equiv \frac{1}{2} g^{(0)\rho\sigma} \left(h_{\sigma\mu\,;\,\nu} + h_{\sigma\nu\,;\,\mu} - h_{\mu\nu\,;\,\sigma} \right) \qquad (2.8)$$

である．この節において，セミコロン ";" は，背景計量 $g^{(0)}_{\mu\nu}$ から作った共変微分を表すことにする．

次に，Ricci テンソルは，以下のように展開される．

$$\mathsf{R}_{\mu\nu} = \mathsf{R}^\rho{}_{\mu\rho\nu} = \Gamma^\rho{}_{\mu\nu\,,\,\rho} - \Gamma^\rho{}_{\mu\rho\,,\,\nu} + \Gamma^\rho{}_{\sigma\rho}\Gamma^\sigma{}_{\mu\nu} - \Gamma^\rho{}_{\sigma\nu}\Gamma^\sigma{}_{\mu\rho}$$

$$= \mathsf{R}^{(0)}_{\mu\nu} + \mathsf{R}^{(1)}_{\mu\nu} + \mathcal{O}(h^2), \qquad (2.9)$$

ここで，$R^{(0)}_{\mu\nu}$ は背景計量 $g^{(0)}_{\mu\nu}$ の Ricci テンソルで，$\mathsf{R}^{(1)}_{\mu\nu}$ は

$$\mathsf{R}^{(1)}_{\mu\nu} = \Gamma^{(1)\rho}{}_{\mu\nu\,;\,\rho} - \Gamma^{(1)\rho}{}_{\mu\rho\,;\,\nu} \qquad (2.10)$$

で定義される．

以上を用いて，

$$\sqrt{-g}\mathsf{R} = \sqrt{-g}g^{\mu\nu}\mathsf{R}_{\mu\nu} = \sqrt{-g^{(0)}} \left(\mathsf{R}^{(0)} + \mathcal{R}^{(1)} + \mathcal{O}(h^2) \right) \qquad (2.11)$$

を得る．ここで，$\mathsf{R}^{(0)}$ は背景計量 $g^{(0)}_{\mu\nu}$ の Ricci スカラーで，$\mathcal{R}^{(1)}$ は

$$\mathcal{R}^{(1)} \equiv \frac{1}{2} h \, \mathsf{R}^{(0)} - h^{\mu\nu}\mathsf{R}^{(0)}_{\mu\nu} + g^{(0)\,\mu\nu}\mathsf{R}^{(1)}{}_{\mu\nu}$$

$$= -\left(R^{(0)\mu\nu} - \frac{1}{2}R^{(0)}g^{(0)\mu\nu} \right) h_{\mu\nu} + (h^{\mu\nu}{}_{;\,\nu} - h^{;\mu})_{;\,\mu} \qquad (2.12)$$

である．

結局，Einstein-Hilbert 作用は，$h_{\mu\nu}$ の 1 次までで

$$I_{\mathrm{EH}} = \frac{1}{2\kappa^2} \int d^4x \sqrt{-g}(\mathsf{R} - 2\Lambda)$$

$$= \frac{1}{2\kappa^2} \int d^4x \sqrt{-g^{(0)}} \left[\left(\mathsf{R}^{(0)} - 2\Lambda \right) \right.$$

$$\left. - \left(\mathsf{G}^{(0)\mu\nu} + \Lambda g^{(0)\mu\nu} \right) h_{\mu\nu} + \mathcal{O}(h^2) \right] \qquad (2.13)$$

と展開できる．ここで，$\mathsf{G}^{(0)\mu\nu} \equiv R^{(0)\mu\nu} - \frac{1}{2}\mathsf{R}^{(0)}g^{(0)\mu\nu}$ は背景計量 $g^{(0)}_{\mu\nu}$ の Einstein テンソル．また，任意のベクトル X^μ に対して

$$\sqrt{-g^{(0)}}X^\mu{}_{;\,\mu} = \partial_\mu \left(\sqrt{-g^{(0)}}X^\mu \right) \qquad (2.14)$$

であることを考慮して，部分積分により全微分項を落としたことに注意しよう．

　結局，Einstei-Hilbert 作用の変分は，

$$\frac{1}{\sqrt{-g}} \frac{\delta I_{EH}}{\delta g_{\mu\nu}} = -\frac{1}{2\kappa^2} \left(\mathsf{G}^{\mu\nu} + \Lambda g^{\mu\nu} \right) \tag{2.15}$$

となる．ここで，$\mathsf{G}^{\mu\nu} \equiv \mathsf{R}^{\mu\nu} - \frac{1}{2}\mathsf{R}g^{\mu\nu}$ は $g_{\mu\nu}$ の Einstein テンソル．したがって，真空中（物質のない状態）での重力場の方程式は

$$\mathsf{G}^{\mu\nu} + \Lambda g^{\mu\nu} = 0 \tag{2.16}$$

で与えられる．

2.2.1.4　エネルギー運動量テンソル

　次に，物質場と重力場がどのように相互作用するのかを考察しよう．これは，換言すると，重力源としての物質場の性質を調べることになる．

　系の全体の作用が，Einstein-Hilbert 作用と物質の作用の和になっているとしよう：

$$I_{\mathrm{tot}} = I_{\mathrm{EH}} + I_{\mathrm{matter}}. \tag{2.17}$$

すると，全作用の計量に関する汎関数微分は，

$$\frac{1}{\sqrt{-g}} \frac{\delta I_{tot}}{\delta g_{\mu\nu}} = -\frac{1}{2\kappa^2} \left(\mathsf{G}^{\mu\nu} + \Lambda g^{\mu\nu} - \kappa^2 T^{\mu\nu} \right) \tag{2.18}$$

で与えられる．ここで，(2.15) を用い，

$$T^{\mu\nu} \equiv \frac{2}{\sqrt{-g}} \frac{\delta I_{\mathrm{matter}}}{\delta g_{\mu\nu}} \tag{2.19}$$

でエネルギー運動量テンソル $T^{\mu\nu}$ を定義した．

　したがって，重力場の方程式は

$$\mathsf{G}^{\mu\nu} + \Lambda g^{\mu\nu} = \kappa^2 T^{\mu\nu} \tag{2.20}$$

となる．この方程式を **Einstein 方程式**という．左辺は時空の幾何学量なので，この式は，物質場が如何に時空を歪曲させるかを決めている．

　さて，物質の作用 I_{matter} が座標の選び方に依存しないことを要請すると，微小座標変換 $x^\mu \rightarrow x^\mu + \xi^\mu$ に対応する I_{matter} の変分

$$\delta I_{\mathrm{matter}} = \int d^4x \left(\frac{\delta I_{\mathrm{matter}}}{\delta g_{\mu\nu}} \mathcal{L}_\xi g_{\mu\nu} + \sum_n \frac{\delta I_{\mathrm{matter}}}{\delta \chi_n} \mathcal{L}_\xi \chi_n \right) \tag{2.21}$$

は零である．ここで，χ_n は物質場，$\mathcal{L}_\xi$ は Lie 微分である．物質場の運動方程式 $\delta I_{\mathrm{matter}}/\delta \chi_n = 0$ を課し，計量の Lie 微分の公式 $\mathcal{L}_\xi g_{\mu\nu} = \xi_{\mu;\nu} + \xi_{\nu;\mu}$ を用い，部分積分すると

$$\delta I_{\mathrm{matter}} = -\int d^4x \sqrt{-g} T^{\mu\nu}{}_{;\nu} \xi_\mu \tag{2.22}$$

と書き直せる．これが任意の ξ_μ に対して零になることから，

$$T^{\mu\nu}_{\ \ ;\nu} = 0 \tag{2.23}$$

を得る．この式はエネルギー運動量テンソルの保存則を表していて，物質の作用 I_{matter} が座標の選び方に依存しない限り常に成立する．

　ここでの (2.23) の導出には，物質の運動方程式を使ったが，Einstein 方程式は全く使っていないことに注意しよう．一方，Einstein 方程式 (2.20) の発散を取り，左辺に **Bianchi 恒等式** $\mathsf{G}^{\mu\nu}_{\ \ ;\nu} = 0$ を使っても，同じ保存則 (2.23) を導くことができる．こちらの導出だと，Einstein 方程式は使うが，物質の運動方程式は全く使わない．

2.2.2　重力波

　本小節では，真空（物質のない状態）において，Minkowski 計量の周りの計量の摂動が，**重力波**の $+$ モードと $\times$ モードという 2 つの自由度によって記述されることを見よう．

2.2.2.1　線形近似

　本小々節では，宇宙項 Λ を零として，計量 $g_{\mu\nu}$ を Minkowski 計量の周りで

$$g_{\mu\nu} = \eta_{\mu\nu} + h_{\mu\nu}, \quad \eta_{\mu\nu} = diag(-1, 1, 1, 1) \tag{2.24}$$

のように展開し，添字の上下には $\eta^{\mu\nu}$ と $\eta_{\mu\nu}$ を使うことにする．以後，$h_{\mu\nu}$ の各成分の絶対値は，1 よりも十分小さいとする．たとえば，太陽系内においては $|h_{\mu\nu}| \lesssim 10^{-5}$ であり，重力波干渉計で現在観測可能な下限は 100Hz 程度の振動数では $|h_{\mu\nu}| \sim 10^{-24}$ 程度である．微小座標変換 $x^\mu \to x^\mu + \xi^\mu$ により，$h_{\mu\nu}$ は線形レベルでは

$$h_{\mu\nu} \to h_{\mu\nu} + \delta h_{\mu\nu}, \quad \delta h_{\mu\nu} = \xi_{\mu,\nu} + \xi_{\nu,\mu} \tag{2.25}$$

のように変換する．上述のように摂動 $h_{\mu\nu}$ は十分小さいと仮定するので，$\mathcal{O}(h_{\mu\nu}^2)$ の項を無視すると，Einstein テンソルは

$$\mathsf{G}_{\mu\nu} \simeq \frac{1}{2} \left(\partial_\mu \partial^\alpha h_{\nu\alpha} + \partial_\nu \partial^\alpha h_{\mu\alpha} - \Box h_{\mu\nu} - \partial_\mu \partial_\nu h \right) - \frac{1}{2} \left(\partial^\alpha \partial^\beta h_{\alpha\beta} - \Box h \right) \eta_{\mu\nu} \tag{2.26}$$

と近似できる．ここで，$\Box \equiv \partial^\alpha \partial_\alpha$, $h \equiv h^\mu_{\ \mu}$. したがって，Einstein 方程式は

$$\partial_\mu \partial^\alpha h_{\nu\alpha} + \partial_\nu \partial^\alpha h_{\mu\alpha} - \Box h_{\mu\nu} - \partial_\mu \partial_\nu h - \left(\partial^\alpha \partial^\beta h_{\alpha\beta} - \Box h \right) \eta_{\mu\nu} = 2\kappa^2 T_{\mu\nu} \tag{2.27}$$

となる．ここで，右辺の $T_{\mu\nu}$ は (2.19) で定義される物質のエネルギー運動量テ

ンソル.

さらに,

$$\bar{h}_{\mu\nu} \equiv h_{\mu\nu} - \frac{1}{2}h\eta_{\mu\nu} \tag{2.28}$$

を定義すると,

$$-\partial^\alpha\partial_\alpha\bar{h}_{\mu\nu} - \partial^\alpha\partial^\beta\bar{h}_{\alpha\beta}\eta_{\mu\nu} + \partial_\nu\partial^\alpha\bar{h}_{\mu\alpha} + \partial_\mu\partial^\alpha\bar{h}_{\nu\alpha} = 2\kappa^2 T_{\mu\nu} \tag{2.29}$$

となる. ここまでの議論は任意の座標で成立するが, ここで座標条件として
Lorenz ゲージ

$$\partial^\alpha\bar{h}_{\mu\alpha} = 0 \tag{2.30}$$

を課せば,

$$\Box\bar{h}_{\mu\nu} = -2\kappa^2 T_{\mu\nu} \tag{2.31}$$

を得る.

2017 年に重力波望遠鏡 Advanced LIGO によって観測された重力波のイベント **GW170817** は, 中性子星連星の合体からの重力波と考えられている. ほぼ同時に, 同一の中性子星連星からと考えられるガンマ線バーストが観測されており, そのことから, **重力波の伝搬速度** $c_{\rm g}$ と電磁波の伝搬速度 c_γ がほぼ同じであるはずという制限が得られている. 具体的には,

$$-3\times 10^{-15} \lesssim \frac{c_{\rm g}}{c_\gamma} - 1 \lesssim 7\times 10^{-16}, \tag{2.32}$$

という制限である. 上の結果 (2.31) は, 一般相対論における重力波が真空中 ($T_{\mu\nu}=0$) で光速（本書では $c_\gamma = 1$ としている）で伝わることを意味し, したがって一般相対論が GW170817 による制限 (2.32) を満たすことが分かる.

2.2.2.2 平面波解と TT ゲージ

真空 ($T_{\mu\nu}=0$) における (2.30) と (2.31) の一般解は,

$$\bar{h}_{\mu\nu} = \int \frac{d^3\vec{k}}{(2\pi)^3} \Re\left[A_{\mu\nu}(\vec{k})e^{ik_\alpha x^\alpha}\right] \tag{2.33}$$

と書ける. ここで,

$$A_{\mu\nu}k^\nu = 0, \quad k^0 = |\vec{k}|. \tag{2.34}$$

ただし, Lorenz ゲージ条件 (2.30) は完全に座標を固定しているわけではなく,

$$\Box\xi^\mu = 0 \tag{2.35}$$

を満たす ξ^μ によって (2.25) のように変換する座標自由度が残されている. そ

こで，この残された座標自由度を使い，

$$h = h_{0\mu} = 0 \tag{2.36}$$

とすることが可能である．各 $\vec{k}$ に対して，$A_{\mu\nu}(\vec{k})$ は

$$A_{\mu\nu}k^\nu = 0, \quad A^\mu{}_\mu = 0, \quad A_{0\mu} = 0 \tag{2.37}$$

を満たし，これらのうち $A_{0\mu}k^\mu = 0$ は最初と最後の条件の両方に含まれるので，独立な条件は 8 つある．もともと $A_{\mu\nu}$ は 10 成分あるので，結局，$A_{\mu\nu}$ の独立な成分の数は 2 である．つまり，重力波の自由度は 2 つあるということになる．

　上のように $h = 0$（traceless 条件）を課すと，Lorenz ゲージ条件は $\partial^\alpha h_{\mu\alpha} = 0$（transverse 条件）となる．一般に，transverse 条件と traceless 条件を合わせて **TT** ゲージという．TT ゲージ条件と $h_{0\mu} = 0$ を課すと，Riemann 曲率の摂動の線形レベルで零でない成分は

$$\mathrm{R}_{i0j0} = -\frac{1}{2}\partial_0^2 h_{ij}^{\mathrm{TT}} + \mathcal{O}(h_{ij}^2) \tag{2.38}$$

だけである．ここで，添字の TT は，TT ゲージを課していることを示す．

2.2.2.3 ＋モードと×モード

　それでは，平面波に対して，(2.37) を満たす $A_{\mu\nu}$ を具体的に書き下してみよう．空間座標を回転させて，z 軸を平面波の伝搬方向に選ぶ（$\vec{k} \propto (0,0,1)$）と，

$$A_{00} = 0, \quad A_{0i} = 0, \quad A_{ij} = A_+ e_{ij}^+ + A_\times e_{ij}^\times \tag{2.39}$$

となる．ここで，A_+ と $A_\times$ は定数，

$$e_{ij}^+ = \begin{pmatrix} 1 & 0 & 0 \\ 0 & -1 & 0 \\ 0 & 0 & 0 \end{pmatrix}, \quad e_{ij}^\times = \begin{pmatrix} 0 & 1 & 0 \\ 1 & 0 & 0 \\ 0 & 0 & 0 \end{pmatrix} \tag{2.40}$$

である．前小々節で (2.37) を満たす $A_{\mu\nu}$ の独立な成分は 2 つあると述べたが，(2.39) においてその 2 成分とは A_+ と $A_\times$ である．

2.2.2.4 測地線偏差

　重力波が通過すると，曲率が振動し，近接する粒子間の距離が振動する．この振動を捉えることで重力波を観測することができる．

　ここでは，近接する 2 つの粒子 A と B が timelike な**測地線**に沿って運動するとし，各測地線に沿って測った固有時間を τ，測地線の接ベクトルを $u^\mu = \partial x^\mu/\partial \tau$ とする．また，各 τ の値に対して，A と B を繋ぐ spacelike な測地線を考え，その affine パラメータ s が A と B で 0 と 1 になるように規格化し，接ベクトルを $X^\mu = \partial x^\mu/\partial s$ とする．ベクトル X^μ は，A から測った B の位置を表すと

解釈できるので，以下では X^μ が満たすべき微分方程式を求めることにしよう．

まず，粒子 A と B の世界線の近傍において，τ と s は座標系の一部とみなすことが可能で，したがって u^μ と X^μ は $[u, X]^\mu = 0$ を満たす．

次に，X^μ と u^μ の内積が保存することを示そう．まず，

$$\frac{D}{D\tau}(u^\mu X_\mu) = (u^\rho \nabla_\rho u^\mu) X_\mu + u^\mu u^\rho \nabla_\rho X_\mu \tag{2.41}$$

であるが，右辺第 1 項の括弧内は測地線方程式により零で，第 2 項は $[u, X]^\mu = 0$ により $u^\mu X^\rho \nabla_\rho u_\mu = \frac{1}{2} X^\rho \nabla_\rho (u^\mu u_\mu)$ と書け，τ が固有時間であることから $u^\mu u_\mu = -1$ なので，結局

$$\frac{D}{D\tau}(u^\mu X_\mu) = 0 \tag{2.42}$$

を得る．つまり，X^μ と u^μ の内積，すなわち X^μ の u^μ に平行な成分が保存することが分かった．

Newton の第 2 法則との類似から，X^μ は 2 階微分方程式を満たすことが予想される．そこで，X^μ を τ で 2 階微分してみよう．

$$\frac{D^2}{D\tau^2}X^\mu = u^\rho \nabla_\rho (u^\sigma \nabla_\sigma X^\mu). \tag{2.43}$$

右辺の括弧内は，$[u, X]^\mu = 0$ により $X^\sigma \nabla_\sigma u^\mu$ なので，$u^\rho \nabla_\rho$ を作用させて chain rule を適用すれば，

$$\frac{D^2}{D\tau^2}X^\mu = (u^\rho \nabla_\rho X^\sigma)(\nabla_\sigma u^\mu) + X^\sigma u^\rho \nabla_\rho \nabla_\sigma u^\mu \tag{2.44}$$

となる．右辺第 1 項の最初の括弧内は $[u, X]^\mu = 0$ により $X^\rho \nabla_\rho u^\sigma$，第 2 項の $\nabla_\rho \nabla_\sigma u^\mu$ は曲率の定義により $\nabla_\sigma \nabla_\rho u^\mu + \mathsf{R}^\mu{}_{\lambda\rho\sigma} u^\lambda$ となるので，まとめると

$$\frac{D^2}{D\tau^2}X^\mu = X^\rho \nabla_\rho (u^\sigma \nabla_\sigma u^\mu) - \mathsf{R}^\mu{}_{\alpha\nu\beta} X^\nu u^\alpha u^\beta \tag{2.45}$$

を得る．右辺第 1 項の括弧内は測地線方程式により零なので，X^μ が満たすべき 2 階微分方程式として，

$$\frac{D^2}{D\tau^2}X^\mu + R^\mu{}_{\alpha\nu\beta} X^\nu u^\alpha u^\beta = 0 \tag{2.46}$$

が得られる．この方程式は，**測地線偏差の式**と呼ばれる．

TT ゲージと $h_{\mu 0} = 0$ を課した場合，(2.38) により，測地線偏差の式の空間成分は

$$\frac{D^2}{D\tau^2}X^i = \frac{1}{2}(\partial_\tau^2 h_{ij}^{\mathrm{TT}})X^j \tag{2.47}$$

となる．$h_{ij}^{\mathrm{TT}}(0) = 0$ となるように時間座標 τ の原点を十分過去に選び，$\dot{X}^i$ の $\tau = 0$ での初期条件を $\dot{X}^i(0) = 0$ とすれば，解として

$$X^i(\tau) = \delta^{ik}\left[\delta_{kj} + \frac{1}{2}h_{kj}^{\mathrm{TT}}(\tau)\right] X^j(0) \tag{2.48}$$

を得る．この式から，粒子 A と B の間の距離を計測することによって重力波を観測できることが分かる．

2.2.3 ハミルトニアン解析

本小節では，ハミルトニアン解析により，一般相対論における局所的な物理的自由度の数が 2 であることを示す．前小節では，平坦な時空の周りの線形摂動を考察することにより，一般相対論における重力波が ＋ モードと × モードという 2 つの自由度によって記述されることを見た．本小節での解析は，摂動展開に依存しないため，前小節での結果を非線形レベルに拡張したものと言える．

2.2.3.1 時空の 3+1 分解

まず，時間座標 t と空間座標 x^i $(i = 1, 2, \cdots)$ を導入する．すると，4 次元ベクトル $g^{\mu\nu}\partial_\nu t$ が timelike であることから $g^{\mu\nu}\partial_\mu t \partial_\nu t < 0$ であり，

$$N = \frac{1}{\sqrt{-g^{\mu\nu}\partial_\mu t \partial_\nu t}}, \tag{2.49}$$

$$n^\mu = -N g^{\mu\nu}\partial_\nu t, \quad N^i = -N n^\mu \partial_\mu x^i, \tag{2.50}$$

$$\gamma^{ij} = (g^{\mu\nu} + n^\mu n^\nu)\partial_\mu x^i \partial_\nu x^j, \quad \gamma_{ij} = (\gamma^{ij}\text{の逆行列}), \tag{2.51}$$

によってラプス関数 N, シフトベクトル N^i, 3 次元空間計量 γ_{ij} を定義することができる．また，ここで定義した n^μ は，t 一定面に直交する $(v^\mu n_\mu = 0 \Leftrightarrow v^\mu \partial_\mu t = 0)$ 単位ベクトル $(n^\mu n_\mu = -1)$ で，

$$n_\mu dx^\mu = -N dt, \quad n^\mu \partial_\mu = \frac{1}{N}(\partial_t - N^i \partial_i), \tag{2.52}$$

のようにも書ける．これらを用いて，4 次元計量は

$$g_{\mu\nu}dx^\mu dx^\nu = -N^2 dt^2 + \gamma_{ij}(dx^i + N^i dt)(dx^j + N^j dt) \tag{2.53}$$

のように分解される．これは，計量の $3+1$ 分解，あるいは Arnowitt-Deser-Misner 分解（**ADM 分解**）[1]と呼ばれる．さらに，**外曲率** (extrinsic curvature) と呼ばれる幾何学量 K_{ij} を

$$K_{ij} \equiv \frac{1}{2N}\left(\partial_t \gamma_{ij} - D_i N_j - D_j N_i\right), \quad N_i \equiv \gamma_{ij}N^j \tag{2.54}$$

のように定義する．ここで，D_i は γ_{ij} から作った空間共変微分である．すると，

$$\sqrt{-g} = N\sqrt{\gamma},$$

$$\mathsf{R} = R + 2n^\mu \partial_\mu K + K^{ij}K_{ij} + K^2 - \frac{2D^2 N}{N}, \tag{2.55}$$

となるので，これらを (2.4) に代入し，部分積分して境界項を落とすと

$$I_{\mathrm{EH}} = \frac{1}{2\kappa^2}\int dt d^3x\, N\sqrt{\gamma}\left(R + K^{ij}K_{ij} - K^2 - 2\Lambda\right) \tag{2.56}$$

を得る. ここで, R は γ_{ij} の Ricci スカラーで,

$$\gamma \equiv \det \gamma_{ij}, \quad K^{ij} \equiv \gamma^{ik}\gamma^{jl}K_{kl}, \quad K \equiv \gamma^{ij}K_{ij}. \tag{2.57}$$

2.2.3.2　一次拘束条件

作用 I_{EH} は N の時間微分と N^i の時間微分を含まないので, N と N^i に共役な正準運動量 π_N と π_i は

$$\pi_N = 0, \quad \pi_i = 0 \tag{2.58}$$

となる. 一般に, 位相空間における代数方程式は, **拘束条件**と呼ばれる. 特に, (2.58) のように作用が基本変数の時間微分を含まない, あるいは不完全にしか含まないことによって生じる拘束条件は, **一次拘束条件**と呼ばれる. 一方, γ_{ij} に共役な正準運動量 π^{ij} は

$$\pi^{ij} = \frac{1}{2\kappa^2}\sqrt{\gamma}(K^{ij} - K\gamma^{ij}) \tag{2.59}$$

であり, この式は

$$K_{ij} = \frac{2\kappa^2}{\sqrt{\gamma}}\left(\pi_{ij} - \frac{1}{2}\pi\gamma_{ij}\right) \tag{2.60}$$

のように逆解きできる. したがって, (2.54) によって K_{ij} と $\partial_t\gamma_{ij}$ が対応づいていることを考慮すれば, (2.58) 以外に一次拘束条件はないことが分かる.

2.2.3.3　Poisson 括弧

正準変数が揃ったので, 正準変数の汎関数 F と G の間の **Poisson 括弧**を

$$\{F, G\}_{\mathrm{P}} \equiv \int d^3x \left[\frac{\delta F}{\delta N(x)}\frac{\delta G}{\delta \pi_N(x)} + \frac{\delta F}{\delta N^i(x)}\frac{\delta G}{\delta \pi_i(x)} + \frac{\delta F}{\delta \gamma_{ij}(x)}\frac{\delta G}{\delta \pi^{ij}(x)} \right.$$
$$\left. - \frac{\delta F}{\delta \pi_N(x)}\frac{\delta G}{\delta N(x)} - \frac{\delta F}{\delta \pi_i(x)}\frac{\delta G}{\delta N^i(x)} - \frac{\delta F}{\delta \pi^{ij}(x)}\frac{\delta G}{\delta \gamma_{ij}(x)} \right] \tag{2.61}$$

のように定義できる.

2.2.3.4　ハミルトニアン

一次拘束条件を加えたハミルトニアンは

$$H = \int d^3x \left[\pi^{ij}\dot{\gamma}_{ij} - \frac{1}{2\kappa^2}\left(R + K^{ij}K_{ij} - K^2 - 2\Lambda\right) + \lambda_N\pi_N + \lambda^i\pi_i \right]$$
$$= \int d^3x \left[N\mathcal{H}_\perp + N^i\mathcal{H}_i + \lambda_N\pi_N + \lambda^i\pi_i \right] \tag{2.62}$$

である. ここで, λ と λ^i は Lagrange の未定係数で, $\mathcal{H}_\perp$ と $\mathcal{H}_i$ は

$$\mathcal{H}_\perp = \sqrt{\gamma} \left[\frac{2\kappa^2}{\gamma} \left(\pi^{ij}\pi_{ij} - \frac{1}{2}\pi^2 \right) - \frac{1}{2\kappa^2} \left(R - 2\Lambda \right) \right], \tag{2.63}$$

$$\mathcal{H}_i = -2D_j \left(\frac{\pi^j_{\ i}}{\sqrt{\gamma}} \right) \tag{2.64}$$

のように定義される．ここで，$\pi_{ij} \equiv \gamma_{ik}\gamma_{jl}\pi^{kl}$, $\pi^i_{\ j} \equiv \pi^{ik}\gamma_{kj}$, $\pi \equiv \pi^i_{\ i}$.

2.2.3.5　二次拘束条件

一次拘束条件 (2.58) がハミルトニアンによる時間発展と矛盾しないためには，

$$\frac{d}{dt}\pi_N(x) \approx \{\pi_N(x), H\}_{\mathrm{P}} \approx -\mathcal{H}_\perp,$$
$$\frac{d}{dt}\pi_i(x) \approx \{\pi_i(x), H\}_{\mathrm{P}} \approx -\mathcal{H}_i, \tag{2.65}$$

が零である必要があり，

$$\mathcal{H}_\perp \approx 0, \quad \mathcal{H}_i \approx 0 \tag{2.66}$$

という拘束条件を得る．ここで，$\approx$ は，拘束条件を課した場合に左辺と右辺が等しいことを示し，**弱い等式**と呼ばれる．一般に，(2.66) のように，一次拘束条件と時間発展が互いに無矛盾であるべしという条件から得られる拘束条件を，**二次拘束条件**という．また，ここで得られた二次拘束条件 $\mathcal{H}_\perp \approx 0$, $\mathcal{H}_i \approx 0$ は，それぞれ**ハミルトニアン拘束条件**，**運動量拘束条件**と呼ばれる．

2.2.3.6　拘束条件の代数

拘束条件 π_N, π_i, $\mathcal{H}_\perp$, $\mathcal{H}_i$ の間の Poisson 括弧を計算する．まず，どの拘束条件も N や N^i を含んでいないことから，

$$\{\pi_N(x), \mathcal{C}(y)\}_{\mathrm{P}} = \{\pi_i(x), \mathcal{C}(y)\}_{\mathrm{P}} = 0, \quad (\mathcal{C} = \pi_N, \pi_j, \mathcal{H}_\perp, \mathcal{H}_j) \tag{2.67}$$

である．$\mathcal{H}_\perp$ と $\mathcal{H}_i$ 同士の Poisson 括弧も，

$$\{\bar{\mathcal{H}}[f], \bar{\mathcal{H}}[g]\}_{\mathrm{P}} = \bar{\mathcal{H}}[[f,g]] \approx 0, \quad \text{for } {}^\forall f^i, {}^\forall g^i,$$
$$\{\bar{\mathcal{H}}[f], \bar{\mathcal{H}}_\perp[\varphi]\}_{\mathrm{P}} = \bar{\mathcal{H}}_\perp[\partial_f \varphi] \approx 0, \quad \text{for } {}^\forall f^i, {}^\forall \varphi,$$
$$\{\bar{\mathcal{H}}_\perp[\varphi], \bar{\mathcal{H}}_\perp[\chi]\}_{\mathrm{P}} = \bar{\mathcal{H}}[\varphi\partial\chi] - \bar{\mathcal{H}}[\chi\partial\varphi] \approx 0, \quad \text{for } {}^\forall \varphi, {}^\forall \chi, \tag{2.68}$$

のように，弱い等式の意味で零となる．ここで，3 次元ベクトル f^i, g^i と 3 次元スカラー φ, χ に対して

$$\bar{\mathcal{H}}[f] \equiv \int d^3x f^i(x)\mathcal{H}_i(x), \quad \bar{\mathcal{H}}_\perp[\varphi] \equiv \int d^3x \varphi(x)\mathcal{H}_\perp(x), \tag{2.69}$$

$$[f,g]^i \equiv f^j\partial_j g^i - g^j\partial_j f^i, \quad \partial_f\varphi \equiv f^i\partial_i\varphi, \quad (\varphi\partial\chi)^i \equiv \gamma^{ij}\varphi\partial_j\chi \tag{2.70}$$

を定義した．以上の結果により，拘束条件 π_N, π_i, $\mathcal{H}_\perp$, $\mathcal{H}_i$ の間の Poisson 括弧

は，弱い等式の意味ですべて零ということになる．また，ハミルトニアン (2.62) は拘束条件の線形結合なので，ハミルトニアンと任意の拘束条件の間の Poisson 括弧も零となり，したがって，時間発展との無矛盾条件から新たな拘束条件は生じない．

　一般に，すべての拘束条件との Poiisson 括弧が弱い等式の意味で零となる量は，**第一類**と呼ばれる．また，そうでない量は，**第二類**と呼ばれる．第一類拘束条件は位相空間の次元を 2 つ減ずるが，第二類拘束条件は 1 つだけ減ずる．そのため，第一類拘束条件 1 つは，第二類拘束条件 2 つ分の役割を果たす．また，一般に第一類拘束条件は，Poisson 括弧により対称性を生成する．上で求めた π_N, π_i, $\mathcal{H}_\perp$, $\mathcal{H}_i$ は，すべて**第一類拘束条件**である．

2.2.3.7　最終的なハミルトニアン

　すべての拘束条件を加えたハミルトニアンは，

$$
\begin{aligned}
H_{\mathrm{tot}} &= H + \int d^3x \left(n\mathcal{H}_\perp + n^i \mathcal{H}_i \right) \\
&= \int d^3x \left[(N+n)\mathcal{H}_\perp + (N^i + n^i)\mathcal{N}_i + \lambda_N \pi_N + \lambda^i \pi_i \right] \quad (2.71)
\end{aligned}
$$

となる．ここで，n と n^i は Lagrange の未定係数．

2.2.3.8　自由度の数

　空間の各点で定義される $(N, N^i, \gamma_{ij}, \pi_N, \pi_i, \pi^{ij})$ という 20 変数からなる位相空間から出発して，$(\pi_N, \pi_i, \mathcal{H}_\perp, \mathcal{H}_i)$ という 8 つの第一類拘束条件があることが分かった．それぞれの第一類拘束条件は位相空間の次元を 2 ずつ減ずるので，物理的な位相空間は空間の各点で $20 - 8 \times 2 = 4$ 変数からなる．したがって，一般相対論の物理的自由度の数は，空間の各点で $4/2 = 2$ である．この 2 自由度は，前節で考察した重力波の + モードと × モードを，非線形レベルに拡張したものに対応している．

2.3　一般相対論の唯一性

　本節では，ある一定の条件のもとで，一般相対論の唯一性を示す定理を紹介しよう．

2.3.1　Lovelock の定理

　Lovelock は，（擬）Riemann 多様体において

① $A^{\mu\nu}$ は対称テンソル．

② $A^{\mu\nu}$ は $g_{\rho\sigma}$, $g_{\rho\sigma,\alpha}$, $g_{\rho\sigma,\alpha\beta}$ の関数．

③ $A^{\mu\nu}{}_{;\nu} = 0$.

④ 多様体の次元は 4.

という仮定のもとで，$A^{\mu\nu}$ が必ず

$$A^{\mu\nu} = a\mathsf{G}^{\mu\nu} + bg^{\mu\nu} \tag{2.72}$$

という形になることを証明した[2]．ここで，$g_{\mu\nu}$ は計量[*5]，下付きのカンマ $(,)$ とセミコロン $(;)$ はそれぞれ偏微分と $g_{\mu\nu}$ から作った共変微分，a と b は定数，$\mathsf{G}^{\mu\nu}$ は $g_{\mu\nu}$ の Einstein テンソルである．この結果は，**Lovelock の定理**と呼ばれている．

計量 $g_{\mu\nu}$ の運動方程式が $A^{\mu\nu} = T^{\mu\nu}$ の形であるとしよう．ここで，$T^{\mu\nu}$ は物質場から $g_{\mu\nu}$ の運動方程式への寄与である．Lovelock の定理により，もしも $A^{\mu\nu}$ が①–④を満たすならば，$g_{\mu\nu}$ の運動方程式は Einstein 方程式 (2.20) で $\kappa^2 = 1/a$, $\Lambda = b/a$ としたものに他ならない．つまり，①–④を満たすテンソルによって定義される方程式は，Einstein 方程式しかない，ということが言える．

2.3.2 4 つの仮定の動機

では，仮定①-④のそれぞれについて，妥当性を検討してみよう．

まず，仮定①については，$A^{\mu\nu}$ が $g_{\mu\nu}$ についての運動方程式であることを想定していることと，$g_{\mu\nu}$ が対称であることから，自然な仮定である．定理は運動方程式を導く作用の存在を仮定していないが，もしも作用が存在したとすると，$A^{\mu\nu}$ は作用を $g_{\mu\nu}$ で変分して得られる式に比例するはずなので，対称である．しかし，実は Lovelock は，$A^{\mu\nu}$ が対称であることを仮定しなくても同じ結論 (2.72) が得られることを示している[3]ので，②–④を仮定しておけば，①は「$A^{\mu\nu}$ はテンソル」というだけでも構わない．一方，次の節で議論する高次元への拡張では仮定④を外すことになるが，テンソル $A^{\mu\nu}$ が対称であるという仮定は外せない．

次に，②について考察しよう．一般に，運動方程式が場の 3 階以上の微分に依存すると物理的自由度の数が増えてしまう傾向があり[*6]，また，高階微分項に起因する**ゴースト**と呼ばれる不安定性が生じることも予想される．そこで，ここでは，$A^{\mu\nu}$ が計量の 2 階微分までにしか依存しないことを仮定する．

既に述べたように定理は運動方程式を導く作用の存在を仮定していないが，仮定③はそのような作用が存在する場合には必然的に満たされる[*7]．また，物質を含む場合の運動方程式が $A^{\mu\nu} = T^{\mu\nu}$ の形で，$T^{\mu\nu}$ がエネルギー運動量テンソル（あるいはその定数倍）である場合には，計量の作用が存在することを

[*5]　原論文では計量が正定値の場合のみ取り扱っているが，定理の証明は一般の符号に対して成立する．

[*6]　通常は増えるが，追加の拘束条件がある場合には増えない場合もある．ただし，追加の拘束条件を得るには，理論のパラメータを微調整して縮退条件を満たす必要があるので，ここではそのような状況は考えないことにする．

[*7]　証明は (2.23) と同様で，物質場についての変分を考えなくてよい分，さらに簡単．

仮定しなくても，保存則 (2.23) から③が要請される．

最後に仮定④については，私たちの宇宙が（少なくとも低エネルギーでは）3次元の空間と時間を合わせた4次元時空であることから，動機は明らかであろう．

Lovelock の定理は，このように非常にもっともらしい4つの仮定をするだけで，重力を記述する理論が一般相対論であることを結論づける．

2.3.3 Lovelock が実際に証明した2つの定理

実は Lovelock は，上で Lovelock の定理として紹介した内容よりも一般的な，以下の2つの定理を証明している．そして，上述の "Lovelock の定理" は，それらの2つの定理から導かれる系の一つである．

定理 2.1. n 次元（擬）Riemann 多様体において，①–③を満たす $A^{\mu\nu}$ は，

$$
A^{\mu\nu} = \sum_{k=1}^{m-1} c_k \theta^{\mu\nu\alpha_1\alpha_2\cdots\alpha_{4k-1}\alpha_{4k}} \prod_{h=1}^{k} \mathrm{R}_{\alpha_{4h-1}\alpha_{4h-3}\alpha_{4h-2}\alpha_{4h}} + bg^{\mu\nu},
$$

$$
m = \begin{cases} \dfrac{n}{2} & (n : \text{even}) \\[2mm] \dfrac{n+1}{2} & (n : \text{odd}) \end{cases} \tag{2.73}
$$

と書ける．ここで，$c_k \ (k = 1, \cdots, m-1)$ と b は定数，$\theta^{\mu\nu\alpha_1\alpha_2\cdots\alpha_{4k-1}\alpha_{4k}}$ は以下の4条件 (a)-(d) を満たすテンソルである．

(a) $g_{\rho\sigma}$ の関数．

(b) μ と ν の交換で不変で，α_{2h-1} と $\alpha_{2h} \ (h = 1, 2, \cdots, 2k)$ の交換でも不変．

(c) $(\mu\nu)$ 対と $(\alpha_{2h-1}\alpha_{2h})$ 対 $(h = 1, 2, \cdots, 2k)$ の交換で不変．

(d) 任意の $h \ (\in \{1, 2, \cdots, 2k\})$ に対し，4 添字 $\mu\nu\alpha_{2h-1}\alpha_{2h}$ 中の任意の3つについての循環和は零．

条件 (a)-(d) は独立ではなく，(c) は (b) と (d) から導くことができる．実際，(b) より $\theta^{\mu\nu\alpha_1\alpha_2\cdots} = \theta^{\nu\mu\alpha_1\alpha_2\cdots} = \theta^{\mu\nu\alpha_2\alpha_1\cdots}$，(d) より $\theta^{\mu(\nu\alpha_1\alpha_2)\cdots} = 0$ なので，

$$
0 = \theta^{\mu(\nu\alpha_1\alpha_2)\cdots} + \theta^{\nu(\alpha_1\alpha_2\mu)\cdots} - \theta^{\alpha_1(\alpha_2\mu\nu)\cdots} - \theta^{\alpha_2(\mu\nu\alpha_1)\cdots}
$$
$$
= \frac{1}{3}\left(\theta^{\mu\nu\alpha_1\alpha_2\cdots} - \theta^{\alpha_1\alpha_2\mu\nu\cdots}\right) \tag{2.74}
$$

のように，(c) で $h = 1$ としたものを示すことができる．他の h の値に対しても同様である．

定理 2.2. 自然数 p に対して，テンソル $\psi^{\mu\nu\alpha_1\alpha_2\cdots\alpha_{2p-1}\alpha_{2p}}$ が，定理 2.1 における条件 (a)-(d) で $2k$ を p で置き換えたものを満たすとする．すると，以下の関係式が成立する．

$$(n-p)\psi^{\mu\nu\alpha_1\alpha_2\cdots\alpha_{2p-1}\alpha_{2p}} = g^{\mu\nu}\tilde{\psi}^{\alpha_1\alpha_2\cdots\alpha_{2p-1}\alpha_{2p}}$$

$$-\frac{1}{2}\sum_{h=1}^{2p} g^{\alpha_h\nu}\tilde{\psi}^{\alpha_1\cdots\alpha_{h-1}\mu\alpha_{h+1}\cdots\alpha_{2p}}, \qquad (2.75)$$

$$\tilde{\psi}^{\alpha_1\alpha_2\cdots\alpha_{2p-1}\alpha_{2p}} \equiv g_{\rho\sigma}\psi^{\rho\sigma\alpha_1\alpha_2\cdots\alpha_{2p-1}\alpha_{2p}}. \qquad (2.76)$$

関係式 (2.75) の右辺に現れるテンソル $\tilde{\psi}^{\alpha_1\alpha_2\cdots\alpha_{2p-1}\alpha_{2p}}$ は，(2.76) で定義され，$\psi^{\mu\nu\alpha_1\alpha_2\cdots\alpha_{2p-1}\alpha_{2p}}$ が満たすべき条件で p を $p-1$ に置き換えたものを満たす．したがって，定理 2.2 を繰り返し使うことで，任意の p に対して $\psi^{\mu\nu\alpha_1\alpha_2\cdots\alpha_{2p-1}\alpha_{2p}}$ の一般形を求めることができる．そして，定理 2.1 におけるテンソル $\theta^{\mu\nu\alpha_1\alpha_2\cdots\alpha_{4k-1}\alpha_{4k}}$ を，具体的に求める方法を与えてくれる．定理 2.1 と定理 2.2 の証明は紙面数の都合で割愛するが，興味のある読者は原論文を参照されたい．

時空の次元が $n = 2, 3, 4$ の場合に，定理 2.1 と 2.2 を使って $A^{\mu\nu}$ を具体的に書き下すことで，以下の 2 つの系が得られる．

系 2.1. $n = 2$ の場合，$A^{\mu\nu} = bg^{\mu\nu}$．ここで b は定数．

証明. 定理 2.1 で $m = 1$ なので明らか． $\qquad\qquad\square$

系 2.2. $n = 3$ または $n = 4$ の場合，$A^{\mu\nu} = a\mathsf{G}^{\mu\nu} + bg^{\mu\nu}$．ここで a と b は定数．

証明. 定理 2.1 で $m = 2$ なので，$k = 1$ の項の係数，すなわち $\theta^{\mu\nu\alpha_1\alpha_2\alpha_3\alpha_4}$ が分かればよい．まず，定理 2.2 で $p = 2$ として $\theta^{\mu\nu\alpha_1\alpha_2\alpha_3\alpha_4}$ に適用すると，

$$(n-2)\theta^{\mu\nu\alpha_1\alpha_2\alpha_3\alpha_4} = g^{\mu\nu}\tilde{\theta}^{\alpha_1\alpha_2\alpha_3\alpha_4} - \frac{1}{2}\left(g^{\alpha_1\nu}\tilde{\theta}^{\mu\alpha_2\alpha_3\alpha_4} + g^{\alpha_2\nu}\tilde{\theta}^{\alpha_1\mu\alpha_3\alpha_4}\right.$$
$$\left. + g^{\alpha_3\nu}\tilde{\theta}^{\alpha_1\alpha_2\mu\alpha_4} + g^{\alpha_4\nu}\tilde{\theta}^{\alpha_1\alpha_2\alpha_3\mu}\right) \qquad (2.77)$$

を得る．ここで，$\tilde{\theta}^{\alpha_1\alpha_2\alpha_3\alpha_4} \equiv g_{\rho\sigma}\theta^{\rho\sigma\alpha_1\alpha_2\alpha_3\alpha_4}$．次に，定理 2.2 で $p = 1$ として $\tilde{\theta}^{\alpha_1\alpha_2\alpha_3\alpha_4}$ に適用すると，

$$(n-1)\tilde{\theta}^{\alpha_1\alpha_2\alpha_3\alpha_4} = g^{\alpha_1\alpha_2}\tilde{\tilde{\theta}}^{\alpha_3\alpha_4} - \frac{1}{2}\left(g^{\alpha_3\alpha_2}\tilde{\tilde{\theta}}^{\alpha_1\alpha_4} + g^{\alpha_4\alpha_2}\tilde{\tilde{\theta}}^{\alpha_3\alpha_1}\right) \qquad (2.78)$$

を得る．ここで，$\tilde{\tilde{\theta}}^{\alpha_1\alpha_2} \equiv g_{\rho\sigma}\tilde{\theta}^{\rho\sigma\alpha_1\alpha_2}$ であるが，これは計量から作られた（計量の微分には依存しない）テンソルで対称なので，$\tilde{a}$ を定数として，

$$\tilde{\tilde{\theta}}^{\alpha_1\alpha_2} = \tilde{a}g^{\alpha_1\alpha_2} \qquad (2.79)$$

と書ける（厳密な証明は文献 [4] の lemma A2 参照）．(2.79) を (2.78) に，それを (2.77) に代入すれば，係数 $\theta^{\mu\nu\alpha_1\alpha_2\alpha_3\alpha_4}$ が決まる．まず，

$$(n-1)\tilde{\theta}^{\alpha_1\alpha_2\alpha_3\alpha_4} = \frac{\tilde{a}}{2}\left(2g^{\alpha_1\alpha_2}g^{\alpha_3\alpha_4} - g^{\alpha_3\alpha_2}g^{\alpha_1\alpha_4} - g^{\alpha_4\alpha_2}g^{\alpha_3\alpha_1}\right)$$

$$(2.80)$$

なので,

$$\tilde{\theta}^{\alpha_1\alpha_2\alpha_3\alpha_4}\mathsf{R}_{\alpha_3\alpha_1\alpha_2\alpha_4} = -\frac{3\tilde{a}}{2(n-1)}\mathsf{R},$$

$$\tilde{\theta}^{\mu\alpha_2\alpha_3\alpha_4}\mathsf{R}_{\alpha_3}{}^{\nu}{}_{\alpha_2\alpha_4} = \tilde{\theta}^{\alpha_1\mu\alpha_3\alpha_4}\mathsf{R}_{\alpha_3\alpha_1}{}^{\nu}{}_{\alpha_4} = \tilde{\theta}^{\alpha_1\alpha_2\mu\alpha_4}\mathsf{R}^{\nu}{}_{\alpha_1\alpha_2\alpha_4}$$

$$ - \tilde{\theta}^{\alpha_1\alpha_2\alpha_3\mu}\mathsf{R}_{\alpha_3\alpha_1\alpha_2}{}^{\nu} = -\frac{3\tilde{a}}{2(n-1)}\mathsf{R}^{\mu\nu}, \quad (2.81)$$

である．これらを

$$2(n-2)\theta^{\mu\nu\alpha_1\alpha_2\alpha_3\alpha_4}\mathsf{R}_{\alpha_3\alpha_1\alpha_2\alpha_4}$$

$$= 2g^{\mu\nu}\tilde{\theta}^{\alpha_1\alpha_2\alpha_3\alpha_4}\mathsf{R}_{\alpha_3\alpha_1\alpha_2\alpha_4} - \tilde{\theta}^{\mu\alpha_2\alpha_3\alpha_4}\mathsf{R}_{\alpha_3}{}^{\nu}{}_{\alpha_2\alpha_4} - \tilde{\theta}^{\alpha_1\mu\alpha_3\alpha_4}\mathsf{R}_{\alpha_3\alpha_1}{}^{\nu}{}_{\alpha_4}$$

$$ - \tilde{\theta}^{\alpha_1\alpha_2\mu\alpha_4}\mathsf{R}^{\nu}{}_{\alpha_1\alpha_2\alpha_4} - \tilde{\theta}^{\alpha_1\alpha_2\alpha_3\mu}\mathsf{R}_{\alpha_3\alpha_1\alpha_2}{}^{\nu} \quad (2.82)$$

の各項に代入すれば,

$$\theta^{\mu\nu\alpha_1\alpha_2\alpha_3\alpha_4}\mathsf{R}_{\alpha_3\alpha_1\alpha_2\alpha_4} = \frac{3\tilde{a}}{(n-1)(n-2)}\mathsf{G}^{\mu\nu} \quad (2.83)$$

となるので，定理 2.1 により，$A^{\mu\nu} = a\mathsf{G}^{\mu\nu} + bg^{\mu\nu}$ を示すことができる．こ
こで,

$$a = \frac{3c_1\tilde{a}}{(n-1)(n-2)}. \quad (2.84)$$

$\square$

系 2.2 で $n = 4$ としたものが，通常 Lovelock の定理と呼ばれている．

2.4　Lovelock 重力

前節で紹介した定理 2.1 と定理 2.2 は，一般の次元 n に適用できるが，系 2.2
の証明を振り返ってみると，大きな n に対しては定理 2.2 を何度も繰り返し使う
必要があり，$A^{\mu\nu}$ の具体形の計算が複雑になることが予想される．それにもか
かわらず Lovelock は，一般の n に対して $A^{\mu\nu}$ を求め，運動方程式が仮定①–③
を満たす，一般相対論を超える理論を構築することに成功している[5]．この理
論は，**Lovelock 重力**と呼ばれている．

Lovelock 重力の構築において重要なステップは，定理 2.2 における漸化式
(2.75) で，$p = 2k$ ($1 \leq k \leq m-1$) の場合の解を求めることである．ここで，
m は (2.73) で定義される．漸化式の解を一つ見つけてしまえば，定理 2.2 に
よって（比例定数を除いて）唯一性が保証されているので，一般解が分かった
ことになる．Lovelock が見つけた解は，比例定数を除いて

$$\psi^{\mu\nu\alpha_1\cdots\alpha_{4k}} = \left(\delta^{\mu\rho_1\cdots\rho_{2k}}_{\beta\sigma_1\cdots\sigma_{2k}}g^{\beta\nu} + \delta^{\nu\rho_1\cdots\rho_{2k}}_{\beta\sigma_1\cdots\sigma_{2k}}g^{\beta\mu} \right) g^{\sigma_1\lambda_1}\cdots g^{\sigma_{2k}\lambda_{2k}}$$

$$\times D^{\alpha_1\alpha_2\alpha_3\alpha_4}_{\rho_1\rho_2\lambda_1\lambda_2}\cdots D^{\alpha_{4k-3}\alpha_{4k-2}\alpha_{4k-1}\alpha_{4k}}_{\rho_{2k-1}\rho_{2k}\lambda_{2k-1}\lambda_{2k}} \quad (2.85)$$

のように与えられる．ここで，

$$\delta^{\alpha_1 \cdots \alpha_N}_{\beta_1 \cdots \beta_N} = \det \begin{vmatrix} \delta^{\alpha_1}_{\beta_1} & \cdots & \delta^{\alpha_1}_{\beta_N} \\ \vdots & & \vdots \\ \delta^{\alpha_N}_{\beta_1} & \cdots & \delta^{\alpha_N}_{\beta_N} \end{vmatrix}, \tag{2.86}$$

$$D^{\mu\nu\rho\sigma}_{\alpha\beta\gamma\lambda} = \frac{1}{2}(\delta^{\mu}_{\alpha}\delta^{\nu}_{\lambda} + \delta^{\mu}_{\lambda}\delta^{\nu}_{\alpha})(\delta^{\rho}_{\beta}\delta^{\sigma}_{\gamma} + \delta^{\rho}_{\gamma}\delta^{\sigma}_{\beta}). \tag{2.87}$$

したがって，定理 2.1 における $\theta^{\mu\nu\alpha_1\alpha_2\cdots\alpha_{4k-1}\alpha_{4k}}$ は，b_k を定数として

$$\theta^{\mu\nu\alpha_1\alpha_2\cdots\alpha_{4k-1}\alpha_{4k}} = b_k\psi^{\mu\nu\alpha_1\alpha_2\cdots\alpha_{4k-1}\alpha_{4k}} \tag{2.88}$$

で与えられる．

また，直接の計算により

$$\psi^{\mu\nu\alpha_1\alpha_2\cdots\alpha_{4k-1}\alpha_{4k}} \prod_{h=1}^{k} \mathsf{R}_{\alpha_{4h-1}\alpha_{4h-3}\alpha_{4h-2}\alpha_{4h}}$$

$$= 2\left(\frac{3}{2}\right)^k \delta^{\mu\alpha_1\cdots\alpha_{2k}}_{\rho\beta_1\cdots\beta_{2k}} g^{\rho\nu} \prod_{h=1}^{k} \mathsf{R}_{\alpha_{2h-1}\alpha_{2h}}{}^{\beta_{2h-1}\beta^{2h}} \tag{2.89}$$

を示すことができる．

以上をまとめると，以下の定理が得られる．

定理 2.3. n 次元時空において，①–③を満たす $A^{\mu\nu}$ は，

$$A^{\mu\nu} = \sum_{k=1}^{m-1} a_k g^{\nu\rho} \delta^{\mu\alpha_1\cdots\alpha_{2k}}_{\rho\beta_1\cdots\beta_{2k}} \prod_{h=1}^{k} \mathsf{R}_{\alpha_{2h-1}\alpha_{2h}}{}^{\beta_{2h-1}\beta^{2h}} + bg^{\mu\nu} \tag{2.90}$$

で与えられる．ここで，m と $\delta^{\alpha_1\cdots\alpha_N}_{\beta_1\cdots\beta_N}$ はそれぞれ (2.73) と (2.86) で定義され，a_k と b は定数．

さらに Lovelock は，$g_{\mu\nu}$ についての変分が $A^{\mu\nu}$（に $\sqrt{-g}$ を乗じたもの）になるような作用を，

$$I = \int d^n x \sqrt{-g} \left[\sum_{k=1}^{m-1} 2a_k \delta^{\alpha_1\cdots\alpha_{2k}}_{\beta_1\cdots\beta_{2k}} \prod_{h=1}^{k} \mathsf{R}_{\alpha_{2h-1}\alpha_{2h}}{}^{\beta_{2h-1}\beta^{2h}} + 2b \right] \tag{2.91}$$

のように与えた．

作用 (2.91) あるいは運動方程式 (2.90) によって記述される理論は，Lovelock 重力と呼ばれている．

2.5 一般相対論を超えるには？

本書は，一般相対論を超える重力理論への入門書であるが，一般相対論を超えるためには，まずは一般相対論そのものを良く理解する必要がある．そのため本章では，一般相対論について，それを超えるという目的を見据えた上で解説した．まず，一般相対論およびそれを超える多くの理論の基礎となる，等価原理について議論した．そして，低エネルギー有効理論としての一般相対論は，Einstein の等価原理と，重力は計量のみによって記述されるという仮定から導かれることを見た．その上で，一般相対論の唯一性を示す，Lovelock の定理について解説した．

Lovelock の定理の仮定①–④は，
- 4 次元の（擬）Riemann 幾何学
- 重力セクターは計量のみ

という前提に基づいていた．したがって，一般相対論を超える理論を構築するには，以下の4つのうちの少なくとも1つが必要である．
- 余剰次元
- 計量以外の物理的自由度
- **一般座標変換 (diffeomorphism)** に対する不変性の破れ
- （擬）Riemann 幾何学以外の幾何学

2.3.3 節で解説したように，通常 Lovelock の定理と呼ばれているものは，定理 2.1 と定理 2.2 から導かれる系 2.2 を，時空次元が 4 の場合に適用したものである．定理 2.1 と定理 2.2 そのものは任意の次元で成立する．2.4 節で解説したように，時空次元が 5 以上の場合，すなわち余剰次元がある場合に，Lovelock は定理 2.2 における漸化式の解を具体的に求めることで，一般相対論を超える理論を発見している．この理論は，(2.90) で与えられる運動方程式と (2.91) で与えられる作用によって記述され，Lovelock 理論と呼ばれている．Lovelock 理論は，一般相対論を超えるための上述の 4 つの可能性のうち，余剰次元に基づく理論の例である．

本書の第 4 章ではスカラーテンソル理論，第 5 章では massive gravity，第 6 章では Hořava-Lifshitz 理論を解説する．それらは，計量以外の物理的自由度，一般座標変換に対する不変性の破れのいずれか，あるいは両方に基づく理論である．本書では（擬）Riemann 幾何学以外の幾何学については議論しないが，興味のある読者は，例えば文献 [6] およびそこで引用している他の文献を参考にしていただきたい．いずれにせよ，一般相対論を超える理論は全て，上述の 4 つのうちの少なくとも 1 つに基づいている．

第 3 章
PPN 形式

第1章で述べたように，一般相対論を超える重力理論の研究には，少なくとも3つの動機がある．しかし，どのような動機があるにせよ，理論予言が実験・観測と矛盾するようでは困る．宇宙の謎を解決するにしても，量子重力理論を構築するにしても，これまで実施されてきた全ての実験・観測と無矛盾な理論に基づいて議論を展開すべきである．また，一般相対論の検証は，実験・観測データに基づいてなされるべきであることは言うまでもない．しかし，これまでに数多くの重力理論が提唱されており，また，重力の性質に関わる実験・観測も多い．そのため，それぞれの理論ごとに全ての実験・観測データを解析するのは，あまり効率の良いこととは言えないだろう．一方，一般相対論からのずれを有限個の有効パラメータで表すことができれば，理論と実験・観測を結ぶ架け橋のような役割を果たしてくれると期待できる．予め実験・観測データから有効パラメータの許される範囲を制限しておけば，理論に対する制限は，それぞれの理論に基づいて有効パラメータを計算し，理論の基礎パラメータで書き表すだけで得られる．新たに実験や観測が実施された場合にも，必要に応じて有効パラメータについての制限を改訂するだけで済む．また，新たな実験・観測を計画する際にも，どうすれば限られた予算内で有効パラメータをより強く制限できるか，という観点で物事を決めればよいので，立案および実行をしやすい．本章では，そのようなパラメータ化の方法として，主に太陽系スケールの実験・観測データの集約のための標準となっている，Parametrized Post-Newtonian (PPN) 形式[7]を紹介する．PPN 形式における有効パラメータは通常 10 個あり，PPN パラメータと呼ばれる．

3.1 定式化

3.1.1 エネルギー運動量テンソル
PPN 形式では，物質場のエネルギー運動量テンソルは完全流体の形を仮定す

る．一般に，エネルギー運動量テンソル $T^\mu_\nu = T^{\mu\rho} g_{\rho\nu}$ の timelike な単位固有ベクトルを u^μ とし，対応する固有値を $-\tilde{\rho}$ とすると，

$$T^\mu_\nu u^\nu = -\tilde{\rho} u^\mu, \quad u^\mu u_\mu = -1, \quad u_\mu = g_{\mu\nu} u^\nu, \tag{3.1}$$

を満たす．さらに，

$$\tau_{\mu\nu} \equiv P_\mu{}^\alpha P_\nu{}^\beta T_{\alpha\beta}, \quad P_\mu{}^\alpha \equiv \delta_\mu{}^\alpha + u_\mu u^\alpha, \tag{3.2}$$

によって $\tau_{\mu\nu}$ を定義すると，

$$T^\mu_\nu = \tilde{\rho} u^\mu u_\nu + \tau^\mu_\nu \tag{3.3}$$

と書ける．さらに，P と π^μ_ν を

$$P \equiv \frac{1}{3} \tau^\mu_\mu, \quad \pi^\mu_\nu \equiv \frac{1}{P} (\tau^\mu_\nu - P P^\mu_\nu), \tag{3.4}$$

のように定義すると，

$$T^\mu_\nu = \tilde{\rho} u^\mu u_\nu + P(P^\mu_\nu + \pi^\mu_\nu), \tag{3.5}$$

と書ける．ここで，$\tilde{\rho}$ は**全エネルギー密度**，P は**等方圧力**，π^μ_ν は

$$\pi^\mu_\mu = 0, \quad \pi^\mu_\nu u^\nu = 0, \quad \pi_{\mu\nu} = \pi_{\nu\mu}, \tag{3.6}$$

を満たす**非等方圧力**である．**完全流体**とは静止系において等方的な流体のことで，$\pi^\mu_\nu = 0$ を満たす．また，**静止質量密度** ρ と**比エネルギー密度** Π を導入すると $\tilde{\rho} = (1+\Pi)\rho$ と書ける．したがって，完全流体型のエネルギー運動量テンソルは，

$$T^\mu_\nu = (1+\Pi)\rho u^\mu u_\nu + P P^\mu_\nu, \tag{3.7}$$

のように書ける．

以上で導入した物質の変数に，基本方程式として

$$u^\mu u_\mu = -1, \quad (u^\mu \text{の規格化条件}), \tag{3.8}$$

$$\nabla_\mu (\rho u^\mu) = 0, \quad (\text{バリオン数保存則}), \tag{3.9}$$

$$\nabla_\mu T^\mu_\nu = 0, \quad (\text{エネルギー運動量テンソルの保存則}) \tag{3.10}$$

を課す．

後述する post-Newtonian 展開のため，**流体素片の速度を表す 3 次元ベクトル** $\vec{v} = (v^1, v^2, v^3)$ を

$$u^\mu = (u^0, u^0 \vec{v}), \tag{3.11}$$

によって定義する．ここで，$u^0 \,(> 0)$ は u^μ の時間成分．すると，規格化条件 (3.8) によって u^0 が決まる．また，**バリオン数保存則** (3.9) は

$$\partial_0 \rho^* + \partial_i (\rho^* v^i) = 0, \quad \rho^* \equiv \rho \sqrt{-g} u^0 \tag{3.12}$$

のように書き直せるので，体積 V の境界 ∂V が物質分布の外であれば

$$\frac{\partial}{\partial t} \int_V \rho^*(t, \vec{x}') f(t, \vec{x}, \vec{x}') \, d^3 x'$$
$$= \int_V \rho^*(t, \vec{x}') \left(\frac{\partial}{\partial t} + \vec{v}' \cdot \vec{\nabla}' \right) f(t, \vec{x}, \vec{x}') \, d^3 x' \tag{3.13}$$

が成立する．たとえば，$\int_V \rho^*(t, \vec{x}') \, d^3 x'$ は保存する．そのため，ρ^* は**保存質量密度**と呼ばれる．したがって，完全流体は，

$$\begin{aligned}
\rho \text{ or } \rho^* &\quad : 質量密度 \text{ or } 保存質量密度, \\
\vec{v} = (v^1, v^2, v^3) &\quad : 流体素片の \text{3 次元速度}, \\
P &\quad : 等方圧力, \\
\Pi &\quad : 比エネルギー密度
\end{aligned} \tag{3.14}$$

という 6 基本変数によって記述される．

3.1.2 Post-Newtonian bookkeeping

太陽系スケールでの重力については，重力源となる物質の運動速度は光速に比べて十分遅く（$v \equiv |\vec{v}| \ll 1$），重力ポテンシャル $U \sim G_{\rm N} l^3 \rho / L$ もせいぜい $\sim 10^{-5}$ と小さい．ここで，ρ と l は重力源の大凡の静止質量密度と半径，L は重力源と観測天体との大凡の距離で，$G_{\rm N}$ は Newton の重力定数．そして，系が**ビリアル平衡**あるいはそれに近い状況にあるとして

$$|U| \sim v^2, \tag{3.15}$$

圧力勾配と重力がおおよそ釣り合っているとして

$$|\vec{\nabla} P| \sim \rho |\vec{\nabla} U|, \tag{3.16}$$

のような関係がある．さらに，熱力学により

$$\rho \Pi \sim P \tag{3.17}$$

という関係が予想される．また，エネルギー運動量テンソルや計量の各成分の時間微分は重力源となる物質の運動によって生じるので，それらの空間微分に比べて v 倍程度小さいと考える．したがって，bookkeeping のために v 程度の小さなパラメータ ϵ を導入すると，

$$v = \mathcal{O}(\epsilon), \quad |\partial_t| \sim \mathcal{O}(\epsilon) |\vec{\nabla}|,$$
$$\frac{G_{\rm N} l^3}{L} \rho = \mathcal{O}(\epsilon^2), \quad \frac{P}{\rho} = \mathcal{O}(\epsilon^2), \quad \Pi = \mathcal{O}(\epsilon^2), \tag{3.18}$$

のように評価できる．一般に，このように定義した ϵ による展開は，**post-Newtonian 展開**（**PN 展開**）と呼ばれる．これらの評価を用い，計量を ϵ の必要なオーダーまで PN 展開して求めることが，**PPN 形式**の定式化の基本である．

3.1.3 Newton 極限での計量

Newton 極限は，関係式 (3.18) を保って ϵ の最低次だけ残すことで得られ，計量の成分は

$$g_{00} = -1 + 2U + \mathcal{O}(\epsilon^4), \quad g_{0i} = \mathcal{O}(\epsilon^3), \quad g_{ij} = \delta_{ij} + \mathcal{O}(\epsilon^2) \quad (3.19)$$

で与えられる．ここで

$$U(t, \vec{x}) \equiv G_{\mathrm{N}} \int \frac{\rho^*(t, \vec{x}')}{|\vec{x} - \vec{x}'|} d^3\vec{x}', \qquad (3.20)$$

は **Newton ポテンシャル**[*1)]で，ρ^* は (3.12) で定義される．なお，観測天体の世界線に沿った $ds^2 = g_{00}dt^2 + 2g_{0i}dtdx^i + g_{ij}dx^idx^j$ において $dx^i \sim \mathcal{O}(\epsilon)dt$ なので，g_{00} 中の $\mathcal{O}(\epsilon^4)$，g_{0i} 中の $\mathcal{O}(\epsilon^3)$，g_{ij} 中の $\mathcal{O}(\epsilon^2)$ の項は，ds^2 中では全て $\mathcal{O}(\epsilon^4)dt^2$ の項に対応している．

なお，U の中の**重力定数** G_{N} や $M_{\mathrm{Pl}} \equiv 1/\sqrt{8\pi G_{\mathrm{N}}}$ で定義される **Planck スケール**は，計量が (3.19) となるように決める．例えば Einstein 方程式 (2.20) に対しては，

$$G_{\mathrm{N}} = \frac{1}{8\pi M_{\mathrm{Pl}}^2} = \frac{\kappa^2}{8\pi}, \quad （一般相対論の場合） \qquad (3.21)$$

である．他の重力理論でも，G_{N} や M_{Pl} を理論のパラメータで表すことになる[*2)]．

3.1.4 PPN 計量（10 + 1 パラメータ）

PPN 計量は Newton 極限での計量 (3.19) に post-Newtonian 補正を加えたものであり，理論が空間座標変換に対する不変性を持つ場合，空間座標をうまく選ぶことにより，

$$
\begin{aligned}
g_{00} = {} & -1 + 2U + 2(\psi - \beta U^2) + \zeta_{\mathcal{B}}\mathcal{B} + \mathcal{O}(\epsilon^6), \\
g_{0i} = {} & -\left[2(1 + \gamma) + \frac{1}{2}\alpha_1\right]V_i \\
& -\frac{1}{2}\left[1 + \alpha_2 - \zeta_1 + \zeta_{\mathcal{B}} + 2\xi\right]X_{,0i} + \mathcal{O}(\epsilon^5), \\
g_{ij} = {} & (1 + 2\gamma U)\delta_{ij} + \mathcal{O}(\epsilon^4),
\end{aligned}
\qquad (3.22)
$$

[*1)]　正確には，Newton ポテンシャルに -1 を乗じたものであるが，慣例[7]にしたがい，また簡単のため，これも Newton ポテンシャルと呼ぶことにする．

[*2)]　たとえばスカラーテンソル理論の場合，(3.97) 第 1 式参照．

のように書ける．ここで，ψ と $\mathcal{B}$ は

$$\psi = \frac{1}{2}(2\gamma + 1 + \alpha_3 + \zeta_1 - \zeta_{\mathcal{B}} - 2\xi)\Phi_1 + (1 - 2\beta + \zeta_2 + \xi)\Phi_2$$
$$+ (1 + \zeta_3)\Phi_3 + (3\gamma + 3\zeta_4 - 2\xi)\Phi_4 - \frac{1}{2}(\zeta_1 - \zeta_{\mathcal{B}} - 2\xi)\Phi_6 - \xi\Phi_W ,$$
$$\mathcal{B} = -X_{,00} + \Phi_1 - \Phi_6 \tag{3.23}$$

のように与えられ，ポテンシャル U, X, V_i, $\Phi_{1,2,3,4,6,W}$ は以下の微分方程式で定義される．

$$\Delta U = -4\pi G_{\mathrm{N}}\rho^* , \tag{3.24}$$

$$\Delta^2 X = -8\pi G_{\mathrm{N}}\rho^* , \tag{3.25}$$

$$\Delta V_i = -4\pi G_{\mathrm{N}}\rho^* \delta_{ij}v^j , \tag{3.26}$$

$$\Delta \Phi_1 = -4\pi G_{\mathrm{N}}\rho^* v^2 , \tag{3.27}$$

$$\Delta \Phi_2 = -4\pi G_{\mathrm{N}}\rho^* U , \tag{3.28}$$

$$\Delta \Phi_3 = -4\pi G_{\mathrm{N}}\rho^* \Pi , \tag{3.29}$$

$$\Delta \Phi_4 = -4\pi G_{\mathrm{N}} P , \tag{3.30}$$

$$\Delta^2 \Phi_6 = 8\pi G_{\mathrm{N}}\left[\partial_i\partial_j(\rho^* v^i v^j) - \frac{1}{2}\Delta(\rho^* v^2)\right] , \tag{3.31}$$

$$\Delta \Phi_W = -2\delta^{ik}\delta^{jl}\partial_i\partial_j X \partial_k\partial_l U - 4\delta^{ij}\partial_i U \partial_j U + 4\pi G_{\mathrm{N}}\rho^* U . \tag{3.32}$$

ここで，ρ^* は (3.12) で定義され，$v^2 \equiv \delta_{ij}v^i v^j$, $\Delta \equiv \delta^{ij}\partial_i\partial_j$ は平坦な 3 次元空間におけるラプラシアンである．PPN 計量 (3.22) は，11 個のパラメータ（β, γ, ξ, α_1, α_2, α_3, ζ_1, ζ_2, ζ_3, ζ_4, $\zeta_{\mathcal{B}}$）を含んでいる．

文献によっては，

$$\Delta W_i = -4\pi G_{\mathrm{N}}\rho^* \delta_{ij}v^j + 2U_{,0i} , \tag{3.33}$$

$$\Delta^2 \chi^{ij} = 8\pi G_{\mathrm{N}}\rho^* v^i v^j , \tag{3.34}$$

によって定義される W_i と χ^{ij} を使っているものもある．また，ρ^* ではなく，ρ を使って以下のように Newton ポテンシャルを定義することもある（脚注 1 参照）．

$$\Delta \tilde{U} = -4\pi G_{\mathrm{N}}\rho . \tag{3.35}$$

質量密度 ρ と保存質量密度 ρ^* の間には

$$\rho^* = \rho\left[1 + \frac{1}{2}v^2 + 3\gamma U + \mathcal{O}(\epsilon^4)\right] \tag{3.36}$$

という関係があるので，

$$U = \tilde{U} + \frac{1}{2}\Phi_1 + 3\gamma\Phi_2 + \mathcal{O}(\epsilon^6) \tag{3.37}$$

である．他のポテンシャルについては，(3.22) のように g_{00}, g_{0i}, g_{ij} をそれぞ

れ $\mathcal{O}(\epsilon^4)$, $\mathcal{O}(\epsilon^3)$, $\mathcal{O}(\epsilon^2)$ まで与える上では，ρ^* と ρ のどちらを使って定義しても構わない．

ここで，以上で定義したポテンシャルの間の関係式をいくつか導いておく．

$$\Delta(U^2) = 2\delta^{ij}\partial_i U \partial_j U - 8\pi G_{\mathrm N}\rho^* U\,,$$
$$\Delta X = 2U\,,\quad X_{,0i} = W_i - V_i\,,$$
$$\delta^{ij}\partial_i V_j = -U_{,0}\,,\quad \delta^{ij}\partial_i W_j = U_{,0}\,,$$
$$\delta_{ij}\Delta\chi^{ij} = -2\Phi_1\,,\quad \Phi_6 = \Phi_1 + \partial_i\partial_j\chi^{ij}\,. \tag{3.38}$$

また，ポテンシャルの定義 (3.24)-(3.32) の積分形は，適切な境界条件のもとで

$$\Delta\Phi = -4\pi s \quad\Leftrightarrow\quad \Phi = \int \frac{s'}{|\vec{x}-\vec{x}'|}d^3\vec{x}\,,$$
$$\Delta^2\Psi = -8\pi s \quad\Leftrightarrow\quad \Psi = \int s'|\vec{x}-\vec{x}'|d^3\vec{x} \tag{3.39}$$

であることから明らかであろう（(3.24) と (3.20) 参照）．

3.1.5 残っている座標変換の自由度

PPN 計量 (3.22) は，空間座標変換に対する不変性を持つ理論を想定し，空間座標変換の自由度は既に固定されている．この座標系を **PPN 座標系** と呼ぶことにする．

一方で，空間座標だけでなく時間座標の変換に対しても不変な理論の場合には，時間座標変換の自由度はまだ残っている．この場合，時間座標変換

$$x^\mu \to x^\mu + \xi^\mu\,;\quad \xi_0 = \lambda X_{,0}\,,\quad \xi_i = 0 \tag{3.40}$$

によって計量は

$$g_{00} \to g_{00} + 2\lambda(\Phi_6 + \mathcal{B} - \Phi_1)\,,\quad g_{0i} \to g_{0i} - \lambda X_{,0i}\,,\quad g_{ij} \to g_{ij}\,, \tag{3.41}$$

のように変換するので，変換後に $\zeta_{\mathcal{B}} = 0$ となるように λ を選ぶことができる．残りの 10 個のパラメータは，この変換で不変である．

3.1.6 10 個の PPN パラメータ

PPN 計量 (3.22) は，11 個のパラメータを含んでいる．上で見たように，空間座標だけでなく時間座標の変換に対しても不変な理論の場合には，$\zeta_{\mathcal{B}} = 0$ とできるので，以下の 10 個だけがゲージ不変なパラメータとして残る．

$$\beta\,,\quad \gamma\,,\quad \xi\,,\quad \alpha_1\,,\quad \alpha_2\,,\quad \alpha_3\,,\quad \zeta_1\,,\quad \zeta_2\,,\quad \zeta_3\,,\quad \zeta_4\,. \tag{3.42}$$

一方，重力理論によっては，時間座標の変換に対して不変でない場合[*3] もあ

---

*3）例えば第 6 章や文献 [8] を参照．

る．この場合，計量には $\zeta_\mathcal{B}$ がゲージ不変量として残る．しかし，この場合でも $\zeta_\mathcal{B}$ が観測可能とは限らない．なぜなら，実験・観測は物質の運動を通じてなされるからである．物質場の作用が空間座標だけでなく時間座標の変換に対しても不変であれば，$\zeta_\mathcal{B}$ は重力場中の物質の運動方程式に現れないため，物質の運動を通じて，計量に含まれる $\zeta_\mathcal{B}$ の値を観測することは原理的に不可能である．

素粒子の標準模型の作用に，時間座標変換で不変でない項を加えることは理論的には可能である．しかし，そのような項は，既に実験・観測から強く制限されている[9]．そのため本書では，物質の作用は，空間座標だけでなく時間座標の変換に対しても高い精度で不変であると仮定する．ここで，"高い精度"とは，これまでに行われた，あるいは近い将来行われるであろう，太陽系スケールの重力の検証実験・観測の精度以上で，という意味である．すると，$\zeta_\mathcal{B}$ は観測できないパラメータということになる．

したがって，理論が時間座標の変換に対して不変であるかどうかにかかわらず，PPN 計量 (3.22) 中で観測可能なパラメータは $(\beta,\ \gamma,\ \xi,\ \alpha_1,\ \alpha_2,\ \alpha_3,\ \zeta_1,\ \zeta_2,\ \zeta_3,\ \zeta_4)$ の 10 個ということになる．これらは，**PPN パラメータ**と呼ばれている．

3.1.7　一般相対論の場合

重力理論が与えられれば，重力場の運動方程式と物質の基礎方程式 (3.8)-(3.10) を連立させて解くことで，PPN パラメータを決定することができる．

一般相対論の場合には，G_N は (3.21) で与えられ，

$$\beta = 1, \quad \gamma = 1, \quad \xi = \alpha_1 = \alpha_2 = \alpha_3 = \zeta_1 = \zeta_2 = \zeta_3 = \zeta_4 = 0, \qquad (3.43)$$

である（$\zeta_\mathcal{B}$ はゲージ自由度）．

他の例として，3.3 節では，簡単なスカラーテンソル理論の場合に PPN パラメータを計算する．また，6.3.1.4 節では，non-projectable Hořava-Lifshitz 理論の PPN パラメータを計算する．

3.2　PPN パラメータの制限

3.2.2 節と 3.2.3 節では，それぞれ光の偏向 (light deflection) と光の時間遅延 (**Shapiro time delay**) によって，PPN パラメータの一つである γ への制限を考察する．そのための準備として，3.2.1 節では PPN 計量上での光子の運動方程式を導出し，$\mathcal{O}(\epsilon^2)$ の精度で解を与える．

3.2.1　PPN 計量上の光子の運動
3.2.1.1　準備

PPN 計量 (3.22) に対し，

$$g^{00} = -1 - 2U - (4U^2 + g_{00}^{(4)}) + \mathcal{O}(\epsilon^6) \,,$$

$$g^{0i} = \delta^{ij} g_{0j}^{(3)} + \mathcal{O}(\epsilon^5) \,,$$

$$g^{ij} = (1 - 2\gamma U)\delta^{ij} + \mathcal{O}(\epsilon^4) \,. \tag{3.44}$$

ここで

$$g_{00}^{(4)} = 2(\psi - \beta U^2) + \zeta_\mathcal{B} \mathcal{B} \,,$$

$$g_{0i}^{(3)} = -\left[2(1 + \gamma) + \frac{1}{2}\alpha_1 \right] V_i - \frac{1}{2} \left[1 + \alpha_2 - \zeta_1 + \zeta_\mathcal{B} + 2\xi \right] X_{,0i} \,, \tag{3.45}$$

を定義した.

Christoffel 記号は,

$$\Gamma^0{}_{00} = -\partial_0 U + \mathcal{O}(\epsilon^5) \,,$$

$$\Gamma^0{}_{0i} = -\partial_i U + \mathcal{O}(\epsilon^4) \,,$$

$$\Gamma^i{}_{00} = -\delta^{ij}\partial_j U + \delta^{ij}\partial_j \left(\gamma U^2 - \frac{1}{2}g_{00}^{(4)} \right) + \delta^{ij}\partial_0 g_{0j}^{(3)} + \mathcal{O}(\epsilon^6) \,,$$

$$\Gamma^0{}_{ij} = -\frac{1}{2} \left(\partial_i g_{0j}^{(0)} + \partial_j g_{0i}^{(0)} \right) + \gamma \delta_{ij}\partial_0 U + \mathcal{O}(\epsilon^5) \,,$$

$$\Gamma^i{}_{0j} = \Gamma^i{}_{j0} = \gamma\delta_{ij}\partial_0 U - \left(\gamma + 1 + \frac{1}{4}\alpha_1 \right)\delta^{ik}(\partial_j V_k - \partial_k V_j) + \mathcal{O}(\epsilon^5) \,,$$

$$\Gamma^i{}_{jk} = \gamma \left(\delta^i_j \partial_k U + \delta^i_k \partial_j U - \delta^{il}\delta_{jk}\partial_l U \right) \,. \tag{3.46}$$

3.2.1.2　光子の運動方程式

基礎方程式は, σ を affine パラメータとして,

$$g_{\mu\nu}\frac{dx^\mu}{d\sigma}\frac{dx^\nu}{d\sigma} = 0 \,, \quad \frac{d^2 x^\mu}{d\sigma^2} + \Gamma^\mu{}_{\nu\lambda}\frac{dx^\nu}{d\sigma}\frac{dx^\lambda}{d\sigma} = 0 \tag{3.47}$$

である. これらの式から σ を消去すると,

$$g_{\mu\nu}\frac{dx^\mu}{dt}\frac{dx^\nu}{dt} = 0 \,, \quad \frac{d^2 x^i}{dt^2} + \left(\Gamma^i{}_{\mu\nu} - \Gamma^0{}_{\mu\nu}\frac{dx^i}{dt} \right)\frac{dx^\mu}{dt}\frac{dx^\nu}{dt} = 0 \tag{3.48}$$

が得られる. これらの式を PPN 展開する際に, 気をつけなければならないことがある. それは, 重力源となる物質の速度 v は小さく, したがって PPN 計量は (3.18) に基づいて ϵ で展開するが, PPN 計量上を運動する光子の dx^i/dt は $\mathcal{O}(1)$ であることだ. すると,

$$-1 + 2U + (1 + 2\gamma U)\left| \frac{d\vec{x}}{dt} \right|^2 = \mathcal{O}(\epsilon^4) \,,$$

$$\frac{d^2 x^i}{dt^2} - \left(1 + \gamma \left| \frac{d\vec{x}}{dt} \right|^2 \right)\delta^{ij}\partial_j U + 2(1 + \gamma)\frac{dx^i}{dt}\frac{dx^j}{dt}U_{,j} = \mathcal{O}(\epsilon^4) \,, \tag{3.49}$$

を得る. 3 次元速度 dx^i/dt の方向の単位ベクトルを $\hat{n}^i$ とすると, 第 1 式より

$$\frac{dx^i}{dt} = \left[1 - (1+\gamma)U\right]\hat{n}^i + \mathcal{O}(\epsilon^4), \quad \delta_{ij}\hat{n}^i\hat{n}^j = 1 \tag{3.50}$$

が得られ，これを第 2 式に代入すると，

$$\frac{d\hat{n}^i}{dt} = (1+\gamma)\left(\delta^{ij} - \hat{n}^i\hat{n}^j\right)U_{,j} + \mathcal{O}(\epsilon^4) \tag{3.51}$$

を得る．

単位ベクトル $\hat{n}^i$ の運動方程式 (3.51) の右辺は $\mathcal{O}(\epsilon^2)$ なので，

$$\hat{n}^i = \hat{n}_{\mathrm{e}}^i + \mathcal{O}(\epsilon^2), \quad x^i = x_{\mathrm{e}}^i + \hat{n}_{\mathrm{e}}^i(t - t_{\mathrm{e}}) + \mathcal{O}(\epsilon^2) \tag{3.52}$$

は明らか．ここで，下付き添字 e は，光源における値を表す．以下では，(3.51) を用いて，(3.52) への $\mathcal{O}(\epsilon^2)$ 補正を求める．

3.2.1.3　第一積分

重力源および計量の時間依存性は ϵ の高次なので無視すると，Newtonian ポテンシャルは

$$U(\vec{x}) = G_{\mathrm{N}} \int \frac{\rho^{*\prime}}{|\vec{x} - \vec{x}'|}d^3x', \quad \rho^{*\prime} \equiv \rho^*(\vec{x}'), \tag{3.53}$$

で，(3.51) は

$$\frac{d\hat{n}^i}{dt} = -(1+\gamma)G_{\mathrm{N}}\int\frac{\rho^{*\prime}b_{\mathrm{e}}^i}{s^3}d^3x' + \mathcal{O}(\epsilon^4), \tag{3.54}$$

と書ける．ここで

$$s^i = x_{\mathrm{e}}^i + \hat{n}_{\mathrm{e}}^i(t - t_{\mathrm{e}}) - x'^i, \quad s = |\vec{s}|, \tag{3.55}$$

で，

$$b_{\mathrm{e}}^i \equiv \left(\delta^{ij} - \hat{n}_{\mathrm{e}}^i\hat{n}_{\mathrm{e}}^j\right)\delta_{jk}s^k = \left(\delta^{ij} - \hat{n}_{\mathrm{e}}^i\hat{n}_{\mathrm{e}}^j\right)\delta_{jk}(x_{\mathrm{e}}^k - x'^k) \tag{3.56}$$

は時間に依存せず $\hat{n}_{\mathrm{e}}^i$ と直交する（$\vec{b}_{\mathrm{e}}$ の幾何学的意味は図 3.1 を参照のこと）．ここで

$$\frac{d}{dt}\left(\frac{\vec{s}\cdot\vec{n}_{\mathrm{e}}}{s}\right) = \frac{b_{\mathrm{e}}^2}{s^3}, \quad b_{\mathrm{e}} = |\vec{b}_{\mathrm{e}}| \tag{3.57}$$

と，b_{e}^i および b_{e} が時間に依存しないこと，$\rho^{*\prime}$ を時間で微分すると ϵ のオーダーが高くなることを使うと，

$$\frac{d\vec{n}}{dt} = -(1+\gamma)G_{\mathrm{N}}\frac{d}{dt}\left(\int\rho^{*\prime}\frac{\vec{b}_{\mathrm{e}}}{b_{\mathrm{e}}^2}\frac{\hat{n}_{\mathrm{e}}\cdot\vec{s}}{s}d^3x'\right) + \mathcal{O}(\epsilon^4), \tag{3.58}$$

を得る．

(3.58) を t で積分すれば，$\vec{s}_{\mathrm{e}} = \vec{x}_{\mathrm{e}} - \vec{x}'$, $s_{\mathrm{e}} = |\vec{s}_{\mathrm{e}}|$ として，

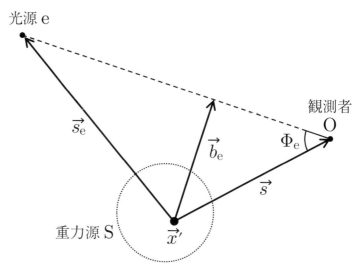

図 3.1 $\vec{b}_{\mathrm{e}}$ の幾何学的意味. 光源 e と観測者 O を結ぶ直線と $\vec{b}_{\mathrm{e}}$ は直交する. また, $b_{\mathrm{e}} \equiv |b_{\mathrm{e}}|$ と $s \equiv |\vec{s}|$ の間には, $b_{\mathrm{e}} = s \sin \Phi_{\mathrm{e}}$ という関係がある.

$$\vec{n} = \vec{n}_{\mathrm{e}}^{i} - (1+\gamma)G_{\mathrm{N}} \int \rho^{*\prime} \frac{\vec{b}_{\mathrm{e}}}{b_{\mathrm{e}}^2} \left(\frac{\vec{n}_{\mathrm{e}} \cdot \vec{s}}{s} - \frac{\vec{n}_{\mathrm{e}} \cdot \vec{s}_{\mathrm{e}}}{s_{\mathrm{e}}} \right) d^3 x' + \mathcal{O}(\epsilon^4) \quad (3.59)$$

となる. これを (3.50) に代入すれば,

$$\frac{d\vec{x}}{dt} = \vec{n}_{\mathrm{e}} \left[1 - (1+\gamma)G_{\mathrm{N}} \int \frac{\rho^{*\prime}}{s} d^3 x' \right] + \vec{\alpha}_{\mathrm{e}} + \mathcal{O}(\epsilon^4), \quad (3.60)$$

$$\vec{\alpha}_{\mathrm{e}} = -(1+\gamma)G_{\mathrm{N}} \int \rho^{*\prime} \frac{\vec{b}_{\mathrm{e}}}{b_{\mathrm{e}}^2} \left(\frac{\vec{n}_{\mathrm{e}} \cdot \vec{s}}{s} - \frac{\vec{n}_{\mathrm{e}} \cdot \vec{s}_{\mathrm{e}}}{s_{\mathrm{e}}} \right) d^3 x',$$

を得る.

3.2.1.4 第二積分

次に,

$$\frac{d}{dt} \ln(s + \vec{n}_{\mathrm{e}} \cdot \vec{s}) = \frac{1}{s}, \quad \frac{d}{dt} s = \frac{\vec{n}_{\mathrm{e}} \cdot \vec{s}}{s}, \quad (3.61)$$

を使うと, (3.60) をもう一度 t で積分できて,

$$\vec{x} = \vec{x}_{\mathrm{e}} + \vec{n}_{\mathrm{e}} \left[(t - t_{\mathrm{e}}) - (1+\gamma)G_{\mathrm{N}} \int \rho^{*\prime} \ln\left(\frac{s + \vec{n}_{\mathrm{e}} \cdot \vec{s}}{s_{\mathrm{e}} + \vec{n}_{\mathrm{e}} \cdot \vec{s}_{\mathrm{e}}} \right) d^3 x' \right]$$
$$- (1+\gamma)G_{\mathrm{N}} \int \rho^{*\prime} \frac{\vec{b}_{\mathrm{e}}}{b_{\mathrm{e}}^2} \left[(s - s_{\mathrm{e}}) - (t - t_{\mathrm{e}}) \frac{\vec{n}_{\mathrm{e}} \cdot \vec{s}_{\mathrm{e}}}{s_{\mathrm{e}}} \right] d^3 x' + \mathcal{O}(\epsilon^4),$$
$$(3.62)$$

を得る. 最後に,

$$b_{\mathrm{e}}^2 = s^2 - (\vec{n}_{\mathrm{e}} \cdot \vec{s})^2 = s_{\mathrm{e}}^2 - (\vec{n}_{\mathrm{e}} \cdot \vec{s}_{\mathrm{e}})^2, \quad \vec{s} = \vec{s}_{\mathrm{e}} + \vec{n}_{\mathrm{e}}(t - t_{\mathrm{e}}) \quad (3.63)$$

を使えば，

$$\vec{x} = \vec{x}_{\mathrm{e}} + \vec{n}_{\mathrm{e}} \left[(t - t_{\mathrm{e}}) + \delta x_{\parallel} \right] + \delta \vec{x}_{\perp} + \mathcal{O}(\epsilon^4) \,, \tag{3.64}$$

のようにまとめられる．ここで，

$$\delta x_{\parallel} = -(1 + \gamma) G_{\mathrm{N}} \int \rho^{*\prime} \ln \left[\frac{(s + \vec{n}_{\mathrm{e}} \cdot \vec{s})(s_{\mathrm{e}} - \vec{n}_{\mathrm{e}} \cdot \vec{s}_{\mathrm{e}})}{b_{\mathrm{e}}^2} \right] d^3 x' \,,$$

$$\delta \vec{x}_{\perp} = -(1 + \gamma) G_{\mathrm{N}} \int \rho^{*\prime} \frac{\vec{b}_{\mathrm{e}}}{b_{\mathrm{e}}^2} \left(s - \frac{\vec{s} \cdot \vec{s}_{\mathrm{e}}}{s_{\mathrm{e}}} \right) d^3 x' \,. \tag{3.65}$$

3.2.2 光の偏向 (deflection of light)

公式 (3.64)-(3.65) により，重力源の近くで，光の世界線がどのように曲げられるかを計算できる．本節では，光の偏向 (**light deflection**) と呼ばれるこの現象を，どのように観測するかを議論し，それによって PPN パラメータの一つ，γ を制限できることを見よう．

3.2.2.1 観測量 θ

光源 (emitter) となる天体 e から観測者 O への光の世界線を $x^{\mu}(t)$ とし，その接ベクトルを $\nu^{\mu} = dx^{\mu}/dt$ とする ($t = x^0$)．O の世界線に沿った 4 次元単位ベクトルを u^{μ} とすると，O にとっての e の見かけ上の方向は $-P^{\mu}_{\rho} \nu^{\rho}$ で表される．ここで，$P^{\mu}_{\rho} = \delta^{\mu}_{\rho} + u^{\mu} u_{\rho}$ は，u^{μ} に直交する超曲面への射影演算子である．

実際の観測では，$-P^{\mu}_{\nu} \nu^{\nu}$ の絶対的な方向を高い精度で決定するのは容易ではない．一方，基準 (reference) となる安定した別の光源 r があれば，e からの光と r からの光の両方を観測することにより，O にとっての e と r の見かけ上の方向の間の角度 θ を決定することはできる．そして，e からの光の経路の近くを重力源 S が通過することを想定すると，S が e からの光の経路に近づき，そして遠ざかるにしたがって θ が変化する．このような θ の時間変化は，観測によって比較的精度良く決めることができる．

そこで，θ を計算することにしよう．r から O への光の世界線を $x^{\mu}_{\mathrm{r}}(t)$，その接ベクトルを $\nu^{\mu}_{\mathrm{r}} = dx^{\mu}_{\mathrm{r}}/dt$ とすると，θ は

$$\cos \theta = \frac{(-P^{\mu}_{\rho} \nu^{\rho})(-P_{\mu\sigma} \nu^{\sigma}_{\mathrm{r}})}{|-P^{\alpha}_{\beta} \nu^{\beta}||-P^{\gamma}_{\delta} \nu^{\delta}_{\mathrm{r}}|} \tag{3.66}$$

で与えられる．射影演算子の性質 $P^{\mu}_{\rho} P_{\mu\sigma} = P_{\rho\sigma}$ により，右辺の分子は

$$\nu^{\rho} \nu^{\sigma}_{\mathrm{r}} P_{\rho\sigma} = (\nu^{\rho} u_{\rho})(\nu^{\sigma}_{\mathrm{r}} u_{\sigma}) + \nu_{\sigma} \nu^{\sigma}_{\mathrm{r}} \,, \tag{3.67}$$

分母は

$$(\nu^{\mu} \nu^{\nu} P_{\mu\nu})^{1/2} (\nu^{\rho}_{\mathrm{r}} \nu^{\sigma}_{\mathrm{r}} P_{\rho\sigma})^{1/2} = (\nu^{\mu} u_{\mu})(\nu^{\rho}_{\mathrm{r}} u_{\sigma}) \tag{3.68}$$

なので,

$$\cos\theta = 1 + \frac{\nu_\sigma \nu_r^\sigma}{(\nu^\mu u_\mu)(\nu_r^\rho u_\rho)} \tag{3.69}$$

を得る.

　さらに,簡単のため O と **PPN** 座標系の相対速度が十分小さいと仮定して $v_O^i \equiv u^i/u^0$ の最低次まで求めると,$\nu^0 = \nu_r^0 = 1$ と $g_{0i} = \mathcal{O}(\epsilon^3)$（(3.22) 参照）により,

$$\cos\theta = 1 + \frac{1}{(u^0)^2 g_{00}}\left(1 + \frac{g_{ij}}{g_{00}}\nu^i \nu_r^j\right) + \mathcal{O}(v_O, \epsilon^3), \tag{3.70}$$

を得る.これは,$(u^0)^2 g_{00} = -1 + \mathcal{O}(v_O^2, v_O \epsilon^3)$（(3.8) と (3.22) 参照）を使うと,

$$\cos\theta = -\frac{g_{ij}}{g_{00}}\nu^i \nu_r^j + \mathcal{O}(v_O, \epsilon^3), \tag{3.71}$$

と書ける.計量の各成分が $g_{00} = -1 + 2U + \mathcal{O}(\epsilon^4)$, $g_{ij} = (1 + 2\gamma U)\delta_{ij} + \mathcal{O}(\epsilon^4)$ である（公式 (3.22) 参照）こと,$\nu^i = dx^i/dt$ が (3.60) で（そして $\nu_r^i = dx_r^i/dt$ が同式で光源 e を r に置き換えたもので）与えられること,および $\nu^0 = 1$（と $\nu_r^0 = 1$）を用いると,

$$\cos\theta = \vec{n}_e \cdot \vec{n}_r + \vec{n}_e \cdot \vec{\alpha}_r + \vec{n}_r \cdot \vec{\alpha}_e + \mathcal{O}(v_O, \epsilon^3), \tag{3.72}$$

を得る.ここで,$\vec{n}_r$ と $\vec{\alpha}_r$ は,$\vec{n}_e$ と $\vec{\alpha}_e$ で対象光源 e を基準光源 r に置き換えたものである.

　重力源 S が球対称で十分コンパクトな場合,その質量を m とすれば,

$$\vec{\alpha}_{e,r} = -(1 + \gamma)G_N m \frac{\vec{b}_{e,r}}{b_{e,r}^2}\left(\hat{\vec{n}}_{e,r} \cdot \frac{\vec{s}}{s} - \hat{\vec{n}}_{e,r} \cdot \frac{\vec{s}_{e,r}}{s_{e,r}}\right), \tag{3.73}$$

となるので,

$$\cos\theta = \vec{n}_e \cdot \vec{n}_r - (1 + \gamma)G_N m \left[\frac{\hat{\vec{n}}_e \cdot \vec{b}_r}{b_r^2}\left(\hat{\vec{n}}_r \cdot \frac{\vec{s}}{s} - \hat{\vec{n}}_r \cdot \frac{\vec{s}_r}{s_r}\right)\right.$$
$$\left.+ \frac{\hat{\vec{n}}_r \cdot \vec{b}_e}{b_e^2}\left(\hat{\vec{n}}_e \cdot \frac{\vec{s}}{s} - \hat{\vec{n}}_e \cdot \frac{\vec{s}_e}{s_e}\right)\right] + \mathcal{O}(v_O, \epsilon^3) \tag{3.74}$$

を得る.また,b_e と s と b_r の間には,図 3.1 および同図で e を r に置き換えたものより,

$$\frac{b_e}{\sin\Phi_e} = s = \frac{b_r}{\sin\Phi_r} \tag{3.75}$$

という関係がある.

3.2.2.2　偏向角 $\delta\theta$

　偏向角 (**deflection angle**) $\delta\theta$ は,$\delta\theta \equiv \theta - \theta_0$, すなわち θ の **PN** 補正部分

として定義される．ここで，θ_0 は重力源がない場合の θ の値で，$\cos\theta_0 = \vec{n}_{\mathrm{e}} \cdot \vec{n}_{\mathrm{r}}$ で与えられる．すると，(3.74) により

$$\delta\theta = \frac{(1+\gamma)G_{\mathrm{N}}m}{\sin\theta_0} \left[\frac{\vec{n}_{\mathrm{e}} \cdot \vec{b}_{\mathrm{r}}}{b_{\mathrm{r}}^2} \left(\vec{n}_{\mathrm{r}} \cdot \frac{\vec{s}}{s} - \vec{n}_{\mathrm{r}} \cdot \frac{\vec{s}_{\mathrm{r}}}{s_{\mathrm{r}}} \right) + \right.$$
$$\left. \frac{\vec{n}_{\mathrm{r}} \cdot \vec{b}_{\mathrm{e}}}{b_{\mathrm{e}}^2} \left(\vec{n}_{\mathrm{e}} \cdot \frac{\vec{s}}{s} - \vec{n}_{\mathrm{e}} \cdot \frac{\vec{s}_{\mathrm{e}}}{s_{\mathrm{e}}} \right) \right] + \mathcal{O}(v_{\mathrm{O}}, \epsilon^3) \qquad (3.76)$$

を得る．なお，実在する天体系において重力源を取り除くことはできないので，θ_0 および $\delta\theta$ は観測可能な量ではない．一方，$\delta\theta$ の異なる時刻における値の差は，θ のそれと $\delta\theta(t_1) - \delta\theta(t_2) = \theta(t_1) - \theta(t_2)$ のように一致し，したがって観測可能な量である．

　対象光源と基準光源が十分遠方にあるとすると，

$$\vec{n}_{\mathrm{e}} \cdot \frac{\vec{s}_{\mathrm{e}}}{s_{\mathrm{e}}} \simeq -1, \quad \vec{n}_{\mathrm{r}} \cdot \frac{\vec{s}_{\mathrm{r}}}{s_{\mathrm{r}}} \simeq -1 \qquad (3.77)$$

である（図 3.1 および同図で e を r に置き換えたものより明らか）．
　また，定義 (3.56) により

$$\vec{b}_{\mathrm{e}} = \vec{s} - \vec{n}_{\mathrm{e}}(\vec{n}_{\mathrm{e}} \cdot \vec{s})$$

なので，

$$\vec{n}_{\mathrm{r}} \cdot \vec{b}_{\mathrm{e}} = \vec{n}_{\mathrm{r}} \cdot \vec{s} - (\vec{n}_{\mathrm{r}} \cdot \vec{n}_{\mathrm{e}})(\vec{n}_{\mathrm{e}} \cdot \vec{s}) = s(\cos\Phi_{\mathrm{r}} - \cos\theta_0 \cos\Phi_{\mathrm{e}}),$$

が言える．ここで，

$$\cos\Phi_{\mathrm{e}} = \vec{n}_{\mathrm{e}} \cdot \frac{\vec{s}}{s}, \quad \cos\Phi_{\mathrm{r}} = \vec{n}_{\mathrm{r}} \cdot \frac{\vec{s}}{s}, \qquad (3.78)$$

によって，重力を無視した場合の地球から見た太陽と対象光源 e の方向のなす角度 Φ_{e}（図 3.1 参照）と，同じく太陽と基準光源 r の方向のなす角度 Φ_{r} を定義した．これと，$b_{\mathrm{e}} = s\sin\Phi_{\mathrm{e}}$（図 3.1 参照）と合わせると

$$\frac{\vec{n}_{\mathrm{r}} \cdot \vec{b}_{\mathrm{e}}}{b_{\mathrm{e}}} = \frac{\cos\Phi_{\mathrm{r}} - \cos\theta_0 \cos\Phi_{\mathrm{e}}}{\sin\Phi_{\mathrm{e}}} \qquad (3.79)$$

がしたがう．この式で e と r を入れ替えれば，

$$\frac{\vec{n}_{\mathrm{c}} \cdot \vec{b}_{\mathrm{r}}}{b_{\mathrm{r}}} = \frac{\cos\Phi_{\mathrm{e}} - \cos\theta_0 \cos\Phi_{\mathrm{r}}}{\sin\Phi_{\mathrm{r}}} \qquad (3.80)$$

もしたがう．
　偏向角 $\delta\theta$ の公式 (3.76) に，(3.77)-(3.80) を代入すると，

$$\delta\theta \simeq \left(\frac{1+\gamma}{2} \right) \left[\frac{4G_{\mathrm{N}}m}{b_{\mathrm{e}}} \left(\frac{\cos\Phi_{\mathrm{r}} - \cos\theta_0 \cos\Phi_{\mathrm{e}}}{\sin\theta_0 \sin\Phi_{\mathrm{e}}} \right) \left(\frac{\cos\Phi_{\mathrm{e}} + 1}{2} \right) \right.$$
$$\left. + \frac{4G_{\mathrm{N}}m}{b_{\mathrm{r}}} \left(\frac{\cos\Phi_{\mathrm{e}} - \cos\theta_0 \cos\Phi_{\mathrm{r}}}{\sin\theta_0 \sin\Phi_{\mathrm{r}}} \right) \left(\frac{\cos\Phi_{\mathrm{r}} + 1}{2} \right) \right] \qquad (3.81)$$

を得る．この式は，e と r の入れ替えに対して対称である．また，b_e と b_r を s に関係づける (3.75) 式も，同様に対称．

最後に，θ_0 と Φ_e と Φ_r を関係づける式を導いておく．重力源 S と対象光源 e と基準光源 r は，天球上で三角形を成す．この三角形の S における内角を χ とし，平面上ではなく球面上であることに注意すると，

$$\cos\theta_0 = \cos\Phi_e \cos\Phi_r + \sin\Phi_e \sin\Phi_r \cos\chi \tag{3.82}$$

である[*4]．この式も，e と r の入れ替えに対して対称である．

3.2.2.3 実際の観測に近いセットアップ

重力源 S を太陽とし，地球上の観測者 O から見て，天球上で対象光源 e が太陽 S の近くをかすめる状況を考えよう．一方，天球上で基準天体 r は太陽 S から十分離れてほぼ固定されているとする．つまり，

$$\Phi_e \ll \Phi_r \tag{3.83}$$

を仮定する．この場合，(3.82) は $\Phi_r = \theta_0 + \mathcal{O}(\Phi_e)$ を意味するが，これに対する $\mathcal{O}(\Phi_e^2)$ までの補正を (3.82) を逐次的に解いて求めると，

$$\Phi_r = \theta_0 + \Phi_e \cos\chi - \Phi_e^2 \frac{\cos\theta_0 \sin\chi^2}{\sin\theta_0} + \mathcal{O}(\Phi_e^3) \tag{3.84}$$

となる．(3.81) 内の b_r を (3.75) を使って消去後，(3.84) を代入し，Φ_e で展開すると，

$$\delta\theta \simeq \left(\frac{1+\gamma}{2}\right) \frac{4G_N m}{b_e} \left[-\cos\chi + \frac{1 + (1 + 2\sin^2\chi)\cos\theta_0}{2\sin\theta_0} \Phi_e + \mathcal{O}(\Phi_e^2) \right] \tag{3.85}$$

を得る．

3.2.2.4 観測から γ への制限

式 (3.85) は，天球上で対象光源 e が太陽 S に近づいて，その後遠ざかっていくにつれ，**偏向角 (deflection angle)** $\delta\theta$ がどのように変化していくかを示している．この予言と観測を比較することにより，γ について制限を与えることができる．

これまでに，様々な観測により，γ の値に制限がつけられている．たとえば，**VLBI** (Very-Long-Baseline radio Interferometry) によるクエーサーや電波

[*4] 重力源 S，基準光源 r，対象光源 e を，観測者 O を中心とする単位球上に射影した点を，それぞれ S′，r′，e′ とする．O を空間座標の中心とし，S′ が z 軸上に，r′ が xz 平面上になるように座標軸を選ぶと，$\vec{S}' = (0,0,1)$，$\vec{r}' = (\sin\Phi_r, 0, \cos\Phi_r)$，$\vec{e}' = (\sin\Phi_e \cos\chi, \pm\sin\Phi_e \sin\chi, \cos\Phi_e)$ となる．したがって，$\cos\theta_0 = \vec{r}' \cdot \vec{e}'$ により (3.82) を得る．

銀河の観測からは，

$$\gamma - 1 = (-0.8 \pm 1.2) \times 10^{-4} \tag{3.86}$$

という制限が得られている[10]．

3.2.3 光の時間遅延 (Shapiro time delay)

光子の運動方程式の解 (3.64)-(3.65) には，前節で考察した視線方向に垂直な方向の post-Newtonian (PN) 補正 $\delta x^i_\perp$ だけでなく，視線方向の PN 補正 $\delta x_\parallel$ も含まれる．すぐあとで見るように，興味ある状況においては $\delta x_\parallel < 0$ である．したがって，座標時間で測って，重力の効果により到着時間が遅れることになる．この現象は，光の時間遅延 (**Shapiro time delay**) と呼ばれる．到着時間の遅れは $|\delta x_\parallel|$ に比例，したがって $1 + \gamma$ に比例する．そのため，観測と比較することにより，γ の値に制限を課すことができる．

3.2.3.1 往復所要時間 Δt

簡単のため球対称で十分コンパクトな重力源を考え，その質量を m とする．この場合に解 (3.64) と $\vec{n}_{\mathrm{e}}$ の内積を取ると，

$$t - t_{\mathrm{e}} = |\vec{x} - \vec{x}_{\mathrm{e}}| + (1+\gamma)G_{\mathrm{N}}m \ln\left[\frac{(s + \vec{n}_{\mathrm{e}} \cdot \vec{s})(s_{\mathrm{e}} - \vec{n}_{\mathrm{e}} \cdot \vec{s}_{\mathrm{e}})}{b_{\mathrm{e}}^2}\right] + \mathcal{O}(\epsilon^4) \tag{3.87}$$

を得る．

PPN 座標系に対して静止している観測者 O が，同じく静止している天体 p に向かって光を発し，反射して戻ってくるのに要する時間を測ることにしよう．公式 (3.87) において，$(\vec{x}, \vec{x}_{\mathrm{e}}) = (\vec{x}_{\mathrm{p}}, \vec{x}_{\mathrm{O}})$ とした場合と $(\vec{x}, \vec{x}_{\mathrm{e}}) = (\vec{x}_{\mathrm{O}}, \vec{x}_{\mathrm{p}})$ とした場合の和を（$\vec{n}_{\mathrm{O}} = -\vec{n}_{\mathrm{p}}$，$b_{\mathrm{O}} = b_{\mathrm{p}}$ であることに注意して）取ると，往復所要時間 Δt が

$$\Delta t = 2|\vec{x}_{\mathrm{O}} - \vec{x}_{\mathrm{p}}| + \delta t + \mathcal{O}(\epsilon^4),$$
$$\delta t = 2(1+\gamma)G_{\mathrm{N}}m \ln\left[\frac{(s_{\mathrm{O}} + \vec{n}_{\mathrm{p}} \cdot \vec{s}_{\mathrm{O}})(s_{\mathrm{p}} - \hat{n}_{\mathrm{p}}' \cdot \vec{s}_{\mathrm{p}})}{b_{\mathrm{p}}^2}\right] \tag{3.88}$$

で与えられることが分かる．ここで $\vec{n}_{\mathrm{p}}$ は，重力を無視した場合に p から O へ向いた単位ベクトルである．往復所要時間 Δt が，重力の効果により δt の **PN 補正**を受けることが分かる．なお，ここで求めた Δt および δt は固有時間ではなく PPN 座標における座標時間で測った量ではあるが，O における g_{00} が一定であれば，O の固有時間で測ったものと定数倍違うだけであり，その違いは時間の単位に吸収できる．

3.2.3.2 実際の観測に近いセットアップ

重力源 S を太陽とし，観測者 O は地球上にいるとする．公式 (3.88) により，

到着時間の PN 補正が大きくなるのは，"衝突径数" b_p が小さくなるときである．したがって，天体 p が天球上で太陽 S に近づく場合を考える．すると，

$$\vec{n}_\mathrm{p} \cdot \vec{s}_\mathrm{O} \simeq s_\mathrm{O}, \quad \vec{n}_\mathrm{p} \cdot \vec{s}_\mathrm{p} \simeq \pm s_\mathrm{p} \tag{3.89}$$

である．ここで，$\pm$ は，天体 p が地球から見て太陽の手前側にある場合には $+$，向こう側にある場合には $-$ である．明らかに，到着時間の PN 補正が大きくなるのは，天体 p が地球から見て太陽の向こう側にある場合である．この場合には，

$$\begin{aligned}
\delta t &\simeq 2(1+\gamma) G_\mathrm{N} m \ln\left(\frac{4 s_\mathrm{O} s_\mathrm{p}}{b_\mathrm{p}^2}\right) \\
&\simeq \left(\frac{1+\gamma}{2}\right)\left\{238.5\,\mu\mathrm{s} - 19.7\,\mu\mathrm{s}\ln\left[\left(\frac{b_\mathrm{p}}{R_\odot}\right)^2 \frac{a}{s_\mathrm{p}}\right]\right\}
\end{aligned} \tag{3.90}$$

となる．ここで，$R_\odot \simeq 6.963 \times 10^{10}\mathrm{cm}$ は太陽半径，$a \simeq 1.495 \times 10^{13}\mathrm{cm}$ は天文単位．

3.2.3.3 観測から γ への制限

カッシーニ探査機は，土星に向かっている際，地球から見て太陽の向こう側にいて，2002 年には天球上で太陽に近づいた．そのため，カッシーニ探査機から太陽をかすめるようにして地球に到達する電波の"衝突径数"b_p は，$1.6 R_\odot$ にまで小さくなった．この時に測定されたドップラーシフトにより，

$$\gamma - 1 = (2.1 \pm 2.3) \times 10^{-5} \tag{3.91}$$

という制限が得られた[11]．

3.2.4 制限のまとめ

3.2.2 節と 3.2.3 節でそれぞれ考察した，**光の偏向 (light deflection)** と**光の時間遅延 (Shapiro time delay)** による γ への制限以外にも，様々な実験・観測により，PPN パラメータには制限がついている．それらをまとめると，表 3.1 のようになる[7],[12]．いくつかの制限は，パルサー等，重力が強いために PPN 形式の仮定を満たさない系の観測から得られているため，PPN パラメータそのものではなく，PPN パラメータを強い重力に拡張したものに対する制限と解釈すべきである．表 3.1 において，PPN パラメータを強い重力へ拡張したものは，元の PPN パラメータの上にハットをつけて $(\hat{\xi}, \hat{\alpha}_1, \hat{\alpha}_2, \hat{\alpha}_3, \hat{\zeta}_2)$ のように表している．なお，ζ_4 については，実は $6\zeta_4 = 3\alpha_3 + 2\zeta_1 - 3\zeta_3$ という関係式を満たすと理論的に期待されているので[13]，観測・実験から独立な制限を課さないことにしている．

表 3.1 実験・観測から PPN パラメータ，および PPN パラメータの強い重力への拡張 ($\hat{\xi}$, $\hat{\alpha}_1$, $\hat{\alpha}_2$, $\hat{\alpha}_3$, $\hat{\zeta}_2$) への制限．

$\gamma - 1$	2.3×10^{-5} (time delay)，1.2×10^{-4} (light deflection)
$\beta - 1$	8×10^{-5} (periherion shift)，2.3×10^{-4} (Nordtvedt effect)
ξ	10^{-3} (Earth tides)
α_1	10^{-4} (orbital polarization)
α_2	4×10^{-7} (spin precession)
ζ_1	2×10^{-2} (combined PPN bound)
ζ_3	10^{-8} (Newton's 3rd law)
$\hat{\xi}$	4×10^{-9} (spin precession)
$\hat{\alpha}_1$	7×10^{-5} (orbital polarization)
$\hat{\alpha}_2$	2×10^{-9} (spin precession)
$\hat{\alpha}_3$	4×10^{-20} (pulsar acceleration)
$\hat{\zeta}_2$	4×10^{-5} (binary acceleration)

3.3 例：スカラーテンソル理論の場合

3.3.1 理論の説明

3.3.1.1 基本変数

スカラーテンソル理論の基本的な場は，計量場 $g_{\mu\nu}$ とスカラー場 ϕ である．物質場の効果は，(2.19) で定義されるエネルギー運動量テンソル $T^{\mu\nu}$ として取り入れる．

3.3.1.2 作用

本小節では，系の作用が

$$I = I_{\mathrm{grav}}[g_{\mu\nu}, \phi] + I_{\mathrm{matter}}[g_{\mu\nu}, \mathrm{matter}],$$
$$I_{\mathrm{grav}} = \frac{1}{16\pi} \int d^4x \left[\phi \mathsf{R} - \frac{\omega(\phi)}{\phi} g^{\mu\nu} \partial_\mu \phi \partial_\nu \phi \right] \tag{3.92}$$

によって与えられる，簡単なスカラーテンソル理論を考察する．物質の作用 I_{matter} は計量 $g_{\mu\nu}$ と物質場 (matter) だけで記述され，スカラー場 ϕ に依存しないことに注意しよう．

3.3.1.3 運動方程式

スカラー場 ϕ の運動方程式は

$$(3 + 2\omega)\Box\phi + \frac{d\omega}{d\phi} g^{\mu\nu} \partial_\mu \phi \partial_\nu \phi = 8\pi T, \quad T \equiv T^\mu_\mu, \tag{3.93}$$

で，計量場 $g_{\mu\nu}$ の運動方程式は

$$\phi \mathsf{R}_{\mu\nu} - \left(\nabla_\mu \nabla_\nu \phi + \frac{1}{2}\Box\phi g_{\mu\nu} \right) - \frac{\omega}{\phi} \partial_\mu \phi \partial_\nu \phi = 8\pi \left(T_{\mu\nu} - \frac{1}{2} T g_{\mu\nu} \right) \tag{3.94}$$

である.

3.3.2 PPN 展開

まず,物質場のエネルギー運動量テンソルについては,完全流体の形 (3.7) を採用する.計量については,一般座標変換で不変な理論なので,PPN 計量 (3.22) において $\zeta_{\mathcal{B}} = 0$ とする.スカラー場については,

$$\phi = \phi_0 + \phi^{(2)} + \phi^{(4)} + \mathcal{O}(\epsilon^6)\,, \tag{3.95}$$

のように PPN 展開する.ここで,ϕ_0 は定数,

$$\phi^{(2)} = 2\gamma_\phi U\,,$$
$$\phi^{(4)} = c_{UU}U^2 + c_W\Phi_W + c_1\Phi_1 + c_2\Phi_2 + c_3\Phi_3 + c_4\Phi_4 + c_6\Phi_6 + c_{\mathcal{B}}\mathcal{B}\,, \tag{3.96}$$

で,γ_ϕ および $c_{UU,W,1,2,3,4,6,\mathcal{B}}$ は定数.

3.3.3 パラメータ

結局,観測可能なパラメータとしては,10 個の PPN パラメータ (3.42) とポテンシャル U の係数として定義される Newton 定数 G_{N} ((3.24) 参照) の,計 11 個がある.一方,スカラー場の PPN 展開 (3.96) のために導入した 9 個のパラメータは,物質の作用 I_{matter} が計量 $g_{\mu\nu}$ と物質場だけで記述される限り,直接観測することはできない.

3.3.4 計算の流れ

以下では,スカラー場の運動方程式 (3.93) の $\mathcal{O}(\epsilon^n)$ 部分を "ϕ-eom of $\mathcal{O}(\epsilon^n)$",計量の運動方程式 (3.94) の $\mu\nu$ 成分の $\mathcal{O}(\epsilon^n)$ 部分を "$(g\text{-eom})_{\mu\nu}$ of $\mathcal{O}(\epsilon^n)$" と表記することにする.

3.3.4.1 Step 1

"ϕ-eom of $\mathcal{O}(\epsilon^2)$" と "$(g\text{-eom})_{00}$ of $\mathcal{O}(\epsilon^2)$" を連立させると,G_{N} と γ_ϕ について解けて,

$$G_{\mathrm{N}} = \frac{2(2+\omega_0)}{\phi_0(3+2\omega_0)}\,, \quad \gamma_\phi = \frac{\phi_0}{2(2+\omega_0)} \tag{3.97}$$

が得られる.ここで,$\omega_0 \equiv \omega(\phi_0)$.

3.3.4.2 Step 2

"$\delta^{ij}(g\text{-eom})_{ij}$ of $\mathcal{O}(\epsilon^2)$" は γ について解くことができて,

$$\gamma = 1 - \frac{1}{2+\omega_0} \tag{3.98}$$

が得られる.

3.3.4.3　Step 3

"$(g\text{-eom})_{0i}$ of $\mathcal{O}(\epsilon^3)$" は,

$$\alpha_1 = 0 \tag{3.99}$$

を与える.

3.3.4.4　Step 4

"$\phi\text{-eom}$ of $\mathcal{O}(\epsilon^4)$" は 8 つの独立な項を含む. それら各項の係数を左辺と右辺で等しいとした式を連立させて, $(c_{UU}, c_W, c_1, c_2, c_3, c_4, c_6, c_{\mathcal{B}})$ について解くことができる. 結果は,

$$c_{UU} = \frac{[2\omega_0 - (d\omega/d\phi)_0\phi_0 + 3]\phi_0}{2(3 + 2\omega_0)(2 + \omega_0)^2}, \quad c_W = 0, \quad c_1 = \frac{\phi_0}{2(2 + \omega_0)},$$

$$c_2 = \frac{[4\omega_0^2 + 8\omega_0 - (d\omega/d\phi)_0\phi_0 + 3]\phi_0}{(3 + 2\omega_0)(2 + \omega_0)^2}, \quad c_3 = \frac{\phi_0}{2 + \omega_0},$$

$$c_4 = -\frac{3\phi_0}{2 + \omega_0}, \quad c_6 = -\frac{\phi_0}{2(2 + \omega_0)}, \quad c_{\mathcal{B}} - -\frac{\phi_0}{2(2 + \omega_0)}. \tag{3.100}$$

ここで, $(d\omega/d\phi)_0$ は $d\omega/d\phi$ の $\phi = \phi_0$ での値.

3.3.4.5　Step 5

"$(g\text{-eom})_{00}$ of $\mathcal{O}(\epsilon^4)$" も 8 つの独立な項を含む. それら各項の係数を左辺と右辺で等しいとした式を連立させて, $(\beta, \xi, \alpha_2, \alpha_3, \zeta_1, \zeta_2, \zeta_3, \zeta_4)$ について解くと,

$$\beta = 1 + \frac{\phi_0}{4(3 + 2\omega_0)(2 + \omega_0)^2}\left(\frac{d\omega}{d\phi}\right)_0, \tag{3.101}$$

$$\xi = \alpha_2 = \alpha_3 = \zeta_1 = \zeta_2 = \zeta_3 = \zeta_4 = 0,$$

を得る.

3.3.5　結果

10 個の PPN パラメータのうち, 一般相対論の値 (3.43) からずれるのは, (3.98) と (3.101) で与えられる γ と β のみである. Newton 定数 G_{N} は (3.97) 第 1 式で与えられるので, これを使って ϕ_0 を消去すると, β は

$$\beta = 1 + \frac{1}{2(3 + 2\omega_0)^2(2 + \omega_0)}\frac{1}{G_{\mathrm{N}}}\left(\frac{d\omega}{d\phi}\right)_0 \tag{3.102}$$

のように書き直すこともできる.

3.2 節でまとめた PPN パラメータの制限は, この理論に対しては

$$\left| \frac{1}{2 + \omega_0} \right| \lesssim 2.3 \times 10^{-5} \, ,$$

$$\left| \frac{1}{2(3 + 2\omega_0)^2(2 + \omega_0)} \frac{1}{G_{\mathrm{N}}} \left(\frac{d\omega}{d\phi} \right)_0 \right| \lesssim 8 \times 10^{-5} \, , \tag{3.103}$$

という制限を与えることになる.

3.4 PPN 形式のまとめ

これまでに様々な一般相対論を超える重力理論が提案されているが, その動機が何であるにせよ, これまでになされた実験や観測と矛盾があってはならない. PPN 形式は, 太陽系スケールにおける重力の振る舞いを, 理論の詳細に依らずにパラメータ化するものであり, 理論と実験・観測を繋ぐ架け橋の役割を果たしている.

PPN 形式の定式化にあたり, まず, 重力源となる物質場は完全流体として取り扱い, (3.14) に示した 6 基本変数によって記述した. そして, 流体の速度 v 程度の小さなパラメータ ϵ を導入して, 各変数の大きさを (3.18) のように評価した. この評価に基づいて, 計量を (3.22) のように ϵ で展開した. その際, (3.24)-(3.32) のように 9 種類のポテンシャルを定義した.

このように定式化された PPN 形式は, 重力定数 G_{N} と 11 個の無次元パラメータを含んでいる. 11 個の無次元パラメータのうち, $\zeta_{\mathcal{B}}$ は観測できない. 一方, (3.42) に示した 10 個は PPN パラメータと呼ばれ, G_{N} とともに観測可能な量である. 3.2 節で議論し, 表 3.1 にまとめたように, 太陽系スケールの重力の振る舞いについての観測から, PPN パラメータについての様々な制限が得られている.

一方, 具体的な理論が与えられれば, その運動方程式と物質の基礎方程式 (3.8)-(3.10) を連立させて解くことで, G_{N} と PPN パラメータを, 理論の基礎パラメータで書き表すことができる. そうすることによって, PPN パラメータについての観測からの制限は, 与えられた理論の基礎パラメータに対する直接の制限となる. 3.3 節では, 具体例として簡単なスカラーテンソル理論を考察し, PPN パラメータを計算した. また, 6.3.1.4 節では, non-projectable Hořava-Lifshitz 理論の PPN パラメータを計算する. 余裕のある読者には是非, 他の理論に対しても同様にして PPN パラメータを計算し, 表 3.1 を使って理論パラメータに制限を与えてみていただきたい.

第 4 章

スカラーテンソル理論: 有効場の理論の方法

　現在までに多くの重力理論が提唱されており，今後も新しい理論が出てくると考えられる．新しい理論に出会った際に，最初にチェックすべきことが 3 つある．

　　問 1. 物理的自由度は何か?

　　問 2. それらの自由度はどのように相互作用するか?

　　問 3. 理論の適用範囲は?

一見異なるいくつかの理論について，もしもこれら 3 つの問の答えが全く同じであれば，それらは実は同じ理論と言えるであろう．また，問 1 と問 2 の答えが同じであれば，適用範囲が重なる領域では，それらの理論の予言は一致するはずである．したがって，理論の見た目に依らず，重力を普遍的に記述する方法が存在すると予想される．そこで本章では，そのような記述を与えてくれるものとして，**スカラーテンソル理論**を普遍的に記述する**有効場の理論 (effective field theory (EFT))** の方法を紹介したい．最もシンプルな例であるゴースト凝縮の理論から出発し，それを拡張したインフレーションの有効場の理論 (EFT of inflation) の構築および応用について，段階を追って解説する．

　本章では，宇宙論への応用を想定し，以下のような仮定と手順で有効場の理論を構成しよう．

- 着目するスケールにおける重力は，計量 $g_{\mu\nu}$ とスカラー場 ϕ だけで記述できるとする．
- 時間座標の変換に対する不変性は自発的に破れているが，空間座標の変換に対する不変性は保たれていると仮定する．この仮定により，ϕ そのものを時間座標に選べる（ユニタリゲージ）．
- 空間座標の変換で不変な項は，全て有効作用に含める．
- 有効場の理論の適用範囲を定めるエネルギースケールを固定し，微分展開をする．
- 背景解を決め，その周りで摂動展開をする．

- 時間座標の変換に対する不変性は，ユニタリゲージをやめて，スカラー場を再導入することで回復させられる．

私たちの住む宇宙は大スケールでは空間的に一様等方なので，空間方向の対称性は破らない方が無難だ．一方，宇宙は膨張しているので，時間方向の対称性は自発的に破れている．上記のような設定を考えるのは，そのためである．

このようにして構成される有効場の理論は，スカラーテンソル理論（ただしスカラー場が1つの場合）の普遍的な記述を与える．スカラーテンソル理論は，1955年のJordan，1961年のBransとDicke，1968年のBergmann，1970年のWagonerなどによって研究が始められ，長い歴史を持つ．3.3節で考察した簡単なスカラーテンソル理論も，その一つである．4次元時空において，運動方程式が2階微分方程式になる最も一般的なスカラーテンソル理論は，Horndeskiによって1974年に発見された．また，2016年にはLangloisとNouiによって，運動方程式は一般に2階微分方程式に収まらないが，それにもかかわらず物理的自由度の数[*1]がHorndeski理論やそれまでに考えられてきた他のスカラーテンソル理論と同じになる理論が見つかっている．そのような理論は運動方程式が高階微分項を含み，それに付随する余分な自由度を運動項の縮退条件によって取り除いている．そのため，DHOST (degenerate higher-order scalar-tensor)理論と呼ばれている．このように，スカラーテンソル理論は，長い歴史を持ちながら，今でも発展している理論の枠組みである．本節で構成する有効理論は，全てのスカラーテンソル理論を（Horndeski理論やDHOST理論だけでなく，スカラー場が一つでありさえすれば，それらに含まれないもっと一般的な理論も），普遍的に記述できる．

それでは，スカラーテンソル理論の有効場の理論をどのように構成するのか，そしてどのように使うのかを見ていこう．

4.1 極大対称時空上の有効場の理論: ゴースト凝縮

空間座標の変換に対する不変性を保ち，時間座標の変換に対する不変性だけを破る有効場の理論として，もっとも簡単なものはゴースト凝縮と呼ばれる有効場の理論[14]である．もっとも簡単という理由は，全ての時空の中で最も対称性が高い（つまり，独立なKillingベクトルの数が最も多い），Minkowski時空やde Sitter時空（これらは極大対称時空と呼ばれる）上の有効場の理論だからである．しかし，それ以外の制限は全くない．基となる理論が何であろうとも，ゴースト凝縮の有効場の理論によって普遍的に記述される．また，この有効場の理論は，次節で紹介するインフレーションの有効場の理論 (**EFT of**

---

*1) ここで言う物理的自由度の数とは，独立な初期条件の数の2分の1と同等である．一般相対論の場合には，2.2.3節にて，ハミルトニアン解析を用い，空間の各点で2であることを証明した．

inflation) やダークエネルギーの有効場の理論 (**EFT of dark energy**) の基礎にもなっている．そこで，本節ではまず，ゴースト凝縮について解説しよう．

4.1.1 重力の Higgs 機構

4.1.1.1 ゲージ場の理論における Higgs 機構

ゲージ場の理論は，素粒子の標準模型の根底を支える基礎理論である．その利点の一つとして，許される相互作用の形が普遍的に決定され，結果として理論が強力な予言力を持つ，という点が挙げられる．例えば，光子の質量は禁止され，零であることが量子論レベルで保証される．つまり，電磁場が一定速度（光速）で伝播することが，ゲージ対称性によって保証されている．また，質量が零の場によって媒介される力は一般に Gauss 則（力 ∝ 距離の逆自乗）を満たすので，電場が Gauss 則にしたがうことも分かる．

しかし，ゲージ理論を適用すべき自然界には，光子が媒介する電磁気力だけでなく，計4つの力が存在する．ここでは，原子核のベータ崩壊等の原因となる，弱い力について考えてみよう．弱い力は電磁気力よりもはるかに弱く，非常に短い距離の間でのみ働く．つまり，力 ∝ 距離の逆自乗ではない．一方，上述のように，（単純に）ゲージ対称性を課すと，力を媒介するベクトル場（ゲージ場）の質量が零であること，そして力が Gauss 則にしたがうことが導かれる．だから，一見，ゲージ理論は弱い力を記述するのに不向きではないかと思えるかもしれない．

このジレンマを見事に解決するのが，**Higgs 機構**である．Higgs 場と呼ばれる場が凝縮する（宇宙を満たす）と，ゲージ対称性の少なくとも一部が自発的に破れ，ゲージ場が質量を持つことが許される．重要なことは，対称性の破れのパターンによって，低エネルギー有効理論の構造が決まるということである．つまり，相互作用が普遍的に決まるという，ゲージ理論の利点はそのまま維持されることになる．Weinberg と Salam が，電磁気力と弱い力を統一して大成功をおさめたのも，この Higgs 機構のおかげである．

4.1.1.2 Higgs 機構とゴースト凝縮の比較

そこで，自発的対称性の破れのアイデアを一般相対論に適用すれば，重力の振る舞いを長距離で変更し，その振る舞いを普遍的に記述できるだろうと考えられる．それがゴースト凝縮の元々のアイデアである．ゴースト凝縮でも Higgs 機構と同様に，低エネルギー有効理論の構造を，対称性とその破れのパターンだけで決定できる．

一般相対論をはじめとする多くの重力理論は，一般座標変換に対する不変性を持つ．そこで，背後にある理論がこの対称性を持つことを仮定しよう．そして，この対称性が自発的に破れるパターンを決めることで，低エネルギーの有効理論を構築していく．

一般に，ゲージ化されていない対称性が自発的に破れると，**南部–Goldstone**
ボソン（以後 **NG ボソン**）と呼ばれる場が現れる．ゲージ対称性が自発的に破
れる場合には，NG ボソンは観測可能な場としては現れずにゲージ場に吸収さ
れ，ゲージ場の性質を変える．この節で構築するゴースト凝縮の有効場の理論
も，ゲージ対称性の自発的破れの理論と，本質的には同じものである[*2]．

	Higgs 機構	ゴースト凝縮
オーダー パラメータ	$\langle \Phi \rangle$ 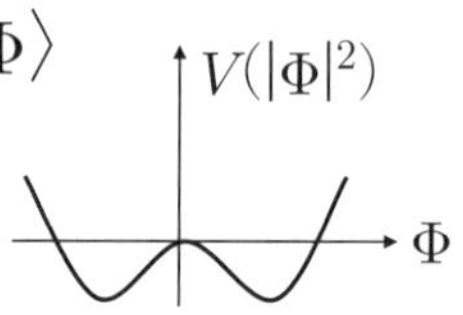	$\langle \partial_\mu \phi \rangle$ 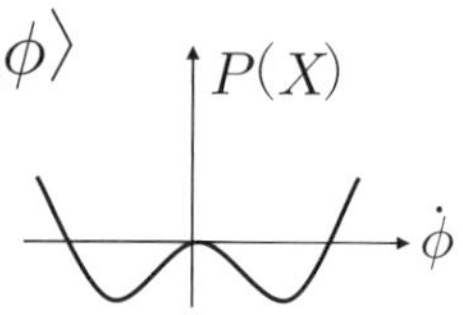
不安定性	タキオン　$-m^2\Phi^2$	ゴースト　$-\dot{\phi}^2$
凝縮	$V'=0,\ V''>0$	$P'=0,\ P''>0$
対称性の自発的破れ	ゲージ対称性	Lorentz 対称性
力の変更	ゲージ場による力	重力
新しいポテンシャル	湯川タイプ	振動型

図 4.1　通常の Higgs 機構とゴースト凝縮の比較．左側の V' と V'' はポテンシャル
　　　V を Φ で微分したもの，右側の P' と P'' は運動項 P を $X \equiv -(\partial\phi)^2/2$ で
　　　微分したものである．

　ここではまず，ゴースト凝縮の基本的アイデアについて，Higgs 機構と比較
しながら説明しよう（図 4.1 参照）．Higgs 機構では，対称性を自発的に破るた
め，対称性の変換で不変でない真空期待値を場に持たせる．したがって，Higgs
機構を重力に応用して時間座標の変換に対する不変性を自発的に破るには，そ
の変換に対して不変でない期待値を場に持たせる必要がある．最も単純には，
スカラー場（以後 ϕ）の期待値に一定の時間微分 $\langle \dot{\phi} \rangle$ を持たせればよいだろう
（図 4.1）．これを Minkowski 時空または de Sitter 時空で実現するのが，ゴー
スト凝縮である[14]．ゴースト凝縮のためには，ポテンシャルは平らでなければ
ならない．なぜなら，ϕ を一定速度で時間変化させると，ポテンシャルが平ら
でなければエネルギー密度が時間とともに変化してしまい，Minkowski 時空
や de Sitter 時空が解として許されないからである．運動項 $P(X)$ は，図 4.1

---

*2)　ただし，Lorentz 対称性と時間並進対称性が自発的に破れるために，この 2 つの対称
　　性を仮定する定理は直接適用されず，再考の必要がある[15]．

右上のような形を考える[*3]. ここで, $X \equiv -(\partial\phi)^2/2$ で, $\phi = \phi(t)$ の場合は $X = \dot\phi^2/2$. 原点近くで運動項が減少することから, $\dot\phi = 0$ は不安定であることが分かる. これは, ゴーストと呼ばれる, 負の運動エネルギーを持つ摂動モードに起因する不安定性である. ゴーストがあると, エネルギーを保存しながら（正エネルギーの）通常の粒子と（負エネルギーの）ゴーストを対生成できるので, 真空が不安定になってしまう. また, 確率が負の状態が現れるという量子論上の問題も生じる. だから, ゴーストを含む背景においては, まともな有効場の理論を構成することができない. 一方, P の谷の底では, 有効理論を何の問題もなく構成できる. これは, ゴースト場が凝縮して, 系を安定化させたと考えることもできるかもしれない. ゴースト凝縮と呼ばれるのは, このような解釈による. 凝縮点では $\langle\dot\phi\rangle \neq 0$ なので, 時間座標の変換に対する不変性が自発的に破れ, 結果として重力が変更を受けることになる.

ゴースト凝縮では, Gauss (Newton) 型の重力に, 長い時間かけて振動が加えられる. 対称性の破れのスケールを M とすると, 空間的振動のスケールは $r_{\rm c} \sim M_{\rm Pl}/M^2$, 時間発展のスケールは $t_{\rm c} \sim M_{\rm Pl}^2/M^3$ である[*4]. 例えば, $M \sim 10\,{\rm MeV}$ とすると, $r_{\rm c}$ は $1000\,{\rm km}$ 程度, $t_{\rm c}$ は現在の宇宙年齢程度となる. だから, 長時間での変更と呼ぶのが適切かもしれない. M を小さくすると $t_{\rm c}$ が長くなるので, 決まった時間内に生じる変更の度合いは小さくなる. より詳細には非線形の効果を考慮する必要があり, 説明は割愛するが, M が $100\,{\rm GeV}$ よりも十分小さければ実験や観測と矛盾しないことを示せる[17]. さらに, もしも M が丁度 $100\,{\rm GeV}$ 程度なら, 将来の観測可能性についての興味深い予言もできる. しかし本書では, ゴースト凝縮の理論を, 次節で解説する**インフレーションの有効場の理論 (EFT of inflation)** やダークエネルギーの**有効場の理論 (EFT of dark energy)** の基礎としてとらえ, ゴースト凝縮そのものの性質や現象論についてはこれ以上述べないことにする.

4.1.2 有効場の理論の構築

では, 凝縮相（つまり図 4.1 の P のグラフで谷の底）において, 振る舞いの良い有効場の理論を構成することができることを示そう. ここで説明する構成方法は, 次節で解説する EFT of inflation や EFT of dark energy の基礎となる.

以下の 2 つの仮定を満たす背景解を考え, その周りの摂動として, 重力を記

[*3] 実際には, $(\Box\phi)^2$ のような項も必要であり, 後述 (4.2) や (4.4) はその効果も含んでいる. したがって, ゴースト凝縮の理論は, いわゆる k-inflation[16]とは異なる. k-inflation については (4.26) 参照.

[*4] あとで求める有効作用 (4.3) 中の $(M^4/8)(h_{00} - 2\pi)^2$ から, 重力場と NG ボソンとの最低次の相互作用が得られ, 同じくあとで求める分散関係 (4.5) は $\mathcal{O}(M^2/M_{\rm Pl}^2)$ の補正を受ける. 結果, $M/M_{\rm Pl}$ が小さいが零でない場合の分散関係は, $\omega^2 = \frac{\alpha}{M^2}\vec{k}^4 - \frac{\alpha M^2}{2M_{\rm Pl}^2}\vec{k}^2$ となる. この分散関係を満たす ω^2 の最低値 (< 0) と, それを与える $\vec{k}^2$ の値 (> 0) が, それぞれ $-t_{\rm c}^{-2}$ と $r_{\rm c}^{-2}$ である.

述することにする.

① スカラー場の微分が,零でない一定の真空期待値 $\langle\partial_\mu\phi\rangle$ を持ち,それが時間的であるとする.

② 背景時空は Minkowski 時空(または de Sitter 時空)であるとする.

また,既に述べたように,着目するスケールにおける重力は,計量 $g_{\mu\nu}$ とスカラー場 ϕ だけで記述されるとする.驚くべきことに,これだけの仮定から,低エネルギー有効理論の構造が決まってしまう.つまり,どんな基礎理論から出発しても,対称性の破れのパターンさえ同じであれば,低エネルギー有効理論は同じ構造を持つことになる.背景時空は Minkowski 時空でも de Siter 時空でも構わないが,以下では簡単のため,Minkowski 背景時空の場合に限ることにする.一方,一般の一様等方(FLRW)時空への拡張については,4.2 節にて解説する.

4.1.2.1 ユニタリゲージでの有効作用

まず,仮定①から,時空の座標変換によってスカラー場 ϕ そのものを時間座標に選ぶこと,つまり $\phi = t$ とすることが可能である.これは ϕ の摂動 $\delta\phi$ を零とすることに対応し,今後,このゲージ(座標)を**ユニタリゲージ**と呼ぶことにしよう.ユニタリゲージの条件 $\phi = t$ を変えない座標変換は,空間座標の変換 $\vec{x} \to \vec{x}'(t, \vec{x})$ だけで,これが破れずに残っている対称性である.次に,計量を (2.24) のように展開する.すると,一般の微小座標変換 $(x^\mu \to x^\mu + \xi^\mu)$ に対して,$h_{\mu\nu}$ は (2.25) のように変換する.(本節では,添字の上げ下げは背景の Minkowski 計量 $\eta_{\mu\nu}$ とその逆行列 $\eta^{\mu\nu}$ で行う約束にする.)破れずに残っている対称性の変換,つまり空間座標の変換は,空間成分 $\xi^i (i = 1, 2, 3)$ によって生成され,

$$\delta h_{00} = 0\,, \quad \delta h_{0i} = \partial_0 \xi_i\,, \quad \delta h_{ij} = \partial_i \xi_j + \partial_j \xi_i \tag{4.1}$$

を与える.低エネルギー有効理論は破れずに残っている対称性を尊重しなくてはならないので,ユニタリゲージでの有効作用は,この変換で不変な項のみで書けるはずである.逆に,この変換で不変な項は何でも許され,したがって原則として全て含まなければならない.また,仮定②(Minkowski 背景の場合)から,有効作用は摂動 $h_{\mu\nu}$ の 2 次以降から始まることに注意してほしい.なぜなら,摂動の 1 次の項は背景に対する運動方程式を与え,それは仮定により背景計量を (2.24) 第 1 式右辺第 1 項のように Minkowski 計量にする限り零であるからだ.一旦ユニタリゲージでの有効作用が決まると,一般の座標での有効作用を求めるのは簡単である.すぐ後で具体的に見るように,ユニタリゲージから外れるような座標変換,つまり ξ^0 によって生成される時間座標の変換を施すだけである.一般に,対称性が自発的に破れると**南部–Goldstone ボソン(NG ボソン)**と呼ばれる場が現れるが,今考えている状況では,ξ^0 こそが NG ボソンである.物理的には,この NG ボソンはスカラー場の摂動とみなせる.

ユニタリゲージでは $\delta\phi = 0$ だが，そこに $\xi^\mu\,(\mu = 0, \cdots, 3)$ によって生成される微小座標変換を施すと $\delta\phi = \xi^\mu\partial_\mu\phi = \xi^0$ となるからだ．したがって，ユニタリゲージでの有効作用を求めて時間方向の座標変換を施すだけで，NG ボソンの作用が重力場との相互作用も含めて求まることになる．

再びユニタリゲージでの有効作用に話を戻して，具体的に見ていこう．残った対称性を尊重する項として最初に思いつくのは，微分を全く含まない $\int dx^4 h_{00}^2$ であろう．実際，h_{00} は (4.1) で不変であるから，この項は有効作用中に許される．計量の他の成分からは，微分を含まない不変な組み合わせを作ることができないが，微分を取って $K_{ij} = (\dot{h}_{ij} - \vec{\nabla}_j h_{0i} - \vec{\nabla}_i h_{0j})/2$ のように組み合わせると不変になる[*5]．したがって，$\int dx^4 K^2$ や $\int dx^4 K^{ij}K_{ij}$ も許される．ここで，$K \equiv \delta^{ij}K_{ij}$, $K^{ij} \equiv \delta^{ik}\delta^{jl}K_{kl}$. まとめると，ユニタリゲージでの低エネルギー有効作用は

$$I_{\pi=0} = I_{\mathrm{EH}}^{\Lambda=0} + M^4 \int dx^4 \left\{ \frac{1}{8} h_{00}^2 - \frac{\alpha_1}{2M^2} K^2 - \frac{\alpha_2}{2M^2} K^{ij} K_{ij} + \cdots \right\} \tag{4.2}$$

となる．ここで，M は対称性の破れのスケールを表す質量の次元を持った量で，低エネルギー有効理論の強結合スケールでもある．したがって，有効理論の適用範囲では，波数ベクトル $\vec{k}$ と角振動数 ω は $k^2 \ll M^2$, $\omega^2 \ll M^2$ を満たさなければならない．ここで，$k \equiv |\vec{k}|$. また，$\alpha_{1,2}$ は $\mathcal{O}(1)$ の無次元定数で，$I_{\mathrm{EH}}^{\Lambda=0}$ は通常の Einstein-Hilbert 作用 (2.4) で $\Lambda = 0$ としたもの[*6]である．

4.1.2.2 NG ボソン

NG ボソンと解釈できる ξ^0 を，慣例にしたがって π と書くことにすると，一般の微小座標変換 (2.25) によって，$h_{00} \to h_{00} - 2\dot{\pi}$, $K_{ij} \to K_{ij} + \vec{\nabla}_i\vec{\nabla}_j\pi$ と置き換わる．したがって，この置き換えを (4.2) に施せば，

$$I = I_{\mathrm{EH}} + M^4 \int dx^4 \left\{ \frac{1}{8}(h_{00} - 2\dot{\pi})^2 - \frac{\alpha_1}{2M^2}(K + \vec{\nabla}^2\pi)^2 \right.$$
$$\left. - \frac{\alpha_2}{2M^2}(K^{ij} + \vec{\nabla}^i\vec{\nabla}^j\pi)(K_{ij} + \vec{\nabla}_i\vec{\nabla}_j\pi) + \cdots \right\} \tag{4.3}$$

のように NG ボソン π を含む低エネルギー有効作用が得られる．そして，計量の摂動を落として NG ボソン π のみの有効作用を書けば，

$$I_{h=0} = M^4 \int dt d^3\vec{x} \left\{ \frac{1}{2}\dot{\pi}^2 - \frac{\alpha}{2M^2}(\vec{\nabla}^2\pi)^2 + \cdots \right\} \tag{4.4}$$

となる．ここで，$\alpha = \alpha_1 + \alpha_2$ である．これから，π と $h_{\mu\nu}$ の間の相互作用を無視できる極限（つまり $M/M_{\mathrm{Pl}} \to 0$）では，NG ボソンの分散関係が

[*5] これは，$h_{\mu\nu}$ の線形レベルでは，(2.54) で定義した幾何学量，外曲率 (extrinsic curvature) と一致する．

[*6] 仮定②のように Minkowski 背景時空が解であるためには，$\Lambda = 0$ が必要．

$$\omega^2 = \frac{\alpha}{M^2}k^4 \tag{4.5}$$

となることが分かる.

4.1.2.3 スケーリング次元の解析

以上で求めた有効作用の構造は,本節冒頭で述べた 2 つの仮定だけで決まっているので,M より十分低エネルギーでは量子補正に対して安定である.ここでは,スケーリング次元の解析によって,(4.4) の $\cdots$ に含まれる様々な項が,M より十分低エネルギーでは無視できることを示そう.

NG ボソンの有効作用 (4.4) において,エネルギースケールを $E \to rE$ のように正の定数 r 倍してみることにする.この場合,通常のエネルギーと時間の関係により,時間間隔 dt は $dt \to r^{-1}dt$ のようにスケールすべきである.そして,有効作用 (4.4) の最初の 2 項が不変であることを要請すると,$d\vec{x}$ および π が以下のようにスケールしなくてはならないことが分かる.

$$E \to rE, \quad dt \to r^{-1}dt, \quad d\vec{x} \to r^{-1/2}d\vec{x}, \quad \pi \to r^{1/4}\pi. \tag{4.6}$$

つまり,π のスケーリング次元は 1/4. このスケーリングによって,(4.4) の $\cdots$ に含まれる主要な非線形相互作用項

$$\int dtd\vec{x}\frac{\dot{\pi}(\vec{\nabla}\pi)^2}{\tilde{M}^2}, \quad \tilde{M} \sim M \tag{4.7}$$

が $r^{1/4}$ 倍されること,すなわちスケーリング次元 1/4 を持つことを容易に確認できる.これは,(4.6) を満たしながら系のエネルギースケール E を(M に比べて)下げていくと,(4.4) の最初の 2 項に比べ,非線形項 (4.7) が $(E/M)^{1/4}$ に比例してゆっくりではあるが小さくなっていくことを意味する.同じことは,(4.4) の $\cdots$ に含まれる他の項に対しても示すことができる.これは有効作用の主要項((4.4) の最初の 2 項)を一定に保ちながらスケーリングさせた結果であるので,量子揺らぎの大きさを大雑把に見積もることに対応している.したがって,M に比べて十分低エネルギーでは,(4.4) に陽に示した 2 項が量子揺らぎの基本的な振る舞いを決定し,$\cdots$ に含まれる非線形は小さな補正として扱える.

NG ボソンと計量の相互作用は,対称性の破れのパターンによって (4.3) のように構造が完全に決まっている.したがって,計量および NG ボソンの(M に比べて)低エネルギーでの系の振る舞いは,背後にある基礎理論に依らず,(4.3) によって普遍的に記述されることになる.

4.2　一様等方宇宙への拡張

本節では,前節で構成したゴースト凝縮の有効作用 (4.3) を,一様等方宇宙に拡張する[18],[19].これは,ゴースト凝縮における Minkowski 計量(または de

Sitter 計量）を一様等方宇宙を表す計量に置き換え，同様のステップによりなされる．そのように拡張された有効理論は，宇宙初期にあったと考えられているインフレーション中の量子揺らぎを記述したり，現在の宇宙の加速膨張を説明するのに必要と考えられているダークエネルギーの揺らぎを記述するのに有用であることが分かっている．前者の場合の有効理論は**インフレーションの有効場の理論（EFT of inflation）**，後者の場合は**ダークエネルギーの有効場の理論（EFT of dark energy）**と呼ばれる．どちらの場合も有効作用は基本的に同じ構造になるが，本節では，主に前者を考察することにする．そのため，まずは一様等方宇宙を表す FLRW 計量を導入し，そしてインフレーションについて簡単に解説しよう．その後で，いよいよ実際にゴースト凝縮の有効場の理論を一様等方宇宙に拡張することになる．

4.2.1 FLRW 計量

私たちの宇宙は，ある程度大きなスケールでは一様等方である．幾何学的には，そのような空間は定曲率空間として表現される．**定曲率空間**は，局所的には**曲率定数** $\mathfrak{K}$ によって完全に特徴づけられ，$\mathfrak{K}$ が正・零・負の場合，それぞれ球面・平面・双曲面となる．ある時刻における時間一定面を表すために，曲率 $\mathfrak{K}$ の 3 次元定曲率空間の計量を $\Omega_{ij}^{\mathfrak{K}} d\vec{x}^i d\vec{x}^j$ とすると[*7)]，別の時刻 t における時間一定面は，宇宙膨張によって大きさが変化し，$a(t)^2 \Omega_{ij}^{\mathfrak{K}} d\vec{x}^i d\vec{x}^j$ と表現できる．ここで，時間の増加関数 $a(t)\ (>0)$ は宇宙のサイズを表し，スケール因子と呼ばれる．これに時間方向の線素 $-N(t)^2 dt^2$ を加えた

$$ds^2 = g_{\mu\nu} dx^\mu dx^\mu = -N(t)^2 dt^2 + a(t)^2 \Omega_{ij}^{\mathfrak{K}} d\vec{x}^i d\vec{x}^j \tag{4.8}$$

が一様等方な宇宙を表す 4 次元計量であり，**Friedmann-Lemaître-Robertson-Walker 計量（FLRW 計量）**と呼ばれる．ここで，$N(t)$ は (2.49) で導入したラプス関数で，一様性により t にのみ依存する．実際の宇宙は，この計量に非一様な揺らぎを加えたものとして表される．

4.2.2 宇宙のインフレーション

宇宙は，100 億光年というスケールにわたってほぼ一様に広がっている．なぜ宇宙はこれだけ大きいのか？ その大部分を説明してくれるのが**インフレーション**である．真空のエネルギー（正確にはそれに類するエネルギー）が宇宙を満たすと，宇宙は**加速膨張**を始め，指数関数的に大きくなる．時間とともに，倍々に成長するのである．初期宇宙史における，このような加速膨張期のことをインフレーションと呼んでいる．そして，ある種の相転移によってこのエネルギーが熱に転じることで，インフレーションが終わり，熱い火の玉宇宙が始まる．

---

*7) 具体的な形は，例えば (5.61) 参照．

インフレーションは多くの研究者に有力な初期宇宙シナリオとして受け入れられているが，それは，理論として美しいからというだけでなく，宇宙背景輻射の観測結果をうまく説明できるからである．ミクロなスケールで生じた量子揺らぎが，指数関数的な膨張によってマクロなスケールに引き伸ばされると考えれば，インフレーションが**宇宙揺らぎ**の生成機構として働くことは容易に理解できよう．

宇宙揺らぎの生成は，インフレーションが始まってから終わるまで続き，様々なスケールの揺らぎが連続的に作られる．インフレーションの始まりの頃に作られた揺らぎは，それだけ長い間引き伸ばされるので，最終的には非常に大きなスケールの揺らぎとなる．逆に，終わりの頃に作られた揺らぎは，引き伸ばされる時間が短いので，比較的小さなスケールの揺らぎとなる．したがって，様々なスケールの宇宙揺らぎを観測するということは，揺らぎの生成を特徴づける物理量の時間発展，すなわちインフレーションのダイナミクスを，間接的にプローブすることになる．

ところで，相対論では，相互作用の伝搬速度が有限であるため，真の「遠隔作用」は存在し得ない．したがって，物理現象を記述するのに「**場**」という概念が物理的実体として必然となる．「場」とは，空間の各点で値を持つ物理量のことである．ある粒子 A が別の粒子 B に影響を及ぼすには，まず A がそこの場を励起し，それが周りに伝わっていく．有限の時間が経過して B の位置まで到達して初めて，A の影響が B に及ぶのである．

宇宙のインフレーションを記述するのにも，「場」の導入が必然である．なぜなら，「遠隔作用」を導入することなくインフレーションを終わらせるためには，インフレーションの終わりにどれだけ近づいているかを表す物理量が，空間の各点に備わっていなければならないからだ．この物理量は残された時間を記録するものであるから，各点において数値が少なくとも 1 つ必要である．そして，そのような「場」で最も単純なものは，**スカラー場**である．そこで，殆どのインフレーション模型においてそうしているように，ここでもスカラー場のみを考察する．このスカラー場には，**インフラトン**という名前がついているが，実はそのミクロな描像は分かっていない．むしろ，宇宙背景輻射等の観測量から，少しずつその正体を探っていくことになる．インフラトンは，インフレーション中はずっと，ダイナミクスの担い手として重要な役割を果たす．そのため，観測からインフレーションのダイナミクスをプローブするというのは，観測データからインフラトンのラグランジアンについての情報を引き出すことに他ならない．

4.2.3　有効場の理論の構築
上述のように，インフレーションの終わりは，現在の宇宙へつながる熱い火の玉宇宙の始まりでもある．そして，インフレーションの終わりにどれだけ近づ

いているかを表す秩序パラメータの役割を果たすのが，インフラトンと呼ばれるスカラー場である．したがって，インフラトンの微分は至るところ零であってはならない．もし至るところ零だったとすると，インフレーション後の火の玉宇宙がいつまでも始まらず，私たちの宇宙を記述することができないからだ．また，時間系列としてインフレーションの終わりに近づくためには，インフラトンの微分は，興味のある時空領域において時間的，すなわち時間微分の方が空間微分よりも大きくなければならない．

　これはまさに，4.1.2 節でゴースト凝縮の有効理論を構築した際の仮定①そのものである．実際，スカラー場の微分が零でない真空期待値 $\langle \partial_\mu \phi \rangle$ を持ち，それが時間的であるとすると，時間座標を選び直して $\langle \phi \rangle = t + \mathrm{const.}$ とすることができる．その場合，$\langle \partial_\mu \phi \rangle = \delta_\mu^0$ は一定となる．ただし，仮定②は変えて，一様等方宇宙な背景時空すなわち FLRW 計量 (4.8) を考えることにする．したがって，着目する時空領域において，本節では以下の2つの仮定をする．

①" スカラー場（インフラトン）の微分が，零でない一定の真空期待値 $\langle \partial_\mu \phi \rangle$ を持ち，それが時間的であるとする．

②" 背景時空の計量は，スカラー場の期待値が $\langle \phi \rangle = t + \mathrm{const.}$ となるように時間座標 t を選んだ時，FLRW 計量 (4.8) とする．

ただし，$\langle \phi \rangle = t + \mathrm{const.}$ となるように時間座標 t を選ぶと，FLRW 背景計量 (4.8) におけるラプス関数 $N(t)$ を自由に（たとえば $N(t) = 1$ のように）選ぶことはできない．逆に，FLRW 背景計量 (4.8) におけるラプス関数 $N(t)$ を自由に（たとえば $N(t) = 1$ のように）選ぶ自由度を残すと，スカラー場の期待値は時間座標 t に線形とは限らず，$\langle \phi \rangle = \phi(t)$ は t の単調関数としか言えない．本節では，後者のように時間座標を選ぶことにする．したがって，以下のように上の仮定を言い換えることにする．

①' スカラー場（インフラトン）の微分が，零でない真空期待値 $\langle \partial_\mu \phi \rangle$ を持ち，それが時間的であるとする．

②' 背景時空の計量は，スカラー場の期待値 $\langle \phi \rangle$ が t のみの関数になるように時間座標 t を選んだ時，FLRW 計量 (4.8) とする．

ゴースト凝縮と同様に，これだけの仮定から，計量 $g_{\mu\nu}$ とスカラー場（インフラトン）ϕ を記述する低エネルギー有効理論の構造が決まる[*8]．つまり，どんな基礎理論から出発しても，対称性の破れのパターンさえ同じであれば，低エネルギー有効理論は同じ構造を持つことになる．また，これはゴースト凝縮を特別な場合として含んでいる．なぜなら，Minkowski 時空は一様等方宇宙 (FLRW) 解の特別な場合であり，ここでの仮定は，ゴースト凝縮の有効理論を構成した際の仮定の一般化になっているからである．

[*8]　インフレーション中に，本質的な役割を果たす他の場がないことを仮定する．

4.2.3.1 ユニタリゲージでの有効作用

インフラトンの微分が零でない値を持つことにより，一般座標変換に対する不変性は自発的に破れる．上述のようにインフラトンの微分は時間的であるから，時間座標を選び直すことで，インフラトンの値を時間だけの関数にすることができる．さらに，その関数の具体的な形 $\phi(t)$ を決めると，時間座標は完全に固定される．ゴースト凝縮の有効理論の場合と同様，この座標は，しばしば**ユニタリゲージ**と呼ばれる．明らかに，ユニタリゲージ条件は，空間座標の任意の変換に対して不変である．これが，破れずに残っている対称性である．

低エネルギー有効理論は破れずに残っている対称性を尊重しなくてはならないので，ユニタリゲージでの有効作用は，空間座標の変換で不変な項のみで書けるはずである．逆に，この変換で不変な項は何でも許され，したがって原則として全て含まなければならない．一旦ユニタリゲージでの有効作用が求まると，一般の座標での有効作用を求めるのは簡単である．すぐ後で具体的に見るように，ユニタリゲージから外れるような座標変換，つまり時間座標の変換 $t \to \tilde{t} = t - \pi(\tilde{t}, \vec{x})$ を施すだけである．そして，この π こそが，上述の **NG ボソン**に対応する．物理的には，この NG ボソンはインフラトンの摂動とみなせる．ユニタリゲージでのインフラトンを $\phi(t)$ とすると，$\phi(t) = \phi(\tilde{t}+\pi) \simeq \phi(\tilde{t})+\dot{\phi}\pi$ となるからだ．結局，ゴースト凝縮の有効理論と同様，ユニタリゲージでの有効作用を求めて時間方向の座標変換を施すだけで，NG ボソンの作用の構造が，重力場との相互作用も含めて完全に決まる．

では，ユニタリゲージでの有効作用を具体的に構成していこう．有効作用を

$$I = \int d^4 x \sqrt{-g} L \tag{4.9}$$

と書くことにして，どんな項が L 内に許されるかを考察する．ここで，g は時空計量 $g_{\mu\nu}$ の行列式である．まず，時空の一般座標変換に対してスカラーとして振る舞う項は，全て許される．すなわち，時空の計量 $g_{\mu\nu}$ とその逆行列 $g^{\mu\nu}$，曲率テンソル $R_{\mu\nu\rho\sigma}$ とその共変微分から作った，任意のスカラー量が許される．次に，時間座標 t は，破れずに残った対称性，つまり空間座標の変換に対して不変である．したがって，t とその共変微分も，L 内の項を構成するための "材料" として使える．時間座標 t の 1 階微分は

$$\partial_\mu t = \delta_\mu^0 \tag{4.10}$$

であり，2 階微分の情報は全て，

$$K_{\mu\nu} \equiv \gamma_\mu^\rho \nabla_\rho n_\nu \tag{4.11}$$

で定義される外曲率に含まれている．ここで，∇_μ は計量 $g_{\mu\nu}$ から作った共変微分，

$$n_\mu = -\frac{\partial_\mu t}{\sqrt{-g^{\mu\nu}\partial_\mu t \partial_\nu t}} = -\frac{\delta_\mu^0}{\sqrt{-g^{00}}} \tag{4.12}$$

は時間一定面に垂直な単位ベクトル（(2.50) および (2.52) 参照），

$$\gamma_{\mu\nu} = g_{\mu\nu} + n_\mu n_\nu \tag{4.13}$$

は時間一定面の空間計量（(2.51) 参照）である．結局，ユニタリゲージでの有効作用は，一般に

$$I = \int d^4 x \sqrt{-g}\, L(t, \delta_\mu^0, K_{\mu\nu}, g_{\mu\nu}, g^{\mu\nu}, \nabla_\mu, \mathsf{R}_{\mu\nu\rho\sigma}) \tag{4.14}$$

と書けることになる．もちろん，μ, ν 等の足は全て縮約する．

4.2.3.2　一様等方宇宙解の周りでの摂動展開

有効作用 (4.14) を，FLRW 計量 (4.8) の周りの摂動を記述するのに便利な形に変形しよう．まず，(4.8) で $N = 1$ とし，

$$\tilde{\delta}g^{00} \equiv g^{00} + 1, \quad \tilde{\delta}K_{\mu\nu} \equiv K_{\mu\nu} - H\gamma_{\mu\nu},$$
$$\tilde{\delta}\mathsf{R}_{\mu\nu\rho\sigma} \equiv \mathsf{R}_{\mu\nu\rho\sigma} - (H^2 + \mathcal{K}/a^2)(\gamma_{\mu\rho}\gamma_{\sigma\nu} - \gamma_{\mu\sigma}\gamma_{\rho\nu})$$
$$\qquad + (\dot{H} + H^2)(\gamma_{\mu\rho}\delta_\sigma^0\delta_\nu^0 - \gamma_{\mu\sigma}\delta_\rho^0\delta_\nu^0 - \gamma_{\nu\rho}\delta_\sigma^0\delta_\mu^0 + \gamma_{\nu\sigma}\delta_\rho^0\delta_\mu^0) \tag{4.15}$$

を導入する．ここで，$H \equiv \dot{a}/a$（関数の上につけるドットは時間微分）は Hubble 膨張率．これらは，有効作用の"材料"として許されるものだけで構成されており，また，($N(t) = 1$ とした) FLRW 計量に対して零となる量なので，摂動量である．これらを使い，有効作用 (4.14) を

$$I = M_{\mathrm{Pl}}^2 \int dx^4 \sqrt{-g}\left[\frac{1}{2}\Omega^2(t)\mathsf{R} + c_1(t) + c_2(t)g^{00}\right.$$
$$\left. + L^{(2)}(\tilde{\delta}g^{00}, \tilde{\delta}K_{\mu\nu}, \tilde{\delta}\mathsf{R}_{\mu\nu\rho\sigma}; t, g_{\mu\nu}, g^{\mu\nu}, \nabla_\mu)\right] \tag{4.16}$$

のように展開するのが便利である．ここで，

$$L^{(2)} = \lambda_1(t)(\tilde{\delta}g^{00})^2 + \lambda_2(t)(\tilde{\delta}g^{00})^3 + \lambda_3(t)\tilde{\delta}g^{00}\tilde{\delta}K_\mu^\mu$$
$$\qquad + \lambda_4(t)(\tilde{\delta}K_\mu^\mu)^2 + \lambda_5(t)\tilde{\delta}K_\nu^\mu\tilde{\delta}K_\mu^\nu + \cdots \tag{4.17}$$

は $\tilde{\delta}g^{00}, \tilde{\delta}K_{\mu\nu}, \tilde{\delta}\mathsf{R}_{\mu\nu\rho\sigma}$（とそれらの共変微分）に関して 2 次以上の項のみで構成される．さらに，共形変換 $g_{\mu\nu} \to \Omega^{-2}g_{\mu\nu}$ によって 4 次元 Ricci スカラー $\mathsf{R} = \mathsf{R}^{\mu\nu}{}_{\mu\nu}$ の前の係数を $M_{\mathrm{Pl}}^2\sqrt{-g}/2$ とし，部分積分を実行，$c_p(t)$ $(p = 1, 2)$ と $\lambda_q(t)$ $(q = 1, 2, \cdots)$ を再定義すると，

$$I = M_{\mathrm{Pl}}^2 \int dx^4 \sqrt{-g}\left[\frac{1}{2}\mathsf{R} + c_1(t) + c_2(t)g^{00}\right.$$
$$\left. + L^{(2)}(\tilde{\delta}g^{00}, \tilde{\delta}K_{\mu\nu}, \tilde{\delta}\mathsf{R}_{\mu\nu\rho\sigma}; t, g_{\mu\nu}, g^{\mu\nu}, \nabla_\mu)\right] \tag{4.18}$$

と書けることが分かる．

　有効作用の中で摂動の1次の項は，FLRW背景計量についての運動方程式を

$$3H^2(t) + \frac{3\mathfrak{K}}{a^2} = -c_1(t) - c_2(t), \quad \dot{H}(t) - \frac{\mathfrak{K}}{a^2} = c_2(t) \tag{4.19}$$

のように与えるので，これをc_1とc_2について解いて(4.18)に代入すれば，

$$I = M_{\mathrm{Pl}}^2 \int dx^4 \sqrt{-g} \left[\frac{1}{2}\mathsf{R} - \left(3H^2(t) + \dot{H}(t) + \frac{2\mathfrak{K}}{a^2(t)} \right) \right.$$
$$\left. + \left(\dot{H}(t) - \frac{\mathfrak{K}}{a^2(t)} \right) g^{00} + L^{(2)} \right] \tag{4.20}$$

を得る．

4.2.3.3　NG ボソン

　既に述べたように，NG ボソン π の作用は，ユニタリゲージでの有効作用 (4.20) に，時間座標の変換 $t \to \tilde{t} = t - \pi(\tilde{t}, \vec{x})$ を施せば得られる．積分変数を $\tilde{t}$ に変更後，表記の簡単のために $\tilde{t}$ を t と書き直せば，結果は，(4.20) で以下の置き換えをしたものとなる．

$$H(t) \to H(t+\pi), \quad \dot{H}(t) \to \dot{H}(t+\pi),$$
$$\lambda_i(t) \to \lambda_i(t+\pi), \quad a(t) \to a(t+\pi),$$
$$\delta_\mu^0 \to (1+\dot{\pi})\delta_\mu^0 + \delta_\mu^i \partial_i \pi,$$
$$g_{\mu\nu} \to g_{\mu\nu}, \quad \nabla_\mu \to \nabla_\mu, \quad R_{\mu\nu\rho\sigma} \to R_{\mu\nu\rho\sigma}. \tag{4.21}$$

この置換則から，$g^{00} = g^{\mu\nu}\delta_\mu^0 \delta_\nu^0 \to (1+\dot{\pi})^2 g^{00} + 2(1+\dot{\pi})g^{0i}\partial_i \pi + g^{ij}\partial_i \pi \partial_j \pi$ 等がしたがう．煩雑なので書き下すことはしないが，$\gamma_{\mu\nu}$ や $K_{\mu\nu}$ の置換則も，それぞれの定義と (4.21) から分かる．

4.2.3.4　インフレーションへの特化

　インフレーションとは，初期宇宙における指数関数的な加速膨張時期のことであるから，その間，スケール因子 $a(t)$ は指数関数的に増大，$\mathfrak{K}/a^2$ は指数関数的に減少する．そこで，$\mathfrak{K} = 0$ として計算を進めれば十分である．

　また，インフレーション中は，$H(t)$ と $\lambda_q(t)$ $(q = 1, 2, \cdots)$ の時間変化が十分ゆっくりであるので，小さなパラメータ $\tilde{\epsilon}$ を導入して

$$\left| \frac{(\partial_t)^n H}{H^{n+1}} \right| = \mathcal{O}(\tilde{\epsilon}^n), \quad \left| \frac{(\partial_t)^n \lambda_q}{H^n \lambda_q} \right| = \mathcal{O}(\tilde{\epsilon}^n), \quad n = 1, 2, \cdots \tag{4.22}$$

という条件を課し，$\tilde{\epsilon}$ の低次項を残せば十分である．

4.2.4　NG ボソンの揺らぎから曲率揺らぎへ

　NG ボソンと計量の有効作用が求まり，それは一般座標変換で不変なので，相

関関数等の計算は，原理的にはどのような座標系で行なっても構わない．しかし実際には，後述する理由により，曲率揺らぎが零となる座標で NG ボソンの相関関数を計算し，その後で NG ボソン一定面の曲率揺らぎの相関関数に変換するのが便利である．そこで，まずは曲率揺らぎとは何かを説明し，その後で，インフレーション中の NG ボソンのみの作用を示し，NG ボソンの揺らぎから曲率揺らぎへ変換する方法を説明することにする．

4.2.4.1 曲率揺らぎ

宇宙背景輻射として観測されるマクロなスケールの揺らぎは，ミクロなスケールで量子論的に生成された揺らぎが，指数関数的な宇宙膨張によって引き伸ばされたものと考えられている．揺らぎを空間座標について Fourier 変換すると，各 Fourier 成分は調和振動子のように振る舞い，その固有振動数は波長が長ければ低く，短ければ高くなる．宇宙膨張はこの系に2つの重要な効果を及ぼす．1つ目は，揺らぎの波長をスケール因子 $a(t)$ に比例して引き伸ばすこと，2つ目は，系の運動エネルギーを散逸させ，摩擦のような効果を生じることである．したがって，ミクロなスケールで生じた揺らぎは，最初は速く振動するが，時間が経過すると波長が長くなり，振動は遅くなっていく．そして，揺らぎの固有振動数が宇宙の膨張率と同程度になると，宇宙膨張による摩擦が打ち勝って振動は止まってしまう．基本的には，この瞬間に，宇宙背景輻射で観測されるような，宇宙論スケールのマクロな揺らぎの振幅が決まることになる．

このことは，相対性理論では「遠隔操作」が存在しないことと，実は無関係ではない．まず，揺らぎの波長はスケール因子 $a(t)$ に比例するので，単位時間当たりに伸びる量は da/dt に比例する．一方，単位時間当たりに情報が伝わる距離は（固有振動数）×（波長）であり，これは（固有振動数）× a に比例する．したがって，宇宙の膨張率 $H = (da/dt)/a$ が固有振動数を超えると，情報が伝わるよりも速く波長が伸びてしまう．これでは，「遠隔操作」が存在しない限り，1波長程度の距離にわたる揺らぎが全体として時間発展することはできない．これが，揺らぎの固有振動数が十分低くなると振幅が決まるという現象の，別解釈である．

この解釈の本質は，波長程度の距離を情報が十分伝わらなくなるということである．したがって，振幅が決まった波長程度の大きさの領域は，外の世界からは独立した，一つの宇宙のように振る舞う．結果，その波長に比べて十分短いスケールの物理を論ずる限りにおいては，宇宙は近似的に一様等方とみなして構わない．しかし，揺らぎの振幅に応じて，着目する領域の宇宙は，周辺の宇宙よりも少し大きかったり小さかったりするはずである．この状況を4次元計量で表すと，

$$ds^2 \simeq -dt^2 + e^{2\zeta(\vec{x})}a(t)^2\Omega_{ij}^{\mathfrak{K}}d\vec{x}^i d\vec{x}^j \tag{4.23}$$

となる[20]. つまり，スケール因子 $a(t)$ を，$e^{\zeta(\vec{x})}a(t)$ で置き換えたことになる．ここで導入した空間座標の関数 $\zeta(\vec{x})$ は，上述の振幅の決まったマクロな宇宙揺らぎで，**曲率揺らぎ**と呼ばれる．

インフレーション中に生成された曲率揺らぎ $\zeta(\vec{x})$ により，その後の輻射優勢期を経て物質優勢期には，計量ポテンシャル $\Phi(\vec{x}) = (3/5)\zeta(\vec{x})$ が生じる．これは，Newton 力学における重力ポテンシャルに対応する物理量である．また，さらに後のダークエネルギー優勢期には，計量ポテンシャルが時間変化する．そのため，宇宙背景輻射のそれぞれの光子は，プラズマ中での散乱から解放された後，ポテンシャルの山や谷を登り降りすることになる．その過程で光子の運動エネルギーが変化するため，背景輻射の温度に揺らぎが生じる．だから，曲率揺らぎの統計的性質を理論から予言できれば，温度揺らぎの観測データとつき合わせられるのである．

4.2.4.2 インフレーション中の NG ボソン

インフレーション中には，揺らぎの角振動数 ω が指数関数的に減少し，ある時点で宇宙の膨張率 H よりも低くなる．その後は，ユニタリゲージでの曲率揺らぎ ζ が保存する．同じことは，重力波の振幅 h についても言える．したがって，観測量を求めるために必要な ζ や h の相関関数は，$\omega \sim H$ となった時点で計算すればよく，それ以降の発展を追う必要はない．

NG ボソン π を導入したメリットの一つとして，系によって決まるエネルギースケール $\omega_{\min}$ が存在して，注目する揺らぎの角振動数 ω が $\omega_{\min}$ より十分高い間は，曲率揺らぎが零の座標系において，NG ボソンと計量揺らぎとの相互作用を無視できるということがある．そして，多くの場合で $H \gg \omega_{\min}$ となっている．この場合，前段落の議論により，ζ や h の相関関数を $\omega \sim H$ で計算するという目的のためには，NG ボソンと計量揺らぎとの相互作用を無視してよいことになる．

そこで，$H \gg \omega_{\min}$ を仮定して NG ボソン π だけを残し，計量を平坦な（$\mathfrak{K} = 0$ の）FLRW 背景計量に固定すると，π の有効作用として

$$I_\pi = M_{\mathrm{Pl}}^2 \int dt d^3\vec{x}\, a^3 \left\{ -\frac{\dot{H}}{c_{\mathrm{s}}^2}\left(\dot{\pi}^2 - c_{\mathrm{s}}^2 \frac{(\partial_i \pi)^2}{a^2} \right) \right.$$
$$\left. - \dot{H}\left(\frac{1}{c_{\mathrm{s}}^2} - 1 \right)\left(\frac{c_3}{c_{\mathrm{s}}^2}\dot{\pi}^3 - \dot{\pi}\frac{(\partial_i \pi)^2}{a^2} \right) + \mathcal{O}(\pi^4, \tilde{\epsilon}^2) + L_{\tilde{\delta}K, \tilde{\delta}R}^{(2)} \right\} \quad (4.24)$$

が得られる．ここで，

$$\frac{1}{c_{\mathrm{s}}^2} = 1 - \frac{4\lambda_1}{\dot{H}}, \quad c_3 = c_{\mathrm{s}}^2 - \frac{8c_{\mathrm{s}}^2\lambda_2}{-\dot{H}}\left(\frac{1}{c_{\mathrm{s}}^2} - 1 \right)^{-1} \quad (4.25)$$

のようにして**音速** c_{s} と係数 c_3 を定義し，(4.22) を課した．また，$L_{\tilde{\delta}K, \tilde{\delta}R}^{(2)}$ は，$L^{(2)}$ の項のうちで，$\tilde{\delta}K_{\mu\nu}$ と $\tilde{\delta}R_{\mu\nu\rho\sigma}$ を含むものからの寄与で，π の高階微分

項である．したがって，$c_{\rm s}^2$ がある程度の大きさを持っていれば，有効場の理論の適用範囲内では $L^{(2)}_{\delta K, \delta R}$ の効果は無視できる．4.3 節ではこのような状況を考察し，$c_{\rm s}^2$ が小さくなって $L^{(2)}_{\delta K, \delta R}$ が効いてくる場合は 4.4 節で考察することにしよう．

音速 $c_{\rm s}$ は，固有角振動数が宇宙の膨張率に比べて十分高い状況において，揺らぎが伝わる速度を表す．実際，(4.24) の右辺 1 行目から，π が $\omega^2 \simeq c_{\rm s}^2 \vec{k}^2/a^2$ という分散関係を持つことが分かる．ここで，$\pi \sim A \exp(-i\int \omega dt + i\vec{k} \cdot \vec{x})$，$|\dot{A}/A| \ll |\omega|$ と想定した．物理的な波数ベクトルは $\vec{k}/a$ であるから，この分散関係にしたがって情報が伝わる速度は確かに $c_{\rm s}$ である．

具体的な例として，インフラトン ϕ の作用が

$$I_\phi = \int d^4x \sqrt{-g} P(X)\,, \quad X \equiv -\frac{1}{2} g^{\mu\nu} \partial_\mu \phi \partial_\nu \phi\,, \tag{4.26}$$

で与えられる場合を考察しよう．このような模型は，**k-inflation** と呼ばれる[16]．この場合には，(4.24) 中の $c_{\rm s}$ と c_3 は，

$$c_{\rm s}^2 = \left.\frac{P'}{P' + 2P''X}\right|_0\,, \quad \frac{c_3}{c_{\rm s}^2} = \left.\frac{3P'' + 2P'''X}{3P''}\right|_0 \tag{4.27}$$

で与えられる．ここで，下付添え字 0 は，背景解での値を表す．したがって，音速 $c_{\rm s}$ は，様々な値を取り得る．一方，P が X に線形な場合には常に $c_{\rm s}^2 = 1$ となり，(4.24) 2 行目の第 1 項は零となる．

4.2.4.3　曲率揺らぎへの変換

有効作用 (4.24) を用いれば，FLRW 背景時空において NG ボソン π の相関関数を計算することができる．一方，観測量と直接関係づくのは，スカラー場一定面の曲率揺らぎ ζ である．この 2 つの量の関係は，ユニタリゲージへの座標変換の逆，$t \to \tilde{t} = t + \pi$ をすれば分かる．この変換によって FLRW 計量 (4.8) の空間部分は

$$a(t)^2 \Omega^\mathfrak{K}_{ij} d\vec{x}^i d\vec{x}^j \to e^{-2H\pi} a(\tilde{t})^2 \Omega^\mathfrak{K}_{ij} d\vec{x}^i d\vec{x}^j \tag{4.28}$$

となるので，(4.23) と比較すれば，曲率揺らぎ ζ が

$$\zeta = -H\pi \tag{4.29}$$

で与えられることが分かる．

したがって，有効作用 (4.24) を用い，FLRW 背景時空における NG ボソン π の n 次相関関数を計算すれば，それに $(-H)^n$ を乗じるだけで，ζ の n 次相関関数が分かる．また，π や ζ の相関関数は，インフレーション中に $\omega \sim H$ となった時点で計算すればよく，それ以降は保存するので，その後の発展を追う必要はない．

4.3 応用：インフレーション中の揺らぎの非 Gauss 性

前節で解説したように，対称性の破れのパターンを指定しただけで，NG ボソンの有効作用の構造が決まる．ただし，対称性の破れのパターンから $c_{\rm s}$ や c_3 の値は決まらないので，何らかの基礎理論に基づいて計算するか，観測データを用いて制限する必要がある．後者のアプローチに有力と考えられているのが，揺らぎの非 Gauss 性である．

4.3.1 2 点相関関数
4.3.1.1 2 次の作用

まず，NG ボソンの有効作用 (4.24) を，π について 2 次の部分

$$I_2 = M_{\rm Pl}^2 \int dt d^3\vec{x}\, a^3 \left\{ -\frac{\dot{H}}{c_{\rm s}^2} \left(\dot{\pi}^2 - c_{\rm s}^2 \frac{(\partial_i \pi)^2}{a^2} \right) \right\}$$
$$= \frac{1}{2} \int d\eta d^3\vec{x} \left\{ \left[a \left(\frac{\pi_{\rm c}}{a} \right)' \right]^2 - c_{\rm c}^2 (\nabla \pi_{\rm c})^2 \right\} \tag{4.30}$$

と 3 次以上の非線形部分に分ける．ここで，

$$\pi_{\rm c} \equiv \sqrt{\frac{2\epsilon H^2 M_{\rm Pl}^2}{c_{\rm s}^2}}\, a\pi\,, \quad \epsilon \equiv -\frac{\dot{H}}{H^2}\,, \quad \eta \equiv -\int_t^\infty \frac{dt'}{a(t')} \tag{4.31}$$

で，$'$ は η に関する微分を表す．新しく導入した時間座標 η は，**conformal time** と呼ばれる[*9]．NG ボソンの 2 次の作用 (4.30) に対し，Klein-Gordon ノルムは

$$(\pi_{\rm c1}, \pi_{\rm c2})_{\rm KG} = -i \int d^3\vec{x} \left(\pi_{\rm c1} \pi_{\rm c2}^{*}{}' - \pi_{\rm c1}' \pi_{\rm c2}^{*} \right) \tag{4.32}$$

で定義される．

条件 (4.22) で導入した $\tilde{\epsilon}$ の最低次では，

$$a = \frac{1}{-H\eta} \tag{4.33}$$

であるので，

$$I_2 = \int d\eta d^3\vec{x} \left[\pi_{\rm c}'^2 + \frac{2\pi_{\rm c}^2}{\eta^2} - c_{\rm c}^2 (\nabla \pi_{\rm c})^2 \right] \tag{4.34}$$

と書ける．

以下では，作用の 3 次以上の非線形部分を I_2 に対する摂動とみなし，摂動論によって π の相関関数を計算する．

[*9] 一方，$N(t) = 1$ としていることから，t は **proper time** あるいは **cosmic time** と呼ばれる．

4.3.1.2 モード関数

相互作用表示での演算子 π_{c} を

$$\pi_{\mathrm{c}} = \int d^3\vec{k}\left[\varphi_{\vec{k}}(\eta,\vec{x})a_{\vec{k}} + \varphi_{\vec{k}}^*(\eta,\vec{x})a_{\vec{k}}^{\dagger}\right] \tag{4.35}$$

のように展開する．ここで，**モード関数** $\varphi_{\vec{k}}(\eta,\vec{x})$ は I_2 から得られる運動方程式

$$\left(\partial_\eta^2 - \frac{2}{\eta^2} - c_{\mathrm{c}}^2\vec{\nabla}^2\right)\varphi_{\vec{k}} = 0 \tag{4.36}$$

の解で，

$$(\varphi_{\vec{k}}, \varphi_{\vec{k}'})_{\mathrm{KG}} = \frac{\delta^3(\vec{k}-\vec{k}')}{(2\pi)^3} \tag{4.37}$$

のように規格化する．すると，$a_{\vec{k}}^{\dagger}$ と $a_{\vec{k}}$ は**生成消滅演算子の交換関係**

$$\left[a_{\vec{k}}, a_{\vec{k}'}^{\dagger}\right] = (2\pi)^3\delta^3(\vec{k}-\vec{k}'), \quad \left[a_{\vec{k}}, a_{\vec{k}'}\right] = \left[a_{\vec{k}}^{\dagger}, a_{\vec{k}'}^{\dagger}\right] = 0 \tag{4.38}$$

を満たす．具体的には，

$$\varphi_{\mathrm{k}}(\eta,\vec{x}) = w_{\mathrm{k}}(\eta)\frac{e^{-i\vec{k}\cdot\vec{x}}}{(2\pi)^3} \tag{4.39}$$

のように変数分離すると，$\tilde{\epsilon}$ の最低次では c_{s} は定数なので，

$$w_{\mathrm{k}} = A\frac{1+ic_{\mathrm{s}}k\eta}{c_{\mathrm{s}}k\eta}e^{-ic_{\mathrm{s}}k\eta} + B\frac{1-ic_{\mathrm{s}}k\eta}{c_{\mathrm{s}}k\eta}e^{ic_{\mathrm{s}}k\eta}, \ |A|^2 - |B|^2 = \frac{1}{2c_{\mathrm{s}}k} \tag{4.40}$$

となる．十分過去 $(|c_{\mathrm{s}}k\eta| \gg 1)$ では振動周期 $(\propto c_{\mathrm{s}}^{-1}a/k)$ および波長 $(\propto a/k)$ が曲率半径 $\sim 1/H$ よりも十分短いので，Minkowski 時空における通常の真空に対応するモード関数 $\propto e^{-ic_{\mathrm{s}}k\eta}$ を選ぶのが自然である．この場合，

$$|A| = \frac{1}{\sqrt{2c_{\mathrm{s}}k}}, \quad B = 0 \tag{4.41}$$

となる．そして，相互作用項 I_{int} がない場合の真空を

$$a_{\vec{k}}|0\rangle_0 = 0 \tag{4.42}$$

によって定義する．この真空は，**Bunch-Davies 真空**と呼ばれる．

ここで，相関関数を定義する際の便利のため，

$$\pi_{\mathrm{c}} = \int \frac{d^3\vec{k}}{(2\pi)^3}e^{-i\vec{k}\cdot\vec{x}}\pi_{\mathrm{c}\vec{k}}(\eta) \tag{4.43}$$

によって演算子 $\pi_{\mathrm{c}\vec{k}}(\eta)$ を定義しておく．

4.3.1.3 Power spectrum

Power spectrum $\mathcal{P}_{\pi_c}(\vec{k})$ は，2 点相関関数により

$$\langle \pi_{c\vec{k}} \pi_{c\vec{k}'} \rangle = \frac{(2\pi)^3}{k^3} \mathcal{P}_{\pi_c}(\vec{k}) \delta^3(\vec{k} + \vec{k}') \tag{4.44}$$

のように定義される．具体的には，

$$\mathcal{P}_{\pi_c}(\vec{k}) = k^3 |w_{\vec{k}}|^2 = \frac{1}{2c_s^3} \frac{1 + (c_s k \eta)^2}{\eta^2} \tag{4.45}$$

である．

関係式 (4.31) と (4.29) により，曲率揺らぎ ζ については

$$\langle \zeta_{\vec{k}} \zeta_{\vec{k}'} \rangle = \frac{(2\pi)^3}{k^3} \mathcal{P}_\zeta(\vec{k}) \delta^3(\vec{k} + \vec{k}'), \, \mathcal{P}_\zeta(\vec{k}) = \frac{c_c^2 H^2 \eta^2}{2\epsilon M_{\mathrm{Pl}}^2} \mathcal{P}_{\pi_c}(\vec{k}) \tag{4.46}$$

である．十分時間が経てば（$c_s k |\eta| \ll 1$），

$$\mathcal{P}_\zeta(\vec{k}) = \frac{H^4}{-4 M_{\mathrm{Pl}}^2 \dot{H} c_s} \tag{4.47}$$

となる．ここで，右辺が時間に依存しないことを仮定した．右辺が時間に依存する場合には，$c_s k |\eta| \simeq 1$，すなわち $c_s k \simeq aH$ で決まる時刻で評価すればよい．なぜならば，各 $\vec{k}$ に対し，曲率揺らぎ ζ は $\omega^2 \ll H^2$ すなわち $c_s k |\eta| \ll 1$ で保存するからである．したがって，

$$\mathcal{P}_\zeta(\vec{k}) = \left. \frac{H^4}{-4 M_{\mathrm{Pl}}^2 \dot{H} c_s} \right|_{c_s k \simeq aH} \tag{4.48}$$

を得る．

4.3.1.4 Spectral index

曲率揺らぎの **spectral index** n_s は，

$$n_s - 1 = \left. \frac{d \ln \mathcal{P}_\zeta}{d \ln k} \right|_{k=k_0} \tag{4.49}$$

によって定義される．ここで，k_0 は基準となるスケールに対応する波数．上の結果 (4.48) により，$\tilde{\epsilon}$ の最低次では

$$n_s - 1 \simeq \left. 4\frac{\dot{H}}{H^2} - \frac{\ddot{H}}{\dot{H} H} - \frac{\dot{c_s}}{c_s H} \right|_{c_s k_0 \simeq aH} \tag{4.50}$$

となる．ここで，$c_s k \simeq aH$ を満たす k と t に対し

$$d \ln k = \left(\frac{\dot{a}}{a} + \frac{\dot{H}}{H} - \frac{\dot{c_s}}{c_s} \right) dt = H(1 + \mathcal{O}(\tilde{\epsilon})) dt \tag{4.51}$$

が成立することを使った．観測衛星 **Planck** の観測データによると[21]，重力波による寄与を無視した場合，$k_0 = 0.05 \mathrm{Mpc}^{-1}$ において，$n_s = 0.9649 \pm 0.0042$ (68%CL) と制限される．以下の 3 点関数の議論では，$n_s - 1$ が十分小さいとして，$\mathcal{P}_\zeta$ を定数として扱うことにする．

4.3.2 3点相関関数

揺らぎが厳密に Gauss 分布にしたがうと，3点相関関数は零となる．逆に，平均値の周りの揺らぎの3点相関関数が零でなければ，Gauss 分布ではないことになる．したがって，3点相関関数は，非 Gauss 性のバロメーターと言えるだろう．そこで，前節で構成した低エネルギー有効理論に基づいて，NG ボソン π の3点相関関数を計算してみよう．観測的に重要な曲率揺らぎ ζ は (4.29) のように表されるので，ζ の3点関数も分かることになる．

4.3.2.1 3点相互作用項

NG ボソンの有効作用 (4.24) において，π について3次の部分は

$$I_3 = \int d\eta d^3\vec{x} \mathcal{L}_3 \,,$$
$$\mathcal{L}_3 = \frac{c_{\mathrm{s}}^3 H(c_{\mathrm{s}}^{-2} - 1)}{2\sqrt{2\epsilon}M_{\mathrm{Pl}}(-\eta)} \left\{ \frac{c_3}{c_{\mathrm{s}}^2} \left[(-\eta\pi_{\mathrm{c}})' \right]^3 - (-\eta\pi_{\mathrm{c}})' \left[\vec{\nabla}(-\eta\pi_{\mathrm{c}}) \right]^2 \right\} \quad (4.52)$$

で，（η を時間とした時の）ハミルトニアンへの寄与は

$$\mathbf{H}_3 = -\int d^3\vec{x} \mathcal{L}_3 \quad (4.53)$$

となる[*10]．

4.3.2.2 In-in 形式

系のハミルトニアンが

$$\mathbf{H} = \mathbf{H}_0 + \mathbf{H}_{\mathrm{int}} \quad (4.54)$$

のように，相互作用を含まない部分 $\mathbf{H}_0$ と相互作用部分 $\mathbf{H}_{\mathrm{int}}$ に分解できるとしよう．Heisenberg 表示での演算子 $Q(t)$，同じ演算子の相互作用表示 $Q_{\mathrm{int}}(t)$ は，それぞれ

$$\dot{Q}(t) = i\left[\mathbf{H}(t), Q(t)\right] \,,$$
$$\dot{Q}_{\mathrm{int}}(t) = i\left[\mathbf{H}_0(t), Q_{\mathrm{int}}(t)\right] \,, \quad (4.55)$$

にしたがう．**In-in 形式**[23]は，$Q(t)$ の期待値を摂動論的に計算する方法を，以下のように与える．

$$\langle Q(\eta) \rangle = \sum_{n=0}^{\infty} i^n \int_{-\infty}^{\eta} d\eta_n \int_{-\infty}^{\eta_n} d\eta_{n-1} \cdots \int_{\infty}^{\eta_2} d\eta_1$$
$$\times \langle [\mathbf{H}_{\mathrm{int}}(\eta_1), [\mathbf{H}_{\mathrm{int}}(\eta_2), \cdots, [\mathbf{H}_{\mathrm{int}}(\eta_n), Q_{\mathrm{int}}(\eta)] \cdots]] \rangle \,. \quad (4.56)$$

ここで，左辺の期待値は相互作用を含めた全ハミルトニアン $\mathbf{H}$ によって定めら

[*10] 4次以上の作用のハミルトニアンへの寄与は，単にラグランジアンに -1 を乗じたものになるとは限らない．例えば文献 [22] の Appendix B 参照．

れる真空で定義され，右辺の期待値は相互作用を含まないハミルトニアン $\mathbf{H}_0$ によって定められる真空で定義される.

4.3.2.3 Bispectrum

3点相関関数は，関係式 (4.31) と (4.29)，in-in 形式の公式 (4.56) により，tree level ($n = 1$) では

$$\langle \zeta_{\vec{k}_1}(\eta) \zeta_{\vec{k}_2}(\eta) \zeta_{\vec{k}_3}(\eta) \rangle = \left(\frac{c_{\mathrm{s}} H \eta}{\sqrt{2\epsilon} M_{\mathrm{Pl}}} \right)^3 \langle \pi_{\mathrm{c}\vec{k}_1}(\eta) \pi_{\mathrm{c}\vec{k}_2}(\eta) \pi_{\mathrm{c}\vec{k}_3}(\eta) \rangle, \quad (4.57)$$

$$\langle \pi_{\mathrm{c}\vec{k}_1}(\eta) \pi_{\mathrm{c}\vec{k}_2}(\eta) \pi_{\mathrm{c}\vec{k}_3}(\eta) \rangle = i \int_{-\infty}^{\eta} d\eta' \langle [\mathbf{H}_3(\eta'), \pi_{\mathrm{c}\vec{k}_1}(\eta) \pi_{\mathrm{c}\vec{k}_2}(\eta) \pi_{\mathrm{c}\vec{k}_2}(\eta)] \rangle$$

$$(4.58)$$

で与えられる．十分時間が経ったあとでの **bispectrum** B_ζ を

$$\lim_{\eta \to -0} \langle \zeta_{\vec{k}_1}(\eta) \zeta_{\vec{k}_2}(\eta) \zeta_{\vec{k}_3}(\eta) \rangle = (2\pi)^3 B_\zeta \delta^3(\vec{k}_1 + \vec{k}_2 + \vec{k}_3) \quad (4.59)$$

により定義すると，計算の結果，

$$B_\zeta = -\frac{18}{5} \mathcal{P}_\zeta^2 \left(f_{\mathrm{NL}}^{\dot{\pi}(\partial_i \pi)^2} F_{\dot{\pi}(\partial_i \pi)^2} + f_{\mathrm{NL}}^{\dot{\pi}^3} F_{\dot{\pi}^3} \right) \quad (4.60)$$

を得る．ここで，

$$f_{\mathrm{NL}}^{\dot{\pi}(\partial_i \pi)^2} = \frac{85}{324} \left(\frac{1}{c_{\mathrm{s}}^2} - 1 \right), \quad f_{\mathrm{NL}}^{\dot{\pi}^3} = \frac{5c_3}{81} \left(\frac{1}{c_{\mathrm{s}}^2} - 1 \right) \quad (4.61)$$

は各相互作用項による "非 Gauss 性の大きさ" を，

$$F_{\dot{\pi}(\partial_i \pi)^2} = \frac{F_{\dot{\pi}^3}}{51 \kappa_1^2 \kappa_2^2 \kappa_3^2} \cdot \left[(\kappa_1^2 + \kappa_2^2 - \kappa_3^2) \kappa_3^2 \right.$$

$$\left. \times (2\kappa_1 \kappa_2 + 3\kappa_1 + 3\kappa_2 + 9) + (2\mathrm{perm.}) \right],$$

$$F_{\dot{\pi}^3} = \left(\frac{3}{k_1 + k_2 + k_3} \right)^6 \cdot \frac{1}{\kappa_1 \kappa_2 \kappa_3} \quad (4.62)$$

は各相互作用項からの寄与の運動量依存性を表す．また，$k_b = |\vec{k}_b|$ と $\kappa_b = 3k_b/(k_1 + k_2 + k_3)$ を定義した（$b = 1, 2, 3$）.

特に，$k_1 = k_2 = k_3$ の場合には，

$$k^6 B_\zeta |_{k_1 = k_2 = k_3 = k} = -\frac{18}{5} \mathcal{P}_\zeta^2 (f_{\mathrm{NL}}^{\dot{\pi}(\partial_i \pi)^2} + f_{\mathrm{NL}}^{\dot{\pi}^3}) \quad (4.63)$$

となり，(4.61) に示された 2 つの f_{NL} が，実際に "非 Gauss 性の大きさ" を表していることが分かる．面白いことに，音速 c_{s} が小さくなると非 Gauss 性は大きくなる.

3点相関関数の運動量依存性，言わば "非 Gauss 性の形" は，(4.60) を (4.63) で除することで定義するのが適当であろう．結果は

$$F(k_1, k_2, k_3) = \frac{17 F_{\dot{\pi}(\partial_i \pi)^2} + 4c_3 F_{\dot{\pi}^3}}{17 + 4c_3} \quad (4.64)$$

であり，たった一つのパラメータ c_3 で運動量依存性が完全に決まる．F は k_b ($b = 1, 2, 3$) に関して対称で，$F(k_1, k_2, k_3) = F(1, k_2/k_1, k_3/k_1)/k_1^6$ が成り立つ．また，3 点相関関数 (4.59) は $\delta^3(\vec{k}_1 + \vec{k}_2 + \vec{k}_3)$ に比例しているので，k_1, k_2, k_3 は必ず三角形をなす．

以上の議論から，大雑把には，$1/c_s^2$ が "非 Gauss 性の大きさ" を，c_3 が "非 Gauss 性の形" を表すことが分かる．観測から初期揺らぎの 3 点相関関数についての十分な情報が得られれば，観測精度の範囲でこれら 2 つのパラメータを決定できるはずである．もともと非 Gauss 性とは Gauss 分布でないことなので，Gauss 分布でない揺らぎは何でも非 Gauss 的と言え，したがって，原理的には非 Gauss 分布の揺らぎの 3 点相関関数には無限の種類がある．それにもかかわらず，たった 2 つのパラメータで 3 点関数の全てを完全に記述できるというのは，驚くべきことである．たった 2 つのパラメータですんだのは，前節で構成した NG ボソンの有効作用に 3 点相互作用項が 2 つしかなかったためである．対称性の破れのパターンを指定しただけで，3 点関数を表す無限個のパラメータを 2 つだけにできたことは，有効場の理論が非常に強力なアプローチであることを示している．

4.3.3 テンプレート

4.3.3.1 Equillateral タイプと Orthogonal タイプ

観測データを解析する際には，計算量を軽減するため，低エネルギー有効理論から得られた $F_{\dot{\pi}(\partial_i \pi)^2}$（または次節で定義する F_{gc}）と F_{π^3} の代わりに，以下の 2 つのテンプレートが使われている[24], [25]．

$$
\begin{aligned}
F_{\mathrm{equil}} = & -\left(\frac{1}{k_1^3 k_2^3} + \frac{1}{k_2^3 k_3^3} + \frac{1}{k_3^3 k_1^3} \right) - \frac{2}{k_1^2 k_2^2 k_3^2} \\
& + \left(\frac{1}{k_1 k_2^2 k_3^3} + (5\mathrm{perm.}) \right), \\
F_{\mathrm{orthog}} = & -3\left(\frac{1}{k_1^3 k_2^3} + \frac{1}{k_2^3 k_3^3} + \frac{1}{k_3^3 k_1^3} \right) - \frac{8}{k_1^2 k_2^2 k_3^2} \\
& + 3\left(\frac{1}{k_1 k_2^2 k_3^3} + (5\mathrm{perm.}) \right).
\end{aligned} \tag{4.65}
$$

Equillateral タイプと呼ばれる $F_{\mathrm{equil}}(1, k_2, k_3)$ は (4.64) で $c_3 = 0$ とした場合と良く似た "形" に，**Orthogonal タイプ**と呼ばれる $F_{\mathrm{orthog}}(1, k_2, k_3)$ は (4.64) で $c_3 = -3.6$ とした場合と良く似た "形" になる．有効場の理論に基づいた計算結果 (4.64) や，テンプレート (4.65) は，簡単のため，(4.49) で定義される spectral index n_s を 1 と想定している．一般の $n_s \neq 1$ の場合には，テンプレート (4.65) で $k_b \to k_b^{(4-n_s)/3}$ ($b = 1, 2, 3$) と置き換えればよい．

4.3.3.2 Local タイプ

前節までの議論は，揺らぎを生成するスカラー場が 1 つの場合であった．しか

し実際には，インフレーションに関与する場が2つ以上あったり，インフレーションに直接関与しない場が最終的な曲率揺らぎに寄与する可能性もあるだろう．複数の場のダイナミクスによって生じる非Gauss性によく見られる"形"は，

$$F_{\text{local}} = \frac{1}{3}\left(\frac{1}{k_1^3 k_2^3} + \frac{1}{k_2^3 k_3^3} + \frac{1}{k_3^3 k_1^3}\right) \tag{4.66}$$

である（$n_s \neq 1$ の場合は，$k_b \to k_b^{(4-n_s)/3}$ （$b = 1, 2, 3$）とする）．この"形"は **local** タイプと呼ばれ，squeezed 極限（k_1, k_2, k_3 の一つが他に比べて十分小さい極限）で大きな値を持つ．

4.3.3.3　観測からの制限

実際のデータ解析では，

$$B_\zeta = \frac{18}{5}\mathcal{P}_\zeta^2 f_{\text{NL}}^* F_* \tag{4.67}$$

（$*$ は equil, orthog または local で，$*$ についての和は取らない）と仮定し，観測データから f_{NL}^* を制限するという手法がとられることが多い．Planck データに基づく制限 (68%CL) は，

$$f_{\text{NL}}^{\text{equil}} = -26 \pm 47 , \quad f_{\text{NL}}^{\text{orthog}} = -38 \pm 24 , \quad f_{\text{NL}}^{\text{local}} = -0.9 \pm 5.1 \tag{4.68}$$

である[26]．

4.4　de Sitter 極限: ゴーストインフレーション

前節では，前々節で構成したインフラトン揺らぎの低エネルギー有効場の理論に基づいて，3点相関関数を計算し，音速 c_s が小さくなると非Gauss性が大きくなることを見た．では，音速が極端に小さくなるとどうなるのだろうか？"非Gauss性の大きさ"を表す2つのパラメータ $f_{\text{NL}}^{\dot{\pi}(\partial_i \pi)^2}$ と $f_{\text{NL}}^{\dot{\pi}^3}$ は (4.61) で与えられ，$c_s^2 \to 0$ の極限で発散するが，それで本当に正しい評価になっているのだろうか？実際には，c_s が小さくなると今まで無視できていた項が効いて，(4.61) での評価は使えなくなる．本節では，音速が小さい極限を考察し，非Gauss性の大きさが有限の，しかも近い将来観測可能な値になることを示そう．

一見特殊な状況に思えるこの極限に興味があるのは，将来観測可能な非Gauss性が見込まれるからというだけでなく，系のアトラクターになっている場合があるからである[14]．つまり，$c_s^2 = \mathcal{O}(1)$ から出発しても，時間が経つと，自動的に $c_s^2 \to 0$ となる場合があるのだ．例として，(4.26) で考察した，k-inflation を再考しよう．FLRW 計量 (4.8) で $N(t) = 1$ とし，一様なインフラトン $\phi = \phi(t)$ の運動方程式を書き下すと $\partial_t[a^3 P'(X)\dot{\phi}] = 0$ となるが，これは

$$P'(X)\dot{\phi} \propto \frac{1}{a^3} \to 0 , \quad (a \to \infty) \tag{4.69}$$

を意味する．つまり，$P' \to 0$ または $\dot\phi \to 0$ が系のアトラクターである．一方，ϕ の作用を摂動展開し，π の有効作用 (4.24) と比較すると，音速 c_s が (4.27) 第1式で与えられることが分かる．もしも $P''X \neq 0$ であれば，系が前者のアトラクター $P' \to 0$ $(\dot\phi \neq 0)$ に近づくにつれ，音速は零に近づいていく．

4.4.1 de Sitter 極限での有効作用

では，音速が小さくなった時に何が起こるかを，具体的に見ていこう．まず，(4.25) のすぐ後で述べたように，前節の議論では，c_s^2 がある程度の大きさを持っているとして，(4.24) 内の $L^{(2)}_{\tilde{\delta K}, \tilde{\delta R}}$ を無視したことを思い出そう．（前段落で例として考察した k-inflation の作用も，$L^{(2)}_{\tilde{\delta K}, \tilde{\delta R}}$ を含まない．しかし，量子補正を考慮すると，$L^{(2)}_{\tilde{\delta K}, \tilde{\delta R}}$ が生じるはずである．）もし c_s^2 が非常に小さくなれば，この取り扱いは正当化できず，$L^{(2)}_{\tilde{\delta K}, \tilde{\delta R}}$ を考慮に入れる必要がある．定義 (4.25) により，音速零の極限は $\dot H \to 0$ 極限，つまり de Sitter 極限と同意である．この極限では，π の有効作用は，部分積分の後で

$$I_\pi = M_{\rm Pl}^2 \int dt d^3\vec{x}\, a^3 \left\{ 4\lambda_1 \left(\dot\pi^2 - \dot\pi \frac{(\vec\nabla \pi)^2}{a^2} \right) + (\lambda_4 + \lambda_5) \frac{(\vec\nabla^2 \pi)^2}{a^4} \right.$$
$$\left. + 4(\lambda_1 - 2\lambda_2)\dot\pi^3 + \lambda_3 \left(-H + \frac{\vec\nabla^2 \pi}{a^2} \right) \frac{(\vec\nabla \pi)^2}{a^2} + \cdots \right\} \tag{4.70}$$

となる．結果，線形摂動に対する分散関係は

$$\omega^2 \simeq \frac{\lambda_3}{4\lambda_1} H \frac{k^2}{a^2} - \frac{\lambda_4 + \lambda_5}{4\lambda_1} \frac{k^4}{a^4}, \quad k = |\vec{k}| \tag{4.71}$$

となる．これから，揺らぎの相関関数を評価する時期つまり $\omega \sim H$ となる時に，c_s^2 項に比べて $L^{(2)}_{\tilde{\delta K}, \tilde{\delta R}}$ の方が重要になる条件は，

$$c_s^2 \ll \max \left[\frac{\lambda_3 H}{4\lambda_1}, \sqrt{\frac{|\lambda_4 + \lambda_5|}{4\lambda_1}} H \right] \tag{4.72}$$

である．これと逆向きの条件が満たされる場合の議論は前節で尽きているので，本節では，条件 (4.72) が満たされているとし，π の有効作用として (4.70) を用いる．

4.4.2 ゴーストインフレーション

以下では，作用が時間反転

$$t \to -t, \quad \pi \to -\pi \tag{4.73}$$

に対して不変あるいは近似的に不変である場合を考察しよう．この場合，$|\lambda_3|$ は零あるいは非常に小さくなり，(4.72) に加えて $|\lambda_3| \ll \sqrt{4\lambda_1|\lambda_4 + \lambda_5|}$ が成り立つ．これはゴーストインフレーション[27]に対応し，π の有効作用は

$$I_\pi \simeq \int dt d^3\vec{x}\, a^3\, \frac{M^4}{2} \left[\dot{\pi}^2 - \frac{\alpha}{M^2} \frac{(\partial_i^2\pi)^2}{a^4} - \dot{\pi}\frac{(\partial_i\pi)^2}{a^2} \right], \tag{4.74}$$

分散関係は

$$\omega^2 = \frac{\alpha}{M^2}\frac{k^4}{a^4} \tag{4.75}$$

となる．ここで，

$$M^4 = 8M_{\rm Pl}^2\lambda_1, \quad \alpha = -\frac{M_{\rm Pl}(\lambda_4 + \lambda_5)}{\sqrt{2\lambda_1}} = \mathcal{O}(1) \tag{4.76}$$

を定義した．

　Minkowski 時空の周りで構築したゴースト凝縮の有効場の理論に対しては，スケーリング則 (4.6) により，非線形項 (4.7) がスケーリング次元 1/4 を持つことを示した．ここでも同様にして，有効作用 (4.74) の第 3 項がスケーリング次元 1/4 を持ち，したがってスケール M よりも低いエネルギーでは，最初の 2 項に比べてその効果は小さいことが言える．これにより，第 3 項を最初の 2 項に対する摂動とみなすことを正当化できる．同様に，(4.70) には含まれていた $\dot{\pi}^3$ 項はスケーリング次元 5/4 を持ち，したがって (4.74) の最初の 2 項だけでなく第 3 項に比べても十分小さいことも分かる．

4.4.3　2 点相関関数
4.4.3.1　2 次の作用
　NG ボソン π を

$$\pi_{\rm c} \equiv M^2 a\pi = \frac{M^2}{-H\eta}\pi \tag{4.77}$$

のように再規格化すると，有効作用 (4.74) の最初の 2 項からなる 2 次の作用は

$$I_2 = \frac{1}{2}\int d\eta d^3\vec{x} \left[\pi_{\rm c}'^2 + \frac{2}{\eta^2}\pi_{\rm c}^2 - \frac{\alpha H^2\eta^2}{M^2}(\vec{\nabla}^2\pi_{\rm c})^2 \right] \tag{4.78}$$

のように書ける．Klein-Gordon ノルムは，今回も (4.32) で与えられる．

4.4.3.2　モード関数
　相互作用表示での演算子 $\pi_{\rm c}$ を (4.35) および (4.39) のように展開する．すると，$w_{\vec{k}}(\eta)$ の運動方程式は

$$\left(\partial_\eta^2 - \frac{2}{\eta^2} + \frac{\alpha H^2\eta^2}{M^2}k^4 \right) w_{\vec{k}} = 0, \tag{4.79}$$

で，その解は

$$w_{\vec{k}} = \sqrt{-\eta}\left[AH_{3/4}^{(1)}(q\eta^2) + BH_{3/4}^{(2)}(q\eta^2) \right], \quad q \equiv \frac{\sqrt{\alpha}Hk^2}{2M} \tag{4.80}$$

となる．ここで，A と B は積分定数．また，規格化条件 (4.37) は

$$|A|^2 - |B|^2 = \frac{\pi}{8} \tag{4.81}$$

を与える．前節での (4.41) と同様に，十分過去には Minkowski 時空における通常の真空に対応する解になるように A および B を選ぶと，

$$|A| = \sqrt{\frac{\pi}{8}}, \quad B = 0 \tag{4.82}$$

となる．

4.4.3.3 Power spectrum

NG ボソン π の **power spectrum** は

$$\mathcal{P}_\pi = \frac{k^3 H^2 \eta^2}{2\pi^2 M^4} |w_{\vec{k}}|^2 \tag{4.83}$$

で与えられる．十分時間が経った後では

$$\mathcal{P}_\pi \to \frac{1}{\pi \alpha^{3/4} \Gamma(1/4)} \frac{1}{M^2} \left(\frac{H}{M} \right)^{1/2}, \quad (\eta \to -0) \tag{4.84}$$

となる．これは，宇宙の膨張率 H が系のエネルギースケールを与えていることを考慮すれば，π のスケーリング次元が $1/4$ であることと合致している．つまり，π の量子揺らぎの振幅 $(\propto \mathcal{P}_\pi^{1/2})$ は，系のエネルギースケール H の $1/4$ 乗に比例している．

曲率揺らぎ ζ の power spectrum は，関係式 (4.29) により，(4.84) を H^2 倍して

$$\mathcal{P}_\zeta = H^2 \mathcal{P}_\pi \to \frac{1}{\pi \alpha^{3/4} \Gamma(1/4)} \left(\frac{H}{M} \right)^{5/2}, \quad (\eta \to -0) \tag{4.85}$$

のように得られる．観測により $\mathcal{P}_\zeta^{1/2} \simeq 4.8 \times 10^{-5}$[28] なので，$\alpha = \mathcal{O}(1)$ であれば

$$H \ll M \tag{4.86}$$

が言える．すなわち，系のエネルギースケールは M より十分低く，有効作用 (4.74) において，非線形項を摂動とみなすという取り扱いが正当化された．

4.4.4 3 点相関関数
4.4.4.1 3 点相互作用項

有効作用 (4.74) に含まれる 3 点相互作用項は

$$I_3 = \int d\eta d^3\vec{x}\, \mathcal{L}_3, \quad \mathcal{L}_3 = -\frac{-H\eta}{M^2} (-H\eta\pi_{\rm c})' (\vec{\nabla}\pi_{\rm c})^2 \tag{4.87}$$

で，対応する相互作用ハミルトニアンは

$$\mathbf{H}_3 = -\int d^3\vec{x}\, \mathcal{L}_3 \tag{4.88}$$

である（脚注 10 参照）．上述のように I_3 のスケーリング次元は $1/4$ なので，$\mathbf{H}_3 d\eta$ のスケーリング次元も $1/4$ である．

4.4.4.2 Bispectrum

In-in 形式の公式 (4.56) を用いると，tree level ($n = 1$) の NG ボソンの 3 点相関関数は

$$\langle \pi_{\vec{k}_1}(\eta) \pi_{\vec{k}_2}(\eta) \pi_{\vec{k}_3}(\eta) \rangle = i \int_{-\infty}^{\eta} d\eta' \langle [\mathbf{H}_3(\eta'), \pi_{\vec{k}_1}(\eta) \pi_{\vec{k}_2}(\eta) \pi_{\vec{k}_2}(\eta)] \rangle \quad (4.89)$$

のように与えられ，容易に計算できる．関係式 (4.29) により，これを $(-H)^3$ 倍すれば，曲率揺らぎ ζ の 3 点相関関数が得られる．十分時間が経ったあとでの **bispectrum** B_ζ を (4.59) で定義すると，結果は

$$B_\zeta(k_1, k_2, k_3) = \frac{2^{5/4}}{(\Gamma(1/4))^3 \alpha^2} \frac{1}{k_1^2 k_2^2 k_3^2} \left(\frac{H}{M} \right)^4$$
$$\times \left[I(\kappa_1, \kappa_2) + I(\kappa_2, \kappa_3) + I(\kappa_3, \kappa_1) \right], \quad (4.90)$$
$$I(\kappa_1, \kappa_2) = \frac{\kappa_1^2 + \kappa_2^2 - \kappa_3^2}{\kappa_1 \kappa_2} \int_0^\infty \frac{dz}{z} f(\kappa_1^2 z) f(\kappa_2^2 z) \sqrt{\kappa_3^2 z} f'(\kappa_3^2 z)$$

となる．ここで，

$$\kappa_i \equiv \sqrt{\frac{3k_i^2}{k_1^2 + k_2^2 + k_3^2}}, \quad f(z) \equiv z^{3/4} K_{3/4}(z) \quad (4.91)$$

を定義した．

Bispectrum (4.90) は，H^4 に比例しているが，この振る舞いはスケーリング解析により容易に理解できる．まず，π と $H_3 d\eta$ のスケーリング次元が両方とも $1/4$ であることから，(4.89) 右辺のスケーリング次元は 1 である．したがって，NG ボソン π の bispectrum は，系のエネルギースケール H に比例するはずである．曲率揺らぎ ζ の bispectrum はこれを $(-H)^3$ 倍すれば得られる（(4.29) 参照）ので，結局 H^4 に比例することになる．

4.4.4.3 非 Gauss 性の "大きさ" と "形"

"非 Gauss 性の大きさ" $f_{\mathrm{NL}}^{\mathrm{gc}}$ を，(4.63) に倣って

$$k^6 B_\zeta|_{k_1 = k_2 = k_3 = k} = -\frac{18}{5} \mathcal{P}_\zeta^2 f_{\mathrm{NL}}^{\mathrm{gc}} \quad (4.92)$$

で定義すると，

$$f_{\mathrm{NL}}^{\mathrm{gc}} \simeq \frac{82}{\alpha^{4/5}} \times \left(\frac{\mathcal{P}_\zeta^{1/2}}{4.8 \times 10^{-5}} \right)^{-4/5} \quad (4.93)$$

となる[27]．また，"非 Gauss 性の形" F_{gc} を，(4.90) を (4.92) で除したもので定義すると，$F_{\dot{\pi}(\partial_i \pi)^2}$ や F_{equil} と良く似た形になる．

4.5　有効場の理論の方法のまとめ

　本章では，スカラーテンソル理論を普遍的に記述する，有効場の理論 (effective field theory (EFT)) の方法を紹介した.

　まず，4.1 節では，全ての時空の中で最も対称性が高い，Minkowski 時空や de Sitter 時空上での有効場の理論を構成した．この有効場の理論はゴースト凝縮と呼ばれる．ゴースト凝縮の有効場の理論は，重力が計量 $g_{\mu\nu}$ とスカラー場 ϕ だけで記述されるという，スカラーテンソル理論の大前提を認めた上で，

① スカラー場の微分が，零でない一定の真空期待値 $\langle \partial_\mu \phi \rangle$ を持ち，それが時間的であるとする.

② 背景時空は Minkowski（または de Sitter）時空であるとする.

というたった 2 つの仮定から導かれた.

　4.2 節では，前節でのゴースト凝縮の有効場の理論を，一様等方宇宙に拡張した．その際の仮定は，

①' スカラー場（インフラトン）の微分が，零でない真空期待値 $\langle \partial_\mu \phi \rangle$ を持ち，それが時間的であるとする.

②' 背景時空の計量は，スカラー場の期待値が t のみの関数になるように時間座標 t を選んだ時，FLRW 計量 (4.8) とする.

というたった 2 つである．そのようにして得た有効理論の作用を初期宇宙における加速膨張，すなわちインフレーション宇宙に特化することで，インフレーションの有効場の理論 (EFT of inflation) と呼ばれているものを得た．同様の有効場の理論を現在の宇宙の加速膨張に適用したものは，ダークエネルギーの有効場の理論 (EFT of dark energy) と呼ばれる.

　4.3 節では，インフレーションの有効場の理論 (EFT of inflation) の応用として，インフレーション中に生成される宇宙揺らぎの非 Gauss 性について議論した．特に，非 Gauss 性のバロメータとも言える 3 点相関関数が，たった 2 つのパラメータで完全に記述できることを示した．非 Gauss 分布の揺らぎの 3 点相関関数には元々無限の種類があり得るが，たった 2 つのパラメータですんだのは，対称性の破れのパターンだけで低エネルギー有効作用の構造が決まるという有効場の理論の方法が，非常に強力なアプローチであることを示している.

　4.4 節では，系のアトラクターとして de Sitter 極限を考察した．この場合はゴーストインフレーションと呼ばれる模型に対応し，非 Gauss 性の大きさが有限の，近い将来観測可能な値になることを見た.

　Planck チームが観測データの解釈のために採用したことから分かるように，インフレーションの有効場の理論 (EFT of inflation) は，第 3 章で解説した

PPN 形式が太陽系スケールの重力について果たしてきたような役割を実際に果たしている. また, 本書では紙面数の都合で議論できなかったが, ダークエネルギーの有効場の理論 (EFT of dark energy) も, ダークエネルギーの研究において, 同様の役割を果たすことが期待されている.

第 5 章
Massive gravity

質量とスピンは，粒子や場を特徴づける最も基礎的な物理量である．そのため，重力子すなわちスピン 2 の場が零でない質量を持つ可能性，すなわち **massive gravity** についての研究は，1939 年に Fierz と Pauli が線形理論を提唱して以来，古典場の理論における重要な問題として長い歴史を持つ．しかし，1972 年に Boulware と Deser が非線形レベルでの不安定性を指摘してからは，長い間，重力子は質量を持てないだろうと考えられてきた．約 40 年後の 2010 年になってやっと，この不安定性の問題を解決する理論が，de Rham と Gabadadze と Tolley によって提唱された．本章では，1939 年から現在に至るまでの massive gravity 理論の進展と，その宇宙論への応用について解説する．

5.1 Fierz-Pauli 理論 (1939)

時空の計量 $g_{\mu\nu}$ を Minkowski 計量の周りで (2.24) のように展開した時，**Fierz と Pauli** の線形理論は，以下の作用によって与えられる[29]．

$$I_{\mathrm{FP}} = \frac{1}{16\pi G_{\mathrm{N}}} \int d^4 x \left(L_{\mathrm{EH}}^{(2)} + 2m^2 L_{\mathrm{FP}} \right). \tag{5.1}$$

ここで，G_{N} は重力定数 ((3.21) 参照)，

$$L_{\mathrm{EH}}^{(2)} = \frac{1}{4} \left[(2\partial_\nu h_{\mu\rho} - \partial_\rho h_{\mu\nu}) \partial^\rho h^{\mu\nu} + (\partial^\mu h - 2\partial_\nu h^{\mu\nu}) \partial_\mu h \right] \tag{5.2}$$

は Einstein-Hilbert 項 $\mathcal{L}_{\mathrm{EH}} \equiv \sqrt{-g}\mathsf{R}$ ((2.4) および (3.21) 参照) を $h_{\mu\nu}$ の 2 次まで展開して全微分項を落としたもので，重力子の運動項を与える．そして，

$$L_{\mathrm{FP}} = \frac{1}{8}(h^2 - h^{\mu\nu} h_{\mu\nu}), \tag{5.3}$$

は質量項である．以下で示すように，m は重力子の質量となる．本節では，添字の上下は $\eta^{\mu\nu}$ と $\eta_{\mu\nu}$ で行うこととし，$h \equiv h^\mu{}_\mu$ とする．質量項に寄与し得るのは h^2 と $h^{\mu\nu} h_{\mu\nu}$ の 2 種類が考えられるが，Fierz と Pauli は，これら 2 項の

係数を比を，(5.3) のように -1 に選んだ．このように選ばないと，ゴーストと呼ばれる負の運動エネルギーを持つ物理的自由度が現れ，まともな理論にならないからである．

作用 (5.1) に物質場の作用 I_{matter} を加え，$h_{\mu\nu}$ について変分すると，以下のような線形レベルでの運動方程式が得られる．

$$\mathsf{G}^{(1)}_{\mu\nu} = \frac{1}{2}m^2(h\eta_{\mu\nu} - h_{\mu\nu}) + 8\pi G_{\mathrm{N}}T^{(1)}_{\mu\nu}. \tag{5.4}$$

ここで，

$$\mathsf{G}^{(1)}_{\mu\nu} \equiv \frac{1}{2}(\partial_\mu\partial^\alpha h_{\nu\alpha} + \partial_\nu\partial^\alpha h_{\mu\alpha} - \Box h_{\mu\nu} - \partial_\mu\partial_\nu h) + \frac{1}{2}\eta_{\mu\nu}(\Box h - \partial^\alpha\partial^\beta h_{\alpha\beta}), \tag{5.5}$$

は Einstein テンソル $\mathsf{G}_{\mu\nu}$ を $h_{\mu\nu}$ の 1 次まで展開したもので，$T^{(1)}_{\mu\nu}$ はこのオーダーでの物質場のエネルギー運動量テンソル[*1)]である（(2.19) 参照）．また，$\Box \equiv \partial^\alpha\partial_\alpha$．

ここで，対称 2 階テンソル $h_{\mu\nu}$ の 10 成分のうち，独立な物理的自由度は 5 成分だけであることを示そう．まず，(5.4) の発散を計算すると，$\mathcal{O}(h_{\mu\nu})$ での Bianchi 恒等式 $\partial^\mu\mathsf{G}^{(1)}_{\mu\nu} = 0$ とエネルギー運動量テンソルの保存則（(2.23) 参照）$\partial^\mu T^{(1)}_{\mu\nu} = 0$ より

$$\partial^\mu h_{\mu\nu} = \partial_\nu h, \tag{5.6}$$

を得る．これは 1 階微分方程式なので，拘束条件とみなせる．次に，(5.4) のトレースを計算して (5.6) を使えば，

$$m^2 h = -\frac{16\pi G_{\mathrm{N}}}{3}T^{(1)}, \quad T^{(1)} \equiv \eta^{\mu\nu}T^{(1)}_{\mu\nu}, \tag{5.7}$$

を得る．これも，代数方程式なので拘束条件とみなせる．結局，(5.6) から 4 つ，(5.7) から 1 つの拘束条件を得たので，$h_{\mu\nu}$ の 10 成分のうち，独立な物理的自由度の数は $10 - 4 - 1 = 5$ である．特に，$T^{(1)} = 0$ の場合には，$h_{\mu\nu}$ は transverse-traceless（$\partial^\mu h_{\mu\nu} = 0 = h$）である．

次に，真空中（$T^{(1)}_{\mu\nu} = 0$）の分散関係を求める．

$$h_{\mu\nu} = e^{\mathrm{TT}}_{\mu\nu}e^{ik_\mu x^\mu}, \quad k^\mu e^{\mathrm{TT}}_{\mu\nu} = 0, \quad \eta^{\mu\nu}e^{\mathrm{TT}}_{\mu\nu} = 0, \tag{5.8}$$

を運動方程式 (5.4) で $T^{(1)}_{\mu\nu} = 0$ としたものに代入すれば，

$$k^\mu k_\mu + m^2 = 0, \tag{5.9}$$

を得る．したがって，パラメータ m は**重力子の質量**である．

---

*1)　線形レベルでは $h_{\mu\nu}$ に依存しないと仮定する．

5.2 70年代初頭における進展

本節では，1970年の van Dam と Veltman と Zakharov (vDVZ)[30], [31]，1972年の Vainshtein[32]，同じく1972年の Boulware と Deser[33] による重要な研究について解説する．

5.2.1 vDVZ 不連続性 (1970)

拘束条件 (5.6) と (5.7) を使って運動方程式 (5.4) を変形すると，

$$(\Box - m^2)h_{\mu\nu} = -16\pi G_{\rm N}\left(T_{\mu\nu}^{(1)} - \frac{1}{3}T^{(1)}\eta_{\mu\nu}\right) - \frac{16\pi G_{\rm N}}{3m^2}\partial_\mu\partial_\nu T^{(1)}\,, \quad (5.10)$$

となるので，Fourier 変換して

$$h_{\mu\nu}(x^\rho) = \int \frac{d^4k}{(2\pi)^4}e^{ik_\sigma x^\sigma}\tilde{h}_{\mu\nu}(k^\rho)\,, \quad (5.11)$$

$$T_{\mu\nu}^{(1)}(x^\rho) = \int \frac{d^4k}{(2\pi)^4}e^{ik_\sigma x^\sigma}\tilde{T}_{\mu\nu}^{(1)}(k^\rho)\,,$$

とすれば，

$$\tilde{h}_{\mu\nu} = \frac{16\pi G_{\rm N}}{k^2 + m^2}\left(\tilde{T}_{\mu\nu}^{(1)} - \frac{1}{3}\tilde{T}^{(1)}\eta_{\mu\nu} - \frac{k_\mu k_\nu}{3m^2}\tilde{T}^{(1)}\right)\,, \quad (5.12)$$

という解を得る．ここで，$\tilde{T}^{(1)} = \eta^{\mu\nu}\tilde{T}_{\mu\nu}^{(1)}$.

局所的な重力源として，

$$T_{\mu\nu}^{(1)}(x) = M\delta_\mu^0\delta_\nu^0\delta^3(\vec{x})\,, \quad (5.13)$$

すなわち

$$\tilde{T}_{\mu\nu}^{(1)}(k) = 2\pi M\delta_\mu^0\delta_\nu^0\delta(k^0)\,, \quad (5.14)$$

を考えよう．良く知られた積分の公式

$$\int \frac{d^3\vec{k}}{(2\pi)^3}e^{i\vec{k}\cdot\vec{x}}\frac{1}{k^2 + m^2} = \frac{1}{4\pi}\frac{e^{-mr}}{r}\,,$$

$$\int \frac{d^3\vec{k}}{(2\pi)^3}e^{i\vec{k}\cdot\vec{x}}\frac{k_i k_j}{k^2 + m^2} = -\partial_i\partial_j\left(\frac{1}{4\pi}\frac{e^{-mr}}{r}\right)\,,$$

を使えば，(5.11)-(5.12) により

$$h_{00}(x) = \frac{8G_{\rm N}M}{3}\frac{e^{-mr}}{r}\,, \quad h_{0i}(x) = 0\,,$$

$$h_{ij}(x) = \frac{4G_{\rm N}M}{3}\left(\delta_{ij} - \frac{\partial_i\partial_j}{m^2}\right)\frac{e^{-mr}}{r}\,, \quad (5.15)$$

を得る．ここで，$i, j = 1, 2, 3$. 注意すべきは，重力をプローブする物質の作用が一般座標変換に対して不変である場合には，プローブする物質にとっては上の解 $h_{ij}(x)$ の右辺第2項はゲージ変換に他ならないということである．した

がって，観測量だけに興味があれば，$h_{ij}(x)$ を

$$\mathrm{h}_{ij}(x) = \frac{4G_\mathrm{N}}{3}\delta_{ij}\frac{e^{-mr}}{r} = \frac{1}{2}h_{00}(x)\delta_{ij}, \tag{5.16}$$

で置き換えて構わない．最後の表式の係数 1/2 は，注目する長さのスケールを L として $mL \to 0$ の極限において，Parametrized Post-Newtonian (PPN) パラメータのひとつである γ を与える（(3.22) 参照）．つまり，

$$\gamma_{m\to 0} = \frac{1}{2}, \tag{5.17}$$

を得た．

　一方，最初から $m = 0$ の場合，すなわち一般相対論においては，

$$\tilde{h}_{\mu\nu} = \frac{16\pi G_\mathrm{N}}{k^2}\left(\tilde{T}_{\mu\nu} - \frac{1}{2}\tilde{T}\eta_{\mu\nu}\right), \tag{5.18}$$

となるので，同じ重力源 (5.13) に対して

$$h_{00}(x) = \frac{2G_\mathrm{N}M}{r}, \quad h_{0i}(x) = 0, \quad h_{ij}(x) = \frac{2G_\mathrm{N}M}{r}\delta_{ij} = h_{00}(x)\delta_{ij},$$

を得る．最後の表式の係数は 1 なので，PPN パラメータ γ は

$$\gamma_{m=0} = 1, \tag{5.19}$$

である（(3.43) 参照）．これと (5.17) を比較すると，massive gravity の零質量極限（$m \to 0$）と一般相対論（$m = 0$）の予言が一致しないことが分かる．これは，**vDVZ 不連続性**と呼ばれる[30], [31]．

　PPN パラメータ γ の値の 1 からのずれについては，(3.86) や (3.91) のように強い制限がついている．したがって，線形理論の予言を信じると，massive gravity はどんなに質量が小さくても観測から棄却されてしまう．

5.2.2　Vainshtein 半径 (1972)

　幸いにして，前小節で紹介した vDVZ 不連続性の発見の 2 年後，Vainshtein によって，massive gravity の零質量極限で線形近似が完全に破綻することが示された[32]．これは，前小節の線形理論の予言を信用できないこと，したがって非線形性を考慮する必要があることを意味する．

　線形近似の破綻を見るには，Fierz-Pauli 理論 (5.1) を非線形に拡張し，線形解 (5.15) への非線形補正が無視できなくなるほど大きくなることを示せばよいだろう．非線形理論の作用は，Einstein の等価原理によって存在が要請される物理的な計量 $g_{\mu\nu}$ と，それとは別の固定された計量 $f_{\mu\nu}$ およびそれらの差 $h_{\mu\nu} = g_{\mu\nu} - f_{\mu\nu}$ を使って，

$$I_\mathrm{NL} = \frac{1}{16\pi G_\mathrm{N}}\int d^4x\left(\mathcal{L}_\mathrm{EH} + 2m^2\mathcal{L}_\mathrm{NL}\right), \tag{5.20}$$

というものを考える[*2)]．ここで，$\mathcal{L}_\mathrm{EH} \equiv \sqrt{-g}\mathrm{R}$ は $g_{\mu\nu}$ の Einstein-Hilbert

---

*2)　次節で解説する dRGT 理論でも，Vaishtein 半径を同様に評価できる．

項で，

$$\mathcal{L}_{\mathrm{NL}} = \frac{\sqrt{-f}}{8} f^{\mu\nu} f^{\rho\sigma} (h_{\mu\nu} h_{\rho\sigma} - h_{\mu\rho} h_{\nu\sigma})\,,$$

$$f^{\mu\rho} f_{\rho\nu} = \delta^{\mu}_{\nu}\,, \tag{5.21}$$

とする．作用 (5.20) は $h_{\mu\nu}$ の非線形レベルで定義されているが，$f_{\mu\nu} = \eta_{\mu\nu}$ として $h_{\mu\nu}$ の 2 次まで展開すると Fierz-Pauli 理論に帰着する．作用 (5.20) から得られる運動方程式は，

$$\mathsf{G}^{\mu\nu} + \frac{\sqrt{-f}}{\sqrt{-g}} \frac{m^2}{2} (f^{\mu\rho} f^{\nu\sigma} - f^{\mu\nu} f^{\rho\sigma}) h_{\rho\sigma} = 0\,, \tag{5.22}$$

である．

球対称静的な計量

$$f_{\mu\nu} dx^\mu dx^\nu = -dt^2 + dr^2 + r^2 d\Omega_2^2,$$

$$g_{\mu\nu} dx^\mu dx^\nu = -N^2(r) dt^2 + C^2(r) dr^2 + A^2(r) r^2 d\Omega_2^2,$$

に対して，

$$N = 1 + \epsilon N_1 + \epsilon^2 N_2 + \mathcal{O}(\epsilon^3)\,,$$

$$C = 1 + \epsilon C_1 + \epsilon^2 C_2 + \mathcal{O}(\epsilon^3)\,,$$

$$A = 1 + \epsilon A_1 + \epsilon^2 A_2 + \mathcal{O}(\epsilon^3)\,,$$

のように摂動展開を適用する．まず，$\mathcal{O}(\epsilon)$ のオーダーで運動方程式 (5.22) は，

$$x N_1'' + 2 N_1' - x N_1 = 0\,, \quad A_1 = \frac{1}{x} N_1' - N_1\,, \quad C_1 = -\frac{1}{x} N_1'\,,$$

のようになる．ここで $x = mr$ で，$'$ は x に関する微分である．したがって，無限遠 $(x \to \infty)$ で零に近づく解は，

$$N_1 = -\frac{\alpha}{x} e^{-x}\,, \quad A_1 = \frac{\alpha}{x^3} (1 + x + x^2) e^{-x}\,, \quad C_1 = -\frac{\alpha}{x^3} (1 + x) e^{-x}\,, \tag{5.23}$$

となる．この解がどれくらい大きくなれば摂動展開が破綻するかを見るために，$x \ll 1$ での振る舞いを示すと，

$$N_1 \simeq -\frac{\alpha}{x}\,, \quad A_1 \simeq \frac{\alpha}{x^3}\,, \quad C_1 \simeq -\frac{\alpha}{x^3}\,, \tag{5.24}$$

となる．次に，2 次のオーダーでの運動方程式を解き，斉次解を α の再定義で吸収すると，$x \ll 1$ において

$$N_2 \simeq \frac{7}{24} \frac{\alpha^2}{x^6}\,, \quad A_2 \simeq -\frac{7\alpha^2}{x^8}\,, \quad C_2 \simeq \frac{49}{2} \frac{\alpha^2}{x^8}\,, \tag{5.25}$$

を得る．

1 次の解 (5.23) における（高次の斉次解を吸収後の）積分定数 α は，これを前節での解 (5.15) と $x \gg 1$ で比較すると，$h_{00} = -N^2 + 1$ により，

$$\alpha = \frac{4G_{\mathrm{N}}mM}{3}, \tag{5.26}$$

と決まる．1 次の解 (5.24) と 2 次の解 (5.25) が積分定数も含めて決まったので，両者を比較しよう．結果，

$$r_{\mathrm{V}} \equiv \left(\frac{G_{\mathrm{N}}M}{m^4}\right)^{1/5}, \tag{5.27}$$

で定義される半径よりも内側で，2 次の解が 1 次の解よりも大きくなることが分かる．この半径 r_{V} は **Vainshtein 半径**と呼ばれる．

Vainshtein 半径の内側では，摂動展開が破綻するため，線形理論すなわち Fierz-Pauli 理論の予言は信用できない．特に零質量極限 $(m \to 0)$ では，$r_{\mathrm{V}} \to \infty$ となるので，いたるところで摂動展開が破綻し線形理論を全く信用できなくなる．さらに Vainshtein は，非摂動的に解を求めれば，零質量極限は一般相対論に一致すると主張した．彼の主張は局所的な議論に基づいていたが，後に大局的な解が求められ，少なくとも球対称静的な場合には正しいことが示されている[34]*3)．重要なことは，物理的あるいは天文学的に興味のある系において r は有限であることと，質量 m を小さくしていくと Vainshtein 半径 r_{V} は際限なく大きくなることである．したがって，M を太陽質量として，m が十分小さければ Vainshtein 半径は太陽系の半径よりも十分大きくなり，太陽系内の観測によって一般相対論からのずれは見えなくなる．このように非線形効果によって一般相対論が回復する機構は，**Vainshtein 機構**と呼ばれている．

5.2.3 Boulware-Deser ゴースト (1972)

Vainshtein 機構の本質は非線形性である．非線形効果により，線形理論の抱えていた vDVZ 不連続性という問題を回避できる．しかし，同じ 1972 年に Boulware と Deser は，この非線形性により，別の新たな問題が生じることを示した[33]．Fierz-Pauli 理論は，(5.3) で 2 項の係数の比を -1 に選ぶことによって，線形レベルではゴーストを排除している．もしも -1 からずらすと，物理的自由度の数が 5 ではなく 6 になり，その際に現れる余分な自由度がゴーストとなる．Boulware と Deser は，係数の比が -1 であっても，非線形レベルでは物理的自由度の数が 5 ではなく 6 になり，その際に現れる余分な自由度がゴーストになると主張した．

本節では，(5.20)-(5.21) で定義される非線形理論に対し，物理的自由度の数が非線形レベルで実際に 6 であることを示す．簡単のため $f_{\mu\nu} = \eta_{\mu\nu}$ とし，計量 $g_{\mu\nu}$ を (2.53) のように (N, N^i, γ_{ij}) に分解[1]すると，

---

*3) ただし，一般相対論への収束は r に関して一様でない．重力子の質量 m がどんなに小さくても零でない限り，Vainshtein 半径の外側の領域が形式的には存在し，そこでは一般相対論は回復しない．したがって，形式的な $1/r$ による展開は意味をなさない．

$$I_{\mathrm{NL}} = \frac{1}{16\pi G_{\mathrm{N}}} \int dt d^3x \left[N\sqrt{\gamma} \left(R + K^{ij}K_{ij} - K^2 \right) + \frac{1}{4}m^2 \mathcal{L}_{\mathrm{m}} \right],$$

$$\mathcal{L}_{\mathrm{m}} = \delta^{ij}\delta^{kl}(h_{ij}h_{kl} - h_{ik}h_{jl})$$
$$- 2\delta^{ij}[h_{ij}(-N^2 + N_k N^k + 1) - N_i N_j], \tag{5.28}$$

となる．ここで，$h_{ij} \equiv \gamma_{ij} - \delta_{ij}$, R は γ_{ij} の Ricci スカラーで，N_i, γ, K_{ij}, K^{ij}, K は (2.54) と (2.57) で定義される．この作用は N と N^i の時間微分を含まないので，それぞれに共役な正準運動量は零となる．

$$\pi_N = 0, \quad \pi_i = 0. \tag{5.29}$$

一方，γ_{ij} に共役な正準運動量は

$$\pi^{ij} = \frac{1}{16\pi G_{\mathrm{N}}} \sqrt{\gamma}(K^{ij} - K\gamma^{ij}), \tag{5.30}$$

となり，これは容易に K_{ij} について逆解きでき，解は (2.60) で $\kappa^2 = 8\pi G_{\mathrm{N}}$ ((3.21) 参照) としたもので与えられる．したがって，一次拘束条件は (5.29) で全てである．系のハミルトニアンは，境界項を除いて

$$H = \int d^3\vec{x} \left[N\mathcal{H}_\perp + N^i \mathcal{H}_i + \lambda_N \pi_N + \lambda^i \pi_i - \frac{m^2 \mathcal{L}_{\mathrm{m}}}{64\pi G_{\mathrm{N}}} \right], \tag{5.31}$$

となる．ここで，

$$\mathcal{H}_\perp = \frac{16\pi G_{\mathrm{N}}}{\sqrt{\gamma}} \left(\pi^{ij}\pi_{ij} - \frac{1}{2}\pi^2 \right) - \frac{\sqrt{\gamma}}{16\pi G_{\mathrm{N}}} R,$$

$$\mathcal{H}_i = -2\sqrt{\gamma} D_j \left(\frac{\pi^j{}_i}{\sqrt{\gamma}} \right), \tag{5.32}$$

は零質量 ($m = 0$) の場合のハミルトニアン拘束条件と運動量拘束条件 ((2.63)-(2.64) および (3.21) 参照) で $\Lambda = 0$ としたもの，λ_N と λ^i は Lagrange の未定係数である．また，$\pi^j{}_i \equiv \pi^{jk}\gamma_{ki}$. 一次拘束条件が時間発展と無矛盾であること，すなわち

$$0 = -\frac{d}{dt}\pi_N = -\{\pi_N, H\}_{\mathrm{P}} \approx \mathcal{H}_\perp + \frac{m^2 N \delta^{ij} h_{ij}}{16\pi G_{\mathrm{N}}} \equiv \mathcal{C}_\perp,$$

$$0 = -\frac{d}{dt}\pi_i = -\{\pi_i, H\}_{\mathrm{P}} \approx \mathcal{H}_i - \frac{m^2 M_i{}^j N_j}{16\pi G_{\mathrm{N}}} \equiv \mathcal{C}_i, \tag{5.33}$$

を課すと，二次拘束条件 $\mathcal{C}_\perp \approx 0$, $\mathcal{C}_i \approx 0$ が得られる．ここで，Poisson 括弧は (2.61) で定義される．また，$M_i{}^j \equiv g_{ik}\delta^{kj} - h_{kl}\delta^{kl}\delta_i^j$. 容易に確かめられるように，これらの二次拘束条件は N と N^i について解くことができる．実際，拘束条件の間の Poisson 括弧からなる行列は，

$$
\begin{array}{c}
\begin{array}{cccc}
\pi_N & \pi_j & \mathcal{C}_\perp & \mathcal{C}_j
\end{array} \\
\begin{array}{c}
\pi_N \\
\pi_i \\
\mathcal{C}_\perp \\
\mathcal{C}_i
\end{array}
\left(
\begin{array}{cccc}
0 & 0 & \neq 0 & 0 \\
0 & 0 & 0 & \neq 0 \\
\neq 0 & 0 & & \\
0 & \neq 0 & &
\end{array}
\right) ,
\end{array}
\tag{5.34}
$$

という構造を持つので，その行列式は零でない．したがって，三次拘束条件は存在せず，これまでに得られた 8 つの拘束条件 $(\pi_N, \pi_i, \mathcal{C}_\perp, \mathcal{C}_i)$ は全て第二類である．なお，第一類と第二類の定義については，2.2.3.6 節の最終段落を参照されたい．

これで，物理的自由度の数を求める準備が整った．$(N, \pi_N, N^i, \pi_i, \gamma_{ij}, \pi^{ij})$ を座標とする元の位相空間は，20 次元である．系には 8 つの二類拘束条件があり，他に拘束が存在しないことが分かったので，物理的自由度を表す位相空間の次元は $20 - 8 = 12$，したがって，この系は，物理的自由度を 6 持つことになる．このうち 5 自由度は Fierz-Pauli の線形理論に既に存在していた自由度で，残りの 1 は非線形性によって現れた自由度である．この余分な 1 自由度が，Boulware と Deser が発見した非線形不安定性の根源である．そのため，この自由度は **Boulware-Deser** ゴースト（**BD** ゴースト）と呼ばれる．

5.3 dRGT 理論 (2010)

5.3.1 摂動展開による発見

Boulware と Deser (BD) が 1972 年に非線形レベルでの不安定性の存在を指摘してからは，長い間，単一の重力子は零でない質量を持てないだろうと考えられてきた．約 40 年後の 2010 年になってやっと，この不安定性の問題を解決する理論が，de Rham と Gabadadze によって発見された[35]．理論の作用を，

$$
I_{\mathrm{dRGT}} = \frac{1}{16\pi G_{\mathrm{N}}} \int d^4x \left[\mathcal{L}_{\mathrm{EH}} + 2m^2 \sqrt{-g} L_{\mathrm{dRGT}} \right] ,
\tag{5.35}
$$

のように，Einstein-Hilbert 項 $\mathcal{L}_{\mathrm{EH}} \equiv \sqrt{-g}\mathrm{R}$ と微分を含まない相互作用項 $\sqrt{-g}L_{\mathrm{dRGT}}$ の寄与の和とする．L_{dRGT} については，Minkowski 時空周りの摂動 $h_{\mu\nu} = g_{\mu\nu} - \eta_{\mu\nu}$ の各オーダーで，Lorentz 不変な項を全て考慮する．例えば，2 次と 3 次では，それぞれ

$$
c_1^{(2)} h^2 + c_2^{(2)} h^{\mu\nu} h_{\mu\nu}, \quad c_1^{(3)} h^3 + c_2^{(3)} h h^{\mu\nu} h_{\mu\nu} + c_3^{(3)} h^{\mu\nu} h_{\nu\rho} h^\rho{}_\mu .
\tag{5.36}
$$

ここで，着目するエネルギースケール E が，$m \ll E \ll M_{\mathrm{Pl}}$ を満たすとしよう．5.4 節で見るように，典型的には m は現在の宇宙の Hubble 膨張率程度に選ぶ．この場合は，Hubble 地平線よりも十分短く，かつ Planck 長よりは十分長いスケールを考えることに対応する．新たに $\Lambda_5 = (m^4 M_{\mathrm{Pl}})^{1/5}$ というスケー

ルを導入し，$E/\Lambda_5 = \mathcal{O}(1)$ を保ったまま，$m/E \to 0, M_{\rm Pl}/E \to \infty$ という極限を取ることにする[36]．これは **decoupling limit** と呼ばれ，この極限では作用が簡単になるという利点がある．Decoupling limit において，各オーダーでゴーストが出ないように係数を決めると，$c_2^{(2)} = -c_1^{(2)}, c_2^{(3)} = -3c_1^{(3)} + c_1^{(2)}/2,$ $c_3^{(3)} = 2c_1^{(3)} - c_1^{(2)}/2,$ のようになる．

言うまでもなく，2 次のオーダーでは，上述のように $c_2^{(2)} = -c_1^{(2)}$ とした上で m^2 の再定義によって $c_1^{(2)} = 1/8$ とすれば，Fierz-Pauli 質量項 (5.3) になる．したがって，2 次のオーダーで自由に決められるパラメータは，$L_{\rm dRGT}$ 全体にかかる m^2 だけである．3 次と 4 次のオーダーでは，((5.40) に示す作用における α_3 と α_4 に対応する）独立に与えられるパラメータがそれぞれ 1 つずつ残る．5 次以降で出てくる係数は全て，低次オーダーで出てきた 2 つのパラメータ (α_3, α_4) の値と，decoupling limit でゴーストが出ないという条件で完全に決まる，この作業は任意のオーダーまで続けることができ，したがって decoupling limit における Minkowski 時空の周りの摂動展開の，任意のオーダーまでゴーストのない理論を構成できる．得られる理論は，

1. Minkowski 時空を真空解として持ち，
2. Lorentz 対称性と並進対称性の両方（すなわち Poincaré 対称性）を尊重し，
3. decoupling limit において BD ゴーストを含まない，

という 3 条件の下で，最も一般的なものであり，重力定数 $G_{\rm N}$ と重力子の質量 m の他に 2 つのパラメータ (α_3, α_4) を持つ．

5.3.2 無限級数の足し上げ

上述のように，重力子の質量 m と 2 つの無次元パラメータ (α_3, α_4) を決めれば，条件 1.-3. を満たす massive gravity 理論の作用が完全に決まる．しかし，それぞれのパラメータに無限級数が付随するので，あまり便利な記述とは言えない．そこで，de Rham と Gabadadze に Tolley を加えた 3 人は，これらの無限級数を足し上げてコンパクトな形に書き表した[37]．そのため，この理論は，3 人のイニシャルを取って **dRGT 理論** と呼ばれる．

南部–Goldstone ボソンに対応するスカラー場 4 つ ϕ^a $(a = 0, 1, 2, 3)$ を導入することで一般座標変換不変性を回復させると，この理論は，ϕ^a と計量 $g_{\mu\nu}$ によって記述され，作用は場の空間における Poincaré 変換

$$\phi^a \to \phi^a + c^a, \quad \phi^a \to \Lambda^a{}_b \phi^b, \tag{5.37}$$

に対して不変になる．ここで，c^a は定数，$\Lambda^a{}_b$ は Lorentz 変換の行列 $(\eta_{cd}\Lambda^c{}_a\Lambda^d{}_b = \eta_{ab})$．したがって，作用は，

$$f_{\mu\nu} = \eta_{ab}\partial_\mu\phi^a\partial_\nu\phi^b, \tag{5.38}$$

を通じてのみ ϕ^a に依存する．4 つのスカラー場 ϕ^a は，**Stückelberg** 場とも

呼ばれる．テンソル $f_{\mu\nu}$ は，場の空間における Minkowski 計量 η_{ab} の時空への引き戻し (pullback) であり，**fiducial metric** とも呼ばれる．一方，物質場と直接結合する計量 $g_{\mu\nu}$ は，**physical metric** と呼ばれる．自己相互作用項 L_{dRGT} は，

$$\mathcal{K}^{\mu}_{\ \nu} = \delta^{\mu}_{\ \nu} - \mathcal{S}^{\mu}_{\ \nu}, \quad \mathcal{S}^{\mu}_{\ \rho}\mathcal{S}^{\rho}_{\ \nu} = g^{\mu\rho}f_{\rho\nu}, \tag{5.39}$$

によって定義されるテンソル $\mathcal{K}^{\mu}_{\ \nu}$ または $\mathcal{S}^{\mu}_{\ \nu}$ によって，

$$L_{\mathrm{dRGT}} = \sum_{n=2}^{4} \alpha_n L_n(\mathcal{K}) = \sum_{n=0}^{3} \beta_n L_n(\mathcal{S}) + \alpha_4 \frac{\sqrt{-f}}{\sqrt{-g}}, \tag{5.40}$$

のように書ける．ここで，$\alpha_2 = 1$ で，

$$L_0(X) = 1, \quad L_1(X) = [X], \quad L_2(X) = \frac{1}{2}\left([X]^2 - [X^2]\right),$$

$$L_3(X) = \frac{1}{6}\left([X]^3 - 3[X][X^2] + 2[X^3]\right),$$

$$L_4(X) = \frac{1}{24}\left([X]^4 - 6[X]^2[X^2] + 3[X^2]^2 + 8[X][X^3] - 6[X^4]\right), \tag{5.41}$$

角括弧は行列のトレース，β_n は以下のように与えられる．

$$\beta_0 = 6 + 4\alpha_3 + \alpha_4, \quad \beta_1 = -3 - 3\alpha_3 - \alpha_4,$$

$$\beta_2 = 1 + 2\alpha_3 + \alpha_4, \quad \beta_3 = -\alpha_3 - \alpha_4. \tag{5.42}$$

ここで，BD ゴーストの根源であるスカラー自由度に着目するため，$\phi^a = x^a + \eta^{ab}\partial_b\pi$，$g_{\mu\nu} = \eta_{\mu\nu}$ とすると，$\mathcal{K}^{\mu}_{\ \nu} = -\eta^{\mu\rho}\partial_\rho\partial_\nu\pi$ となる．これを $L_{2,3,4}(\mathcal{K})$ に代入すると，それぞれ全微分になる．すなわち，π は理論の作用に現れない．これが，BD ゴーストが少なくとも decoupling limit では現れない理由の一つである．

5.3.3 物理的自由度の数

dRGT 理論は，decoupling limit では BD ゴーストを含まないように定義されている．しかし，これは BD ゴーストが存在しないための必要条件であって十分条件ではない．十分でもあること，すなわち decoupling limit を取らなくても BD ゴーストがないことの証明は，Hassan と Rosen によってなされた[38],[39]．また，fiducial metric $f_{\mu\nu}$ が Minkowski 計量 (5.38) である場合だけでなく，もっと一般の

$$f_{\mu\nu} = \bar{f}_{ab}(\phi^c)\partial_\mu\phi^a\partial_\nu\phi^b, \tag{5.43}$$

という形であっても証明は成立する[39],[40]．ここで，$\bar{f}_{ab}(\phi^c)$ は場の空間 (field space) の計量である．ここでは，一般の fiducial metric (5.43) に対して，証明の概要を解説する．

まず，ユニタリゲージと呼ばれる座標条件（4.1.2 節および 4.2.3 節参照）

$$\phi^a = x^a,\tag{5.44}$$

を取ると，fiducial metric は $f_{\mu\nu} = \bar{f}_{\mu\nu}(x^\rho)$ のように，固定されたテンソルとなる．その上で，$g_{\mu\nu}$ と $f_{\mu\nu}$ を，それぞれ (2.53) と

$$f_{\mu\nu}dx^\mu dx^\nu = -M^2 dt^2 + f_{ij}^{(3)}(dx^i + M^i dt)(dx^j + M^j dt),\tag{5.45}$$

のように分解する．このまま系のハミルトニアンを計算すると，N と N^i の微分は含まないものの，N と N^i に関して非線形の表式になる．したがって，((5.33) の場合と同様に）一次拘束条件 $\pi_N = 0$ と $\pi_i = 0$ の時間発展との整合性から得られる二次拘束条件（それぞれ $\mathcal{C}_\perp \approx 0$ と $\mathcal{C}_i \approx 0$ と呼ぶ）が，単に N と N^i を決定する式になってしまうのではないかと心配になるかもしれない．もしそうなっていたとすると，（5.2.3 節の場合と同様に）物理的自由度の数は 6 となり，BD ゴーストを取り除けない．実際には，dRGT 理論の特殊な構造のため，$\mathcal{C}_i \approx 0$ を N^i について解いた解を $\mathcal{C}_\perp$ に代入すると，N に依存しなくなる．つまり，N^i について解いた後ではハミルトニアンが N について線形になる．

Hassan と Rosen による証明[38], [40] では，N^i に非線形の変数変換を施すことで，ハミルトニアンを N について陽に線形な形にしている．これが可能なことと，N^i について解いた後のハミルトニアンが N に線形になることとは同値である．もう少し具体的には，N^i の代わりとなるべき新たな空間ベクトル n^i を導入して

$$N^i = c_0^i + N c_1^i, \quad c_{0,1}^i = c_{0,1}^i(n^j, \gamma_{kl}),\tag{5.46}$$

のような関係を想定し，係数 $c_{0,1}^i$ は，$N\mathcal{S}^\mu{}_\nu$ が

$$N\mathcal{S}^\mu{}_\nu = A_{0\nu}^\mu + N A_{1\nu}^\mu, \quad A_{0,1\nu}^\mu = A_{0,1\nu}^\mu(n^i, \gamma_{jk}),\tag{5.47}$$

のように N に線形になるように決める．ここで，$A_{0\nu}^\mu$ は

$$A_0^{k+1} = [A_0]^k A_0, \quad (k = 1, 2, \cdots),\tag{5.48}$$

を満たす．結果として，dRGT 理論のハミルトニアンは

$$\begin{aligned}H_{\mathrm{dRGT}} = \int d^3x \{ &N\mathcal{H}_\perp + (c_0^i + N c_1^i)\mathcal{H}_i \\ &+ \lambda_N \pi_N + \lambda^i \tilde{\pi}_i + m^2(V_0 + N V_1)\},\end{aligned}\tag{5.49}$$

のように，N に関して線形で n^i に関して非線形になる．ここで，$\mathcal{H}_\perp$ と $\mathcal{H}_i$ は (5.32) で与えられ，π_N と $\tilde{\pi}_i$ は N と n^i に共役な正準運動量，λ_N と λ^i は Lagrange の未定係数，$V_{0,1} = V_{0,1}(n^i, \gamma_{ij})$ は n^i と γ_{ij} に依存するポテンシャルである．一次拘束条件 $\pi_N = 0$ と $\tilde{\pi}_i = 0$ の時間発展との整合性より，

$$0 \approx \mathcal{C}_\perp \equiv \mathcal{H}_\perp + c_1^i \mathcal{H}_i + m^2 V_1 \,,$$

$$0 \approx \mathcal{C}_i \equiv \mathcal{H}_i - \frac{m^2 \sqrt{\gamma}}{8\pi G_\mathrm{N}} \frac{f_{ij}^{(3)} n^j}{\sqrt{x}} \,, \quad x = M^2 - f_{kl}^{(3)} n^k n^l \,, \tag{5.50}$$

という二次拘束条件を得る．これらのうち，$\mathcal{C}_i \approx 0$ を

$$n^i = \frac{8\pi G_\mathrm{N} \sqrt{x}}{m^2 \sqrt{\gamma}} f_{(3)}^{ij} \mathcal{H}_j \,, \quad x = \frac{M^2}{1 + \left(\frac{8\pi G_\mathrm{N}}{m^2 \sqrt{\gamma}}\right)^2 f_{(3)}^{ij} \mathcal{H}_i \mathcal{H}_j} \,, \tag{5.51}$$

のように n^i について解くことができるので，$\tilde{\pi}_i = 0$ と合わせて，正準変数の対 $(n^i, \tilde{\pi}_i)$ を系から消去できる．ここで，$f_{(3)}^{ij}$ は $f_{ij}^{(3)}$ の逆行列．すると，ハミルトニアンは，

$$\tilde{H} = \int d^3x \left[\mathcal{H}_0 + (N + \tilde{N}) \mathcal{C}_\perp + \lambda_N \pi_N \right] \,, \tag{5.52}$$

となる．ここで，$\tilde{N}$ は $\mathcal{C}_\perp$ に対する Lagrange の未定係数で，

$$\mathcal{H}_0 = M^i \mathcal{H}_i + \frac{m^2 \sqrt{\gamma} M}{8\pi G_\mathrm{N}} \left[1 + \frac{8\pi G_\mathrm{N}}{m^2 \sqrt{\gamma}} f_{(3)}^{ij} \mathcal{H}_i \mathcal{H}_j \right]^{1/2} \,. \tag{5.53}$$

二次拘束条件 $\mathcal{C}_\perp$ 同士の Poisson 括弧は，

$$\{ \mathcal{C}_\perp(x), \mathcal{C}_\perp(y) \} \approx 0 \,, \tag{5.54}$$

となる[39]ので，$\mathcal{C}_\perp$ の時間発展より

$$0 \approx \tilde{\mathcal{C}}_\perp \equiv \frac{d}{dt} \mathcal{C}_\perp \approx \int d^y \{ \mathcal{C}_\perp(x), \mathcal{H}_0(y) \} \,, \tag{5.55}$$

のように，三次拘束条件を得る．

拘束条件 π_N, $\mathcal{C}_\perp$, $\tilde{\mathcal{C}}_\perp$ のうち，π_N はすべての拘束条件との Poisson 括弧が零である．一方，残り 2 つの拘束条件の間の Poisson 括弧からなる行列は，

$$\begin{array}{cc} & \begin{array}{cc} \mathcal{C}_\perp & \tilde{\mathcal{C}}_\perp \end{array} \\ \begin{array}{c} \mathcal{C}_\perp \\ \tilde{\mathcal{C}}_\perp \end{array} & \left(\begin{array}{cc} 0 & \neq 0 \\ \neq 0 & \end{array} \right) \,, \end{array}$$

という構造を持つので，その行列式は零でない．したがって，π_N は**第一類拘束条件**，$\mathcal{C}_\perp$ と $\tilde{\mathcal{C}}_\perp$ は**第二類拘束条件**で，他に拘束条件はない[*4]．つまり，$(n^i, \tilde{\pi}_i)$ を消去した後の 14 次元位相空間 $(N, \pi_N, \gamma_{ij}, \pi^{ij})$ において，一類拘束条件が 1 つ，二類拘束が 2 つあるということになる．したがって，物理的位相空間の次元は $14 - 1 \times 2 - 2 = 10$ で，物理的自由度の数は 5 である．これは Fierz-Pauli 理論の物理的自由度の数と一致するので，dRGT 理論に BD ゴーストはないと結論づけられる．

[*4] 第一類と第二類の区別については，2.2.3.6 節の最終段落を参照．

5.4　dRGT 理論の宇宙論解と安定性

　理論的整合性を持つ massive gravity 理論の候補が見つかったので，多くの研究者が，それを宇宙論に応用して，加速膨張などの宇宙の謎に挑戦したいと考え始めた．なぜなら，ダークエネルギーは，一般相対論が正しければ必要だが，重力の振る舞いが長距離で変更を受ければ，もしかすると必要ないかもしれないからである．

5.4.1　宇宙膨張が許されない? (2011)

　しかし，dRGT 理論を発見した 3 人を含む 6 人は，dRGT 理論には平坦な一様等方膨張宇宙を表す解が存在しないことを見つけてしまった[41]．もともと dRGT 理論は，場の空間における Poincaré 変換 (5.37) に対して不変になるように作られていて，場の空間の計量は Minkowski 計量，すなわち $\bar{f}_{ab} = \eta_{ab} = \mathrm{diag}(-1,1,1,1)$ である．つまり，(5.38) の $f_{\mu\nu}$ は場の空間における Minkowski 計量の引き戻し (pullback)，すなわち Minkowski 時空を任意の座標で表したものである．彼らは，この場合に，ユニタリゲージ (5.44) を採用し，physical metric の ansatz として平坦な一様等方時空 ((4.8) で $\mathfrak{K} = 0$，すなわち $\Omega_{ij}^{\mathfrak{K}} = \delta_{ij}$ の場合)

$$g_{\mu\nu}dx^\mu dx^\nu = -N^2(t)dt^2 + a^2(t)(dx^2 + dy^2 + dz^2)\,, \tag{5.56}$$

を仮定した．ここで，$N(t)\,(>0)$ はラプス関数，$a(t)\,(>0)$ はスケール因子である．この場合には，恒等式*5)

$$\nabla_\nu\left(\frac{2}{\sqrt{-g}}\frac{\delta I_{\mathrm{dRGT}}}{\delta g_{\mu\nu}}\right) = \frac{1}{\sqrt{-g}}\frac{\delta I_{\mathrm{dRGT}}}{\delta\phi^a}g^{\mu\nu}\partial_\nu\phi^a\,, \tag{5.57}$$

の左辺を計算すれば，そこから ϕ^a の運動方程式を読み取ることができる．その結果，彼らが得たのは，

$$\dot{a}(t) = 0\,, \tag{5.58}$$

つまり宇宙膨張が許されないという結論であった．私たちの宇宙が膨張していることは観測から明らかであるから，このままでは宇宙の謎に挑戦するどころか，現実世界を表すことができない．

5.4.2　開いた一様等方加速膨張解 (2011)

　そこで，(5.44) とは違う $\phi^a(x)$ を選べないか考えてみよう[42]．ただし，一様等方解を得るためには，$f_{\mu\nu}$ が一様等方に見えるように $\phi^a(x)$ を選ばなければならない．これは，Minkowski 時空において，計量が陽に一様等方に見える座

---

*5)　I_{dRGT} が一般の微小座標変換で不変であることからしたがい，証明は (2.23) と同様．

標を選ぶことと数学的には等価である．Minkowski 時空は，どのように座標を選んでも閉じた $(\mathfrak{K} > 0)$ 一様等方時空の形にできないが[*6]，開いた $(\mathfrak{K} < 0)$ 一様等方時空の形（**Milne 時空**と呼ばれる）にすることはできる．したがって，閉じた一様等方宇宙論解は存在しない（ansatz さえ書けない）が，開いた解が存在する可能性はあると考えられる．平坦な $(\mathfrak{K} = 0)$ 場合はこれら 2 つの場合の境界であるが，前節で述べた理由で膨張解は存在しない．

Minkowski 座標から Milne 座標への変換則にならい，

$$\phi^0 = f(t)\sqrt{1 + |\mathfrak{K}|\delta_{ij}x^i x^j}\,, \quad \phi^i = \sqrt{|\mathfrak{K}|}f(t)x^i\,, \tag{5.59}$$

という座標条件を採用する[*7]．ここで，$f(t)$ は t の任意の正の増加関数で，$\mathfrak{K}$ は負の定数である．すると，fiducial metric は，

$$f_{\mu\nu} \equiv \eta_{ab}\partial_\mu\phi^a\partial_\nu\phi^b = -\left(\dot{f}(t)\right)^2\delta_\mu^0\delta_\nu^0 + |\mathfrak{K}|f(t)^2\Omega_{ij}^{\mathfrak{K}}\delta_\mu^i\delta_\nu^j\,, \tag{5.60}$$

のように Milne 時空の計量となる．ここで，

$$\Omega_{ij}^{\mathfrak{K}} = \delta_{ij} + \frac{\mathfrak{K}\delta_{ik}\delta_{jl}x^k x^l}{1 - \mathfrak{K}\delta_{mn}x^m x^n}\,, \tag{5.61}$$

は曲率定数 $\mathfrak{K}$ の定曲率空間の計量．Physical metric $g_{\mu\nu}$ については，一般の開いた一様等方計量（(4.8) で $\mathfrak{K} < 0$ の場合）

$$g_{\mu\nu}dx^\mu dx^\nu = -N(t)^2 dt^2 + a(t)^2\Omega_{ij}^{\mathfrak{K}}dx^i dx^j\,, \quad \mathfrak{K} < 0 \tag{5.62}$$

を仮定する．これらを dRGT 理論の作用 (5.35) および物質場の作用に代入し，全作用を $f(t)$ で変分すると，

$$(\dot{a} - \sqrt{|\mathfrak{K}|}N)\,J(X) = 0\,, \quad X \equiv \frac{\sqrt{|\mathfrak{K}|}f}{a}\,, \tag{5.63}$$

を得る．ここで，

$$J(X) = (3 - 2X) + \alpha_3(3 - X)(1 - X) + \alpha_4(1 - X)^2\,, \tag{5.64}$$

である．この方程式には 3 つの解があるが，最初の解 $\dot{a} = \sqrt{|\mathfrak{K}|}N$ を選ぶと $f_{\mu\nu}$ だけでなく $g_{\mu\nu}$ も Milne 計量，すなわち Minkowski 計量を座標変換しただけのものになってしまう．これでは私たちの宇宙を表すことができないので，$J(X) = 0$ の 2 つの解を $X = X_\pm$ として，

$$a = \frac{\sqrt{|\mathfrak{K}|}f}{X_\pm}\,, \tag{5.65}$$

とするしかない．これらの解で $\mathfrak{K} \to 0$ の極限を取ると f が発散するか a が零

[*6]　FLRW 計量 (4.8) に対して $\mathsf{G}_t^t = -3(H^2 + \mathfrak{K}/a^2)$ であるが，Minkowski 時空に対して左辺は零．したがって，$\mathfrak{K} > 0$ にはできない．

[*7]　この座標条件のもとで陽に一様等方な $g_{\mu\nu}$ を仮定するのと，前節で採用した座標条件 (5.44) のもとで同様の仮定をするのとは，物理的に異なる．

となって意味をなさない．また，(5.63) の最初の解 $\dot{a} = \sqrt{|\mathfrak{K}|}N$ で $\mathfrak{K} \to 0$ とすると (5.58) を得る．したがって，既に前節で見たように，平坦な ($\mathfrak{K} = 0$) 膨張宇宙解は存在しない．

もう一つの独立な方程式[*8)]は，全作用を $N(t)$ で変分して (5.65) を代入すれば得られ，以下のような（修正された）Friedmann 方程式になる．

$$H^2 + \frac{\mathfrak{K}}{a^2} = \frac{8\pi G_{\mathrm{N}}}{3}(\rho_{\mathrm{matter}} + \Lambda_{\pm}), \quad H \equiv \frac{\dot{a}}{Na}. \tag{5.66}$$

ここで，ρ_{matter} は物質の全エネルギー密度で，

$$\frac{\Lambda_{\pm}}{m^2} \equiv (X_{\pm} - 1)\left[3(2 - X_{\pm}) + \alpha_3(1 - X_{\pm})(4 - X_{\pm}) + \alpha_4(1 - X_{\pm})^2\right], \tag{5.67}$$

である．もしも $\Lambda_{\pm} > 0$ であれば，ρ_{matter} がダークエネルギーを含まなくても宇宙は加速膨張する．この解は **self-accelerating 解**と呼ばれ，重力子の質量項が宇宙項の役割を果たしている．

以上の議論は，場の空間の計量 $\bar{f}_{ab}(\phi^c)$ が Minkowski の場合であった．それ以外の場合，たとえば de Sitter の場合には，平坦 ($\mathfrak{K} = 0$)，閉じた ($\mathfrak{K} > 0$)，開いた ($\mathfrak{K} < 0$) 一様等方宇宙が許される．これは，de Sitter 時空を 3 種類の一様等方宇宙のどの形にも書けることの帰結である．場の空間の計量が一般の一様等方膨張計量の場合も，独立な方程式は 2 つあり，(5.63) は

$$(aH - \alpha H_f)J(X) = 0, \quad X \equiv \frac{\alpha}{a}, \tag{5.68}$$

で置き換えられる．ここで，α と H_f は fiducial metric のスケール因子および膨張率で，$J(X)$ は (5.64) で定義される．もう一つの方程式すなわち（修正された）Friedmann 方程式は，$\Lambda_{\pm}$ の値も含め (5.66) と同じになる[43]．ただし，$\mathfrak{K}$ は正負零のどの値も取れる．

5.4.3 線形摂動の不思議な振る舞い (2011)

$J(X) = 0$ で特徴づけられる 2 つの self-accelerating 一様等方宇宙論解が見つかったので，次にすべきは，その周りの線形摂動の振る舞いを調べることであろう．摂動変数を，3 次元空間のスカラーとその空間微分で書ける部分，transverse なベクトルとその空間微分で書ける部分，transverse-traceless なテンソルで書ける部分に分解すると，背景解の一様等方性により，それぞれを独立に解析することができる．詳細は述べないが，摂動から作ったゲージ不変量の 2 次の作用を計算すると，スカラー摂動とベクトル摂動に関しては，一般相

[*8)] 採用した ansatz は一様等方なので，g_{0i} と ϕ^i の運動方程式は自動的に満たされる．したがって，全作用を $N(t)$ と $a(t)$ と $f(t)$ について変分すれば，運動方程式の全ての独立な成分が得られることになる．ただし，恒等式 (5.57) により，これらのうち独立な方程式は 2 つだけである．

対論と全く同じものが得られる．テンソル摂動に関しては，膨張宇宙における
重力波の2自由度が質量を持つことを確認できる．したがって，一般相対論と
の違いが現れるのはテンソル摂動のみである[43].

　重力波の2自由度の質量には，今のところ 10^{-22} eV 程度の上限がついている
だけである．一方，（修正された）Friedmann 方程式 (5.66) 中の新しい項 (5.67)
によって現在の宇宙の加速膨張を説明しようとすると，重力波の質量は 10^{-33} eV
程度の値を想定することになる．したがって，テンソル摂動以外は一般相対論
と同じというこの結果を信じれば，観測的には一般相対論（＋宇宙項）と全く
区別がつかないことになる．これは，一見良い結果のように思えるかもしれな
い．しかし，そのように考えるのは早計である．dRGT 理論には，重力の自由
度が5つあるはずである．それに対し，摂動の2次の作用に現れたのは2つの
テンソル自由度だけである．残りの3自由度は，どこにどうやって隠れている
のだろうか？

5.4.4　新しい非線形不安定性 (2012)

　線形（作用では2次）レベルで隠れている3つの自由度も，非線形レベルで
は現れるはずである．したがって，非線形の解析をすれば，これら3自由度の
運命が分かるだろう．しかし，一般の非線形解析は簡単でないので，以下のよ
うに簡略化した非線形解析を行う[44].

　まず，一様等方な背景解を変形し，一様非等方な背景解を構成する．ここで，
非等方性は零ではないが十分小さいとする．具体的には，解析を簡単にするた
め Bianchi I と呼ばれる時空に軸対称性を課し，

$$g_{\mu\nu}dx^\mu dx^\nu = -N^2(t)dt^2 + a^2(t)[e^{4\sigma(t)}dx^2 + e^{-2\sigma(t)}(dy^2 + dz^2)], \quad (5.69)$$

という形の背景解を考える．一方，fiducial metric は，

$$f_{\mu\nu}dx^\mu dx^\nu = -n^2(t)dt^2 + \alpha^2(t)[dx^2 + dy^2 + dz^2], \quad (5.70)$$

とする．この解で $\sigma = 0$ とすれば，平坦な ($\mathcal{K} = 0$) 一様等方解となる．次に，
この一様非等方 ($\sigma \neq 0$) 解の上の線形摂動を考える．背景が等方ではないので，
線形摂動を空間のスカラーとベクトルとテンソルに分解してもそれぞれを独立
に解析することはできないが，軸対称性により，線形摂動を xy 平面上のパリ
ティで分類して偶奇それぞれを独立に解析することはできる．この線形摂動は，
$\sigma \neq 0$ であれば，元の一様等方 ($\sigma = 0$) な背景解の周りの非線形摂動とみなす
ことができる．このようにして，変形した背景解上で摂動の2次の作用を計算
すると，実際に5つの自由度が現れる．そして，σ は0ではないが1に比べて
十分小さいと想定すると，5つの自由度のうち3つの自由度の運動項の係数は
$\mathcal{O}(\sigma)$ であることが分かる．したがって，背景が等方になる極限 ($\sigma \to 0$) で消え
る．これが，一様等方な背景の周りで3つの自由度が隠れていた仕組みである．

では，$\mathcal{O}(\sigma)$ で現れる3つの運動項の係数の符号はどうだろうか? 等方な極限でテンソル成分となる2自由度は，パリティ奇と偶のセクターそれぞれに1つずつ振り分けられていて，$\mathcal{O}(1)$ の正の運動項を持つ．パリティ奇のセクターには計2の自由度があり，そのうち一つはたった今説明したように $\mathcal{O}(1)$ の正の運動項を持つが，もう一つは $\mathcal{O}(\sigma)$ の運動項を持つ．ここで問うているのは，後者の符号である．$\mathcal{O}(\sigma)$ であることから容易に想像できるように，答えは σ の符号に依る．理論のパラメータ $(m^2, \alpha_3, \alpha_4)$ を固定した上で，$\sigma > 0$ つまり x 方向の方が yz 方向よりも伸びている場合には運動項は正（または負），$\sigma < 0$ つまり x 方向の方が yz 方向よりも縮んでいる場合には運動項は負（または正）というようになる．したがって，背景解の変形の仕方を適切に選べば，つまり一様等方背景解へ近づく初期条件を適切に選べば，パリティ奇のセクターについては運動項を全て正にできるということになる．一方，パリティ偶のセクターには計3の自由度があり，そのうち一つは $\mathcal{O}(1)$ の正の運動項，残りの2つが $\mathcal{O}(\sigma)$ の運動項を持つ．困ったことに，後者2つの $\mathcal{O}(\sigma)$ の運動項の係数は，符号がお互いの逆になってしまっている．したがって，σ の符号に関わらず，どちらか一つは必ず負になってしまう．つまり，一様等方背景解へ近づく初期条件をどのように選んでも，必ずゴースト不安定性があることになる[44]．

　この不安定性は dRGT 理論の5自由度の中で起こるものであるから，Boulware と Deser が1972年に発見した **BD ゴースト**とは全く異なる．また，非線形レベルで初めて現れる不安定性であるから，**Higuchi ゴースト**[45]と呼ばれる線形レベルの不安定性でもない[*9]．したがって，新しいタイプの**非線形ゴースト**の発見と言える．いずれにせよ，5.4.2節で解説した加速膨張宇宙解は完全に不安定である．

　一方，fiducial metric が一般の一様等方計量の場合，(5.68) にはもう一つ $aH = \alpha H_f$ で特徴づけられる解が存在する．こちらは $J(X) = 0$ を満たす必要がないから不安定とは限らないではないか，と考えるかもしれない．しかし残念ながら，こちらの解も，前述の Higuchi ゴーストにより不安定である．重力子の質量を十分大きく取れば，低エネルギーでは不安定性を回避できるが，この場合には，重力子の質量が観測からの上限を超えてしまう．したがって，dRGT 理論における一様等方宇宙論解は，全て不安定である．

5.4.5　等方性を破る解 (2012)

　前小節で解説した非線形不安定性は，微小な非等方性 ($|\sigma| \ll 1$) を導入することで現れた．では，非等方性 σ を $\mathcal{O}(1)$ にしたらどうなるだろうか? Higgs 場のポテンシャルは原点近くでは不安定だが，真空期待値が有限の大きさを持つところで最小値を持って安定になる（図 4.1 参照）．同じように，dRGT 理

---

*9)　$J(X) = 0$ で特徴づけられる解の周りには，線形レベルでのスカラー摂動とベクトル摂動が存在しないので，そもそも Higuchi 条件は適用されない．

論も，非等方性が有限の大きさを持つところで安定になることはないだろうか？もし安定な領域があるのならば，そこに系のアトラクターは存在しないだろうか？ もしも存在するのであれば，初期条件をアトラクターの近くに選べば，安定な領域にとどまる可能性もあるだろう．

簡単のため，物質場は考えずに重力だけの系を考えることにし，fiducial metric は de Sitter ((5.70) で $H_f \equiv \dot{\alpha}/(n\alpha)$ を正の定数としたもの)，physical metric は軸対称な Bianchi I (5.69) とする．この系に対し，$H \equiv \dot{a}/(Na)$ と $X \equiv \alpha/a$ と σ が定数となる解を探す．前節の結果により，$\sigma = 0$ の解は不安定であることが分かっているので，興味があるのは $\sigma \neq 0$ の解である．そのような解を全て求めて分類した後，それらの局所的な安定性は，空間的に一様な線形摂動の解析によって調べればよい．局所的に安定な解に絞り込んだ後，それらの解が大局的にも安定かどうかは，phase portrait 等の非線形解析の手法を使って数値的に調べられる．その結果，非等方性 σ が $\mathcal{O}(1)$ の領域に，アトラクターとなる解が見つかっている[46]．また，その周りの非一様な摂動に対する安定性も調べられている[47]．

このアトラクター解で physical metric だけに着目すると，実は一様等方である．計量 (5.69) において σ は定数 (σ_* とする) なので，$\tilde{x} \equiv e^{2\sigma_*}x$, $\tilde{y} \equiv e^{-\sigma_*}y$, $\tilde{z} \equiv e^{-\sigma_*}z$ とすれば，

$$g_{\mu\nu}dx^\mu dy^\nu = -N^2(t)dt^2 + a^2(t)(d\tilde{x}^2 + d\tilde{y}^2 + d\tilde{z}^2)\,, \qquad (5.71)$$

となり，明らかに一様等方である．通常の物質場が直接相互作用する計量は $g_{\mu\nu}$ であるから，この解に基づいて，標準宇宙論と同じような熱史を持つ宇宙論を構築することができるだろう．一方，この座標系において，fiducial metric は

$$f_{\mu\nu}dx^\mu dx^\nu = -n^2(t)dt^2 + \alpha^2(t)[e^{-4\sigma_*}d\tilde{x}^2 + e^{2\sigma_*}(d\tilde{y}^2 + d\tilde{z}^2)]\,, \quad (5.72)$$

となり，非等方になる．つまり，$g_{\mu\nu}$ と $f_{\mu\nu}$ のどちらかが等方に見えるように座標系を選ぶことはできるが，2 つの計量が同時に等方に見えるような座標系は存在せず，したがって系全体としては等方性を破っている．そのため，このアトラクター解は，**非等方 FLRW 解**と呼ばれる．この解の上の非一様な摂動は，重力を通じて $g_{\mu\nu}$ の背景解と $f_{\mu\nu}$ の両方から影響を受けるはずであるから，仮に統計的に等方な初期条件から始めても，時間発展とともに統計的非等方性が生じるだろう．ただし，$m^2 \to 0$ の極限では一般相対論に戻るはずであり，$G_{\mathrm{N}} \to 0$ の極限では重力の効果が無視できるはずであるから，これら 2 つの極限それぞれで非等方性の効果はなくなるはずである．したがって，摂動の統計的非等方性は，$G_{\mathrm{N}}m^2$ のオーダーかそれよりも小さいと予想される．

5.5 新しい理論への発展

前節で解説したように，dRGT 理論における一様等方な宇宙論解は，全て不安定である．この不安定性を回避して，massive gravity における現実的な宇宙論を始めるためには，2 つのアプローチがある．一つは，同じ理論において新しいタイプの宇宙論解を見つけることである．たとえば，5.4.5 節で解説したように，等方性を通常の物質からは見えないところで破れば，新しい宇宙論解，すなわち非等方 FLRW 解が見つかる．また，重力子のコンプトン長程度のスケールで一様性を破るという可能性も指摘されている[41]．もう一つのアプローチは，新たな理論を構築することである．これまでに，いくつかの新しい理論において，安定な一様等方宇宙論解が見つかっている．本節では，bigravity と minimal theory of massive gravity (MTMG)，minimal theory of bigravity (MTBG) について紹介する．

5.5.1 Bigravity (2011)

dRGT 理論において，(5.38) あるいは (5.43) で定義されるテンソル $f_{\mu\nu}$ は，運動項を持たない．それに対し，$g_{\mu\nu}$ だけでなく $f_{\mu\nu}$ にも運動項（Einstein-Hilbert 項）を与えることで，2 つの計量を同等の立場で扱うのが bigravity（bimetric gravity とも呼ばれる）である．質量を持たない重力子と質量を持つ重力子の両方を含むので，物理的自由度の数は $2 + 5 = 7$ である．ここで，2 と 5 はそれぞれ，質量を持たない重力子と質量を持つ重力子の自由度の数である．この理論は Hassan と Rosen[48] によって構成されたので，**Hassan-Rosen bigravity (HRBG)** とも呼ばれる．

HRBG における一様等方宇宙論解も，(5.68) を満たす．したがって $J(X) = 0$ か $aH = \alpha H_f$ かの選択肢があるが，$J(X) = 0$ を選ぶと，3 つの自由度が線形摂動のレベルでは見えない．これでは，dRGT 理論の場合と同様，非線形レベルで不安定になる．そこで $aH = \alpha H_f$ を選ぶことになるが，Higuchi ゴースト（5.4.4 節の最後に述べた線形レベルでの不安定性）や強結合（相互作用が大きくなって量子補正を無視できなくなる問題）を回避するためには，質量 m をある程度大きく取る必要がある．さらに，m が $m^2 \gg 8\pi G_{\mathrm{N}} \rho_{\mathrm{matter}}$ を満たしていれば，質量を持つ重力子は宇宙の発展に寄与しないので，背景解は一般相対論と同様の振る舞いをするようになる．ここで，ρ_{matter} は物質の全エネルギー密度である．dRGT 理論とは違い，質量を持たない重力子もあるので，m を十分大きく取っても観測と必ずしも矛盾しない[49], [50]．ただし，この場合には bigravity の質量項は大きすぎて，ダークエネルギーの代わりにすることはできない．

Bigravity をダークエネルギーの代わりにするのは難しそうだが，重力波の現象論としては，**重力子振動**と呼ばれる面白い可能性が指摘されている[49]．質量項が $g_{\mu\nu}$ と $f_{\mu\nu}$ を混合させるので，$g_{\mu\nu}$ の摂動 $\delta g_{\mu\nu}$ と $f_{\mu\nu}$ の摂動 $\delta f_{\mu\nu}$ は，質

量項を対角化する基底，すなわち質量を持つ重力子 $h_{\mu\nu}^{\text{massive}}$ と質量を持たない重力子 $h_{\mu\nu}^{\text{massless}}$ の線形結合となる．したがって，ニュートリノ振動と同様に，重力子も伝搬中に状態間を振動することが期待される．重力波は物質の運動，たとえば中性子星同士の合体によって生成されるので，まずは物質と直接結合する $\delta g_{\mu\nu}$ が励起される．これは，$h_{\mu\nu}^{\text{massive}}$ と $h_{\mu\nu}^{\text{massless}}$ の両方が励起されることを意味する．しかし，$h_{\mu\nu}^{\text{massive}}$ と $h_{\mu\nu}^{\text{massless}}$ は，質量の有無の違いにより伝搬の仕方が異なる．結果として，伝搬中に 2 つの状態 $\delta g_{\mu\nu}$ と $\delta f_{\mu\nu}$ の間を振動することになる．当然ながら，重力波望遠鏡等で観測されるのは伝搬後の $\delta g_{\mu\nu}$ である．

また，質量を持つ重力子 $h_{\mu\nu}^{\text{massive}}$ は，ダークマターの候補にもなり得る．上述のように，重力波すなわち質量を持たない重力子 $h_{\mu\nu}^{\text{massless}}$ が生成される状況では，同時に $h_{\mu\nu}^{\text{massive}}$ も生成される．たとえば，初期宇宙のインフレーションの終わりには，インフラトンの運動エネルギーが輻射のエネルギーに転化される．このプロセスは再加熱と呼ばれているが，その初期段階である preheating 時には，近い将来観測可能なほどの重力波が生成される可能性があると考えられている．重力が bigravity によって記述されているのであれば，その際に，質量を持つ重力子も生成されるはずであり，これが宇宙のダークマターの正体である可能性も指摘されている[51]．

5.5.2 Minimal theory of massive gravity (2015)

5.4.4 節で見たように，dRGT 理論では全ての一様等方宇宙論解が不安定だが，その根源はスカラーおよびベクトル自由度であった．では，長年 massive gravity に取り憑いていた BD ゴーストを dRGT 理論が排除したように，重力セクターにスカラーおよびベクトル自由度のない理論は作れないだろうか？ ただし，重力波に対応するテンソル 2 自由度は残し，少なくとも重力子のコンプトン長よりも十分短距離では一般相対論と同じように振る舞うようにしたい．また，できることであれば，$J(X) = 0$ で特徴づけられる，ダークエネルギーがなくても宇宙膨張を加速する背景宇宙論解も残したい．これらの要求を全て満たす理論は，dRGT 理論を出発点として，以下のような 3 ステップで構成することができる[52]．

まず最初のステップとして，physical metric $g_{\mu\nu}$ と fiducial metric $f_{\mu\nu}$ を，

$$g_{\mu\nu} = \eta_{\mathcal{AB}} e_{\ \mu}^{\mathcal{A}} e_{\ \nu}^{\mathcal{B}}, \quad f_{\mu\nu} = \eta_{\mathcal{AB}} E_{\ \mu}^{\mathcal{A}} E_{\ \nu}^{\mathcal{B}}, \tag{5.73}$$

のように 2 組の vielbein $e_{\ \mu}^{\mathcal{A}}$ と $E_{\ \mu}^{\mathcal{A}}$ で書き表し $(\mathcal{A}, \mathcal{B} = 0, 1, 2, 3)$，これを dRGT 理論の作用に代入する．それぞれの vielbein には，計量の自由度に加えて局所 Lorentz 変換の自由度が含まれているが，後者の内でブーストの自由度を，$e_{\ j}^{0} = E_{\ j}^{0} = 0$ となるように固定する[*10]．このように固定された vielbein

---

*10) 代わりに，局所 Lorentz 変換の自由度について作用の変分を取って運動方程式として課すと，dRGT 理論に戻る．

は，しばしば Arnowitt-Deser-Misner vielbein (**ADM vielbein**) と呼ばれる．なぜならば，

$$
e^{\mathcal{A}}_{\ \mu} = \begin{pmatrix} N & 0 \\ N^k e^I_{\ k} & e^I_{\ j} \end{pmatrix}, \quad E^{\mathcal{A}}_{\ \mu} = \begin{pmatrix} M & 0 \\ M^k E^I_{\ k} & E^I_{\ j} \end{pmatrix}, \tag{5.74}
$$

によって N, N^i, M, M^i を，

$$
\gamma_{ij} \equiv \delta_{IJ} e^I_{\ i} e^J_{\ j}, \quad f^{(3)}_{ij} \equiv \delta_{IJ} E^I_{\ i} E^J_{\ j}, \tag{5.75}
$$

によって γ_{ij} と $f^{(3)}_{ij}$ を定義する ($I, J = 1, 2, 3$) ことにより，$g_{\mu\nu}$ と $f_{\mu\nu}$ が ADM 分解（(2.53) および (5.45) 参照）されるからである．ここで，(N, N^i, γ_{ij}) と $(M, M^i, f^{(3)}_{ij})$ はそれぞれ $g_{\mu\nu}$ と $f_{\mu\nu}$ の（ラプス関数，シフトベクトル，3 次元空間計量）になる．この時点で，作用は dRGT 理論とは異なる理論を記述することになる．特筆すべきことは，$\sqrt{-g}L_{\mathrm{dRGT}}$ に (5.73)-(5.74) を代入したものがシフトベクトル N^i と M^i に全く依存せず，ラプス関数 N と M に関して線形になることである．そのため，理論の構造は，dRGT 理論に比べてかなりシンプルになる．この理論を，**precursor 理論**と呼ぶことにする．次のステップは，precursor 理論において，ラグランジアン形式からハミルトニアン形式に移ることである．このステップは理論に変更を加えないが，拘束条件の代数構造をあらわにする．そして，物理的自由度の数は空間の各点で 3 であることが明らかになる．最後のステップは，precursor 理論のハミルトニアンに，各点で 2 つの新たな拘束条件を注意深く選んで加え，余分な自由度を各点で 1 つ取り除くことである．ここまで来れば，ハミルトニアン形式からラグランジアン形式に戻って作用を求めるのも簡単である[53]．

このようにして，BD ゴースト，Higuchi ゴースト，5.4.4 節で見た新たな非線形ゴースト等，考え得る致命的な不安定性を全て排除した，安定な理論 **minimal theory of massive gravity (MTMG)** を構成できる．また，$J(X) = 0$ の self-accelerating 一様等方宇宙解には dRGT 理論から何の変更もないので，ダークエネルギーがなくても宇宙の加速膨張を得ることができる．

5.5.3 Minimal theory of bigravity (2020)

5.5.1 節で紹介した Hassan-Rosen bigravity (HRBG) において，安定な宇宙論解を得るには質量を比較的大きく選ぶ必要があり，そのため，重力子の質量項をダークエネルギーの代わりにするのは難しい．これは，質量が小さいと，スカラー自由度やベクトル自由度が，比較的低いエネルギースケールで不安定になるか強結合してしまうからである．そこで，dRGT 理論のスカラー自由度とベクトル自由度を取り除くことで MTMG を構成したように，HRBG のスカラー自由度とベクトル自由度を取り除いて新しい重力理論を作れないかと考えるのは自然であろう．実際，そのような理論，**minimal theory of bigravity**

(**MTBG**) は，HRBG を出発点として，以下のような 3 ステップで構成することができる[54]．

　最初のステップは，$g_{\mu\nu}$ だけでなく $f_{\mu\nu}$ も動的な計量であることを除けば，MTMG と同じである．すなわち，$g_{\mu\nu}$ と $f_{\mu\nu}$ を (5.73)-(5.74) のように 2 つの ADM vielbein で書き表し，HRBG 理論の作用に代入する．このようにして，MTBG の **precursor 理論**ができる．そして，次のステップでラグランジアン形式からハミルトニアン形式に移ると，MTBG の precursor 理論における物理的自由度の数が，各点で 6 であることが分かる．最後のステップは，precursor 理論のハミルトニアンに，各点で 4 つの新たな拘束条件を注意深く選んで加え，余分な自由度を各点で 2 つ取り除くことである．その後，ハミルトニアン形式からラグランジアン形式に戻り，作用が得られる．

　このようにして得られた MTBG において，一様等方宇宙解は HRBG 理論と全く同じになる．これは，上述の最終ステップで 4 つの拘束条件を加えた際に，それらを注意深く選んだおかげである．また，質量を持つ重力子がダークマターになる可能性や，重力子振動等の bigravity 特有の興味深い性質を有しているという点も，HRBG 理論と同様である．一方，HRBG 理論との大きな違いは，不安定性や強結合の原因となるスカラー自由度やベクトル自由度が排除されていて，完全に安定であることである．したがって，HRBG 理論では難しかった，質量項をダークエネルギーの代わりにしたり，初期宇宙へ適用したりすることも，MTBG では可能であると期待される．

5.6　Massive gravity のまとめ

　本章では，重力子が零でない質量を持つ可能性，すなわち massive gravity について解説した．まず 5.1 節では，1939 年に Fierz と Pauli が発見した線形理論について，自由度の数が 5 であることと重力子が線形レベルで実際に質量を持つことを見た．5.2 節では，1970 年代初頭における 3 つの大きな発展について紹介した．vDVZ が提示した零質量極限の不連続性という問題は，Vainshtein が非線形効果を考慮することで解決したように思われたが，Boulware と Deser は，非線形効果が新たな問題を生むことを示した．つまり，非線形レベルでは 6 つ目の自由度が現れ，それにより理論が不安定になることが分かったのである．そして，この Boulware-Deser (BD) ゴーストと呼ばれる 6 つ目の自由度のため，40 年近くの長い間，重力子は零でない質量を持てないと考えられてきた．BD ゴーストを回避して，Minkowski 時空上で非線形レベルで安定な massive gravity 理論がついに発見されたのは 2010 年で，この理論は発見者たちの名前 (de Rham, Gabadadze, Tolley) から dRGT 理論と呼ばれている．このようにして，「重力子すなわち重力を媒介するスピン 2 の粒子は零でない質量を持てる

か?」という古典場の理論における基礎的な問題は，肯定的な答えを得た[*11]．

Minkowski 時空上で非線形レベルで安定な dRGT 理論が発見され次第，膨張宇宙解を探す研究が活発に行われた．重力子の質量項は重力の振る舞いを長距離・長時間で変更することが期待されるので，膨張宇宙解が見つかれば，重力子の質量項によって宇宙の加速膨張を説明できるかもしれないと，多くの研究者が考えたのである．元々の dRGT 理論には平坦な一様等方膨張宇宙解が存在しないことが示された後，開いた一様等方膨張宇宙解が発見され，dRGT 理論の fiducial metric を少し拡張すれば平坦な一様等方膨張宇宙解や閉じた一様等方膨張宇宙解も許されることも分かった．これらの一様等方膨張宇宙解では，宇宙項やダークエネルギーがなくても，重力子の質量項の効果で宇宙膨張が加速する．そのため，self-accelerating 宇宙解と呼ばれる．しかし後になって，これらの解は全て，非一様な摂動に対して不安定であることが示された．したがって，「重力子の質量項によって宇宙の加速膨張を説明できるか?」という宇宙論における問題については，dRGT 理論の枠内では簡単ではないと言わざるを得ない．

一様等方膨張宇宙解の不安定性を回避し，宇宙の加速膨張についての謎に迫るには，2 つのアプローチがあるように思われる．一つは，5.4.5 節で紹介したように，dRGT 理論の枠内で一様性または等方性を破る解を見つけることである．もう一つは，dRGT 理論を超える新しい理論を構築することである．そのような試みとして，5.5 節では，Hassan-Rosen bigravity (HRBG) と minimal theory of massive gravity (MTMG), minimal theory of bigravity (MTBG) を紹介した．HRBG では，重力子の質量項をダークエネルギーの代わりにするのは難しそうであるが，質量を持つ重力子と質量を持たない重力子の間の振動など，重力波の現象論としては面白い側面が指摘されている．MTMG は，dRGT から不安定性の根源であるスカラー自由度とベクトル自由度を排除して作られた理論で，自由度の数が 2 の massive gravity 理論である．MTMG は安定な一様等方膨張宇宙解を持ち，面白いことに，重力子の質量項がダークエネルギーの代わりになって，宇宙膨張を加速させている．すなわち，self-accelerating 宇宙解である．MTBG は，HRBG からスカラー自由度とベクトル自由度を排除して作られた，自由度が 4 つの bigravity 理論である．MTBG も，安定な self-acclerating 一様等方加速膨張宇宙解を持つ．このように，dRGT 理論を超える massive gravity や HRBG を超える bigravity は，「重力子の質量は宇宙の加速膨張の源か?」という疑問に答えることを目標として，発展中の研究分野である．

[*11]　この理論がもっと基礎的な理論から導出できるかという問題については，positivity bound に基づく興味深い議論がある[55]~[57]．なお，これらの議論は MTMG（5.5.2 節参照）や MTBG（5.5.3 節参照）には適用されない．

第 6 章
Hořava-Lifshitz 理論

　理論物理学における大きな目標の一つに，**量子重力理論**の構築，すなわち量子論と一般相対論の融合がある．そして，量子重力理論の有力候補には，**超弦理論**が良く知られている．しかし，量子重力理論の候補は超弦理論だけではない．**Hořava-Lifshitz 理論**は，2009 年に Hořava[58] によって提唱された重力理論で，2016 年になって繰り込み可能性が証明された．Einstein の一般相対論が量子論と相容れないと考えられている最大の理由の一つは，一般相対論が繰り込み可能でないことである．一方，Hořava-Lifshitz 理論は繰り込み可能なので，重力の量子効果を矛盾なく取り扱える可能性があり，超弦理論によらない量子重力理論の有力な候補と考えられている．本章では，Hořava-Lifshitz 理論の基本的な考え方と理論の構成方法を解説し，繰り込み可能性の証明の概要を説明する．そして，宇宙論への興味深い応用についても紹介しよう．

6.1　基本的な考え方

6.1.1　次数勘定

　Hořava-Lisfhitz 理論の繰り込み可能性は，証明がされたのは 2016 年である（6.2.4 節参照）が，理論が提唱された 2009 年の段階で既に予想されていた．それは，理論が，**次数勘定 (power counting)** の意味で繰り込み可能であるように作られていたからである．ここではまず，次数勘定について，簡単なスカラー場の系を使って説明しよう．

　以下のような（時間方向の）運動項を持つスカラー場 ϕ を考えよう．

$$\frac{1}{2} \int dt d^3\vec{x} \ \dot{\phi}^2 . \tag{6.1}$$

ここで，$\dot{\phi}$ は ϕ の時間微分．ϕ の**スケーリング次元** s は，以下のようなスケーリングによって運動項が不変であることを要請して決められる．

$$t \to bt, \quad \vec{x} \to bx, \quad \phi \to b^{-s}\phi. \tag{6.2}$$

ここで，b は任意の正の実数．実際，運動項 (6.1) がスケーリング (6.2) で不変である条件は

$$1 + 3 - 2 - 2s = 0, \tag{6.3}$$

のようになる．ここで，1 は dt より，3 は $d^3\vec{x}$ より，-2 は 2 つの時間微分より，そして $-2s$ は 2 つの ϕ より得られる．したがって，$s = 1$ である．つまり，運動項 (6.1) を持つスカラー場は，エネルギーのようにスケールする．以上のスケーリング則に基づくと，ϕ の n 次相互作用項が，系のエネルギースケール E の冪として，以下のように振る舞うことが分かる．

$$\int dt d^3\vec{x}\, \phi^n \propto E^{(-1)\times(1+3-ns)}. \tag{6.4}$$

ここで，冪指数の中の -1 はスケーリング則 $E \to b^{-1}E$ における -1 からで，括弧内の 1 は相互作用項 (6.4) 中の dt から，3 は $d^3\vec{x}$ から，そして $-ns$ は ϕ^n からである．もしも (6.4) 右辺の冪指数が非正であれば，エネルギースケール E が大きくなる極限において相互作用項が発散することはない．上で求めた $s = 1$ を使うと，冪指数が非正になるのは $n \leq 4$ が満たされるときである．この条件が，次数勘定の意味での繰り込み可能条件である．

　一般相対論に上の議論を適用すると，残念ながら，次数勘定の意味で繰り込み不可能という結論に至る．なぜなら，時空の曲率は計量とその微分の非線形関数であり，計量の逆行列も含まれる．そのため，重力子の相互作用項には n が 4 より大きなものが含まれるからである．同じことは他の多くの重力理論についても言え，繰り込み不可能性は，重力を量子化する試みにおいて，大きな障害となっている．

6.1.2　非等方スケーリング

　Hořava-Lifshitz 理論は，次数勘定の意味で繰り込み可能なように作られた重力理論である．先程の議論をどうやって回避しているのだろうか？ 基本的なアイデアは，単純ではあるが，通常の重力理論における暗黙の仮定を破ることを前提としている．すなわち，相対性理論の大前提とも言える Lorentz 対称性を破り，通常とは違うスケーリングを考える．ここでのスケーリングは，**非等方スケーリング**，または **Lifshitz スケーリング**と呼ばれ，

$$t \to b^z t, \quad \vec{x} \to b\vec{x}, \quad \phi \to b^{-s}\phi, \tag{6.5}$$

というものである．ここで，z は実数で，**dynamical critical exponent** と呼ばれる．

　では，スケーリングが (6.5) のように非等方な場合，次数勘定の議論がどの

ように変わるのかを見てみよう．運動項 (6.1) がスケーリングによって不変であるという要請は，

$$z + 3 - 2z - 2s = 0, \tag{6.6}$$

となる．ここで，z は dt から，3 は $d^3\vec{x}$ から，$-2z$ は時間微分 2 つから，そして $-2s$ は 2 つの ϕ からである．したがって，

$$s = \frac{3 - z}{2}, \tag{6.7}$$

という条件が得られる．もちろん，$z = 1$ とすると先程の結果 $s = 1$ に戻る．面白いことに，もしも $z = 3$ だと，$s = 0$ となる．これは，もしも $z = 3$ であれば，ϕ の量子揺らぎの振幅は，系のエネルギースケールを変えても一定に保たれることを意味する．また，非等方スケーリング則に基づくと，ϕ の n 次相互作用項が，系のエネルギースケール E の冪として，以下のように振る舞うことが分かる．

$$\int dt d^3\vec{x}\, \phi^n \propto E^{(-1/z) \times (z + 3 - ns)}, \tag{6.8}$$

ここで，冪指数内の $-1/z$ はスケーリング則 $E \to b^{-z}E$ における $-z$ から，括弧内の z は dt から，3 は $d^3\vec{x}$ から，そして $-ns$ は ϕ^n からである．もしも $z = 3$ であるならば，$s = 0$ であり，任意の n に対して冪指数は負．したがって，任意の非線形相互作用が**次数勘定の意味で繰り込み可能** (renormalizable) になる．もしも $z > 3$ であれば，次数勘定の意味で super renormalizable である．

以上の議論により，もしも $z \geq 3$ の非等方スケーリングが高エネルギーで実現しているのであれば，重力も繰り込み可能になるかもしれないと予想される．実際，これが，Hořava-Lifshitz 重力が繰り込み可能である理由の本質である．

6.1.3 対称性

非等方スケーリング (6.5) において，時間と空間は違うスケーリングをする．したがって，$z \geq 3$ の非等方スケーリングによって次数勘定の意味で繰り込み可能性な重力理論を構築するには，時間と空間を別々に取り扱う必要がある．これは，重力を含まない理論においては Lorentz 対称性の破れを意味し，重力理論においては一般座標変換 (diffomorphism) に対する不変性を破ることを意味する．

Hořava-Lifshitz 重力理論において，基本的な対称性は，時空の一般座標変換 $(x^\mu \to x^{\mu\prime}(x^\rho))$ に対する不変性ではなく，以下のような変換

$$t \to t'(t), \quad \vec{x} \to \vec{x}'(t, \vec{x}), \tag{6.9}$$

に対する不変性である．これは，空間座標に依存しない時間座標の変換と，空間の一般座標変換の組み合わせであり，**foliation preserving diffeomorphism** と呼ばれる．空間座標の変換は時間に依存してもよく，したがって，それぞれ

の時間一定面上で任意の空間座標変換を許す. 一方, 時間座標の変換は空間座標に依存できず, そのため, 時空を時間と空間に分解する仕方 (foliation) を変えることはできない. 座標変換 (6.9) が foliation preserving diffeomorphism と呼ばれるのは, そのためである. また, Hořava-Lifshitz 重力理論において, 時空を時間と空間に分解する仕方 (foliation) は単なる座標の選び方ではなく, ゲージ不変な意味を持つ. 仮に, 2 つの解が同じ 4 次元時空計量を持ち, しかし時間と空間に分解する仕方 (foliation) が違っていたとすると, Hořava-Lifshitz 重力理論においては, これらは物理的に異なる解である.

さらに, 空間のパリティー変換

$$P : \vec{x} \to -\vec{x}, \tag{6.10}$$

と時間反転

$$T : t \to -t, \tag{6.11}$$

に対する不変性を, それぞれ要請することにする. **CPT 不変性**は, 自然界において非常に高い精度で保たれている. 例えば電磁相互作用の作用に CPT 不変性を破る質量次元 5 の項[*1]を加えたとすると, それを抑制するエネルギースケールは Planck スケールよりも少なくとも 15 桁は高くなければならないことが, ガンマ線バーストの偏光の観測から分かっている[60]. したがって, 重力の作用において, PT は保つのがよいだろう. なぜなら, 重力が PT を破ると, 量子補正により, 物質側に Planck スケール程度で抑制された CPT の破れが生じてしまい[*2], 観測と矛盾してしまうからである. ここではさらに, 重力の作用において, P と T が独立に保たれることを要請する.

6.2 Projectable 理論

6.2.1 作用

6.2.1.1 基本変数と projectability 条件

Hořava-Lifshitz 重力理論における基本変数は 4 次元時空計量ではなく, ラプス関数 N, シフトベクトル N^i, 3 次元空間計量 γ_{ij} である. これらの基本変数を用いて, 4 次元時空計量 $g_{\mu\nu}$ を (2.53) のように構成することはできるが, 後述するように, それが意味を持つのは低エネルギーでだけである.

Hořava-Lifshitz 重力理論にはいくつかのバージョンがあり, その中でも最もシンプルなのは, **projectable 理論**である. また, 現時点で繰り込み可能性が

[*1] 素粒子の標準模型に超対称性を課すと, 質量次元 4 以下で Lorentz 対称性を破る項は禁止されることが知られている[59]. この場合, 超対称性の破れのスケールをある程度高い値に選べば, CPT 不変性を破る主要な項は質量次元 5 になる.

[*2] Lorentz 対称性が破れると, CPT 定理の仮定は成立しない.

証明されているのは，projectable 理論だけである．また，理論に含まれる拘束条件が全て第一類で対称性と結びついている（6.2.2 節参照）のも，projectable 理論だけである．Projectable 理論は，**projectability 条件**，すなわちラプス関数を理論レベルで時間だけの関数 $N = N(t)$ に制限とするという条件によって特徴づけられる．したがって，projectable 理論における基本変数は

$$\text{ラプス関数：} N(t),$$
$$\text{シフトベクトル：} N^i(t, \vec{x}),$$
$$\text{3 次元空間計量：} \gamma_{ij}(t, \vec{x}), \tag{6.12}$$

である．シフトベクトルと 3 次元空間計量は時間と空間に依存するが，上述のように，ラプス関数は時間だけの関数である．

もともとラプス関数は時間座標の変換に対応するゲージ自由度とみなすことができるが，(6.9) において t' は t だけの関数なので，ラプス関数を時間だけの関数に制限するのはごく自然である[*3]．したがって，projectability 条件 $N = N(t)$ は，foliation preserving diffeomorphism に動機つけられて課される条件と言える．また，projectability 条件は，foliation preserving diffeomorphism (6.9) によって保たれる．実際，微小 foliation preserving diffeomorphism

$$\delta t = f(t), \quad \delta \vec{x}^i = \xi^i(t, \vec{x}), \tag{6.13}$$

によって基本変数 (6.12) は

$$\delta N = \partial_t(Nf),$$
$$\delta N^i = \partial_t(N^i f) + \partial_t \xi^i + \mathcal{L}_\xi N^i,$$
$$\delta(N_i) = \partial_t(N_i f) + \gamma_{ij} \partial_t \xi^j + \mathcal{L}_\xi N_i,$$
$$\delta \gamma_{ij} = f \partial_t \gamma_{ij} + \mathcal{L}_\xi \gamma_{ij} \tag{6.14}$$

のように変換するので，N が時間だけの関数であれば δN も時間だけの関数である．ここで，$N_i \equiv \gamma_{ij} N^j$．すなわち，projectability 条件が変換前に満たされていれば，変換後も満たされる．また，上述のように，projectable 理論に含まれる拘束条件は，全て第一類であり（6.2.2 節参照），したがって対称性と結びついている．

作用のラプス関数に関する変分は，時間変数の変換の生成子となっていて，それを零とした式はハミルトニアン拘束条件と呼ばれる．Projectable 理論において，ラプス関数は理論の定義のレベルで空間座標に依存しないので，その変

[*3]　実際，projectability 条件を外し，後述する projectable 理論の作用に新たな項を加えないでおくと，矛盾のある理論になることが知られている[61]．一方，[61] の批判は，projectable 理論には全く当てはまらない．また，projectability 条件を外し，新たな項を加えた理論については，6.3.1 節にて解説する．

分も空間座標に依存しない. したがって, projectable 理論におけるハミルトニアン拘束条件は, 局所的な方程式ではなく, 空間全体で積分された積分方程式である. この事実は宇宙論に面白い帰結を導くが, その解説は 6.4.1 節まで待つことにしよう.

6.2.1.2 作用に使う材料

では, 基本変数 (6.12) から, projectable 理論の作用を構成していこう. 作用は, foliation preserving diffeomorphism (6.9), 空間のパリティー変換 (6.10), および時間反転 (6.11) で不変でなければならない. そのような作用は, 以下のような材料を元に作ることができる.

$$N dt, \quad \sqrt{\gamma} d^3 \vec{x}, \quad \gamma_{ij}, \quad K_{ij}, \quad D_i, \quad R_{ij}. \tag{6.15}$$

ここで, γ は γ_{ij} の行列式, D_i と R_{ij} は γ_{ij} から作った共変空間微分と Ricci テンソルである. なお, 3 次元においては, Weyl テンソルは恒等的に零なので, Riemann テンソルは γ_{ij} と R_{ij} だけで書ける. また, K_{ij} は (2.54) で定義される外曲率 (extrinsic curvature) で, 空間座標の変換でテンソルとして変換する. 作用に空間計量 γ_{ij} の運動項を含めたいが, $\partial_t \gamma_{ij}$ は空間のテンソルではないので, 代わりに外曲率 K_{ij} を使う.

6.2.1.3 スケーリング次元 ($z = 3$ の場合)

空間微分のスケーリング次元を $[\partial_i] = 1$ とすると, $z = 3$ の非等方向スケーリング (6.5) を要請することにより, エネルギーあるいは時間微分のスケーリング次元は $[\partial_t] = z = 3$ となる. 空間計量 γ_{ij} には重力子の自由度が含まれているので, 6.1.2 節の議論により, そのスケーリング次元が $[\gamma_{ij}] = 0$ となるように理論を構成したい. また, N については, Ndt が foliation preserving diffeomorphism (6.9) で不変であることと, 既に ∂_t にスケーリング次元 $z = 3$ を持たせたことから, $[N] = 0$ とする. 残りの基本変数 N^i のスケーリング次元は, 外曲率の定義式 (2.54) の右辺各項が同じスケーリング次元を持つように決めればよい. まとめると,

$$[\partial_i] = 1, \quad [\partial_t] = z = 3, \quad [\partial_\perp] = z = 3,$$
$$[dx^i] = -1, \quad [dt] = -z = -3, \quad [dt d^3 \vec{x}] = -z - 3 = -6,$$
$$[\gamma_{ij}] = 0, \quad [N^i] = [N_i] = z - 1 = 2, \quad [N] = 0 \tag{6.16}$$

となる. ここで, $\partial_\perp \equiv (1/N)(\partial_t - N^k \partial_k)$.

基本変数 (N, N^i, γ_{ij}) から 4 次元時空計量 $g_{\mu\nu}$ を (2.53) のように構成できるが, これが意味を持つのは低エネルギーだけである. 高エネルギーでは, $z = 3$ の非等方向スケーリング (6.5) により, 基本変数および dt, dx^i が (6.16) のようなスケーリング次元を持つ. 結果として, (2.53) 右辺の各項は同じスケーリ

ング次元を持たない．一方，低エネルギーでは，$z = 1$ が回復するので，(2.53)
の各項は同じスケーリング次元を持ち，4 次元時空計量 $g_{\mu\nu}$ が意味を持つよう
になる．

6.2.1.4 運動項

空間計量 γ_{ij} の運動項は，(2.54) で定義される外曲率 K_{ij} を自乗して作る．
その際の縮約の仕方が二通りあるので，運動項は

$$
I_{\mathrm{kin}} = \frac{1}{2\kappa_{\mathrm{g}}^2} \int N dt \sqrt{\gamma} d^3 \vec{x} \left(K^{ij} K_{ij} - \lambda K^2 \right) , \tag{6.17}
$$

となる．ここで，κ_{g} と λ は定数で，γ および K^{ij} と K は (2.57) で定義される．
一般相対論においては，より高い対称性すなわち一般座標変換に対する不変性
により，λ は 1 に固定される．一方，Hořava-Lifshitz 理論においては，(6.17)
の各項が foliation preserving diffeomorphism (6.9) で不変なので，λ の値は
対称性からは決まらない．

また，外曲率の微分は作用に含まないことにする．この仮定は，それらを含
まずに作った作用が繰り込み可能で，それを含む項が（全微分を除いて）全て繰
り込み不可能であれば，正当化される．なぜなら，繰り込み可能であれば，繰
り込み不可能な項が量子補正によって生成されることはないからである．同様
の理由により，外曲率について 3 次以降の項も作用に入れないことにする．

また，シフトベクトルの時間微分から許される項を作ろうとすると，対称性に
より，どうしても空間計量の 2 階以上の時間微分をセットで含めることになっ
てしまう．上で説明したのと同等の理由により，これらの項も作用に入れない
ことにする．また，ラプス関数の 2 階時間微分は時間座標 t によって張られる
1 次元多様体の曲率に対応するはずだから含めるべきと思うかもしれないが，1
次元多様体の曲率は常に零である．したがって，projectable 理論において，ラ
プス関数の時間微分からは，対称性で許される項を作ることはできない．また，
projectability 条件 $N = N(t)$ を課しているので，ラプス関数の空間微分は恒
等的に零である．

6.2.1.5 高エネルギーで効く項 ($z = 3$)

運動項 (6.17) の各項は時間微分を 2 個ずつ含むので，高エネルギー極限で
$z = 3$ の非等方スケーリングを実現するには，作用の中に空間微分を 6 つ含む
項が必要である[*4]．作用が尊重すべき対称性を考慮すると，最高階空間微分項
として，以下の 5 つが許されることが分かる．

[*4]　一般の z (≥ 3) に対しては，空間微分を $2z$ 個含む項が必要である．

$$I_{z=3} = \int Ndt\sqrt{\gamma}d^3\vec{x}\,\big[c_1 D_i R_{jk} D^i R^{jk}$$
$$+c_2 D_i R D^i R + c_3 R_i^j R_j^k R_k^i + c_4 R R_i^j R_j^i + c_5 R^3\big]\,. \tag{6.18}$$

ここで，c_n $(n=1,\cdots,5)$ は定数．もう一項，$D_i R_{jk} D^j R^{ki}$ が許されるように思えるが，これは部分積分によって，(6.18) に既に含まれている項の線形結合に書き換えることができるので，作用に入れる必要はない．また，7 個以上の空間微分を含む項は作用に含めない．なぜなら，空間微分の数が 6 個以内の項だけで作った作用が繰り込み可能であれば，空間微分を 7 個以上含む高階微分項は，量子補正によって生じないからである．

6.2.1.6　低エネルギーで効く項

低エネルギーでは，空間微分の数が 6 より少ない項が重要になる．空間微分を 4 つ含む独立な項は 2 つあり，

$$I_{z=2} = \int Ndt\sqrt{g}d^3\vec{x}\,\Big[c_6 R_i^j R_j^i + c_7 R^2\Big]\,, \tag{6.19}$$

である．空間微分を 2 つ含む項は，

$$I_{z=1} = \int Ndt\sqrt{g}d^3\vec{x}\,c_8 R\,, \tag{6.20}$$

だけであり，微分を含まないのは定数項，

$$I_{z=0} = \int Ndt\sqrt{g}d^3\vec{x}\,c_9\,, \tag{6.21}$$

だけである．ここで，c_n $(n=6,\cdots,9)$ は定数．

以上で，尊重すべき対称性の変換で不変な項のうち，時間微分の数が 2 を超えず，空間微分の数が 6 を超えないものを全て書き下した．ここで含めなかった高階微分項は，それらを含まない作用が繰り込み可能であれば，量子補正で生じることはない．このようにして作用を作った理論は，次数勘定の意味で繰り込み可能である．そして，6.2.4 節で解説するように，2016 年には実際に繰り込み可能性が証明されている．また，各項の時間微分の数は 2 を超えないので，高階微分項に起因するゴースト不安定性（**Ostrogradsky** ゴースト）はない．また，定数 $\kappa_{\rm g}$, λ, および c_n $(n=1,\cdots,9)$ は，一般に，**繰り込み群**の流れに沿って値を変える．

6.2.1.7　低エネルギー有効作用

高エネルギー極限では，$I_{\rm kin}$ 中の 2 階時間微分項と，$I_{z=3}$ 中の 6 階空間微分項が釣り合うことにより，$z=3$ の非等方スケーリングを自然に実現する．

一方，低エネルギー極限では，$I_{z=3}$ や $I_{z=2}$ は重要ではなく，以下の低エネルギー有効作用が重力の振る舞いを記述する．

$$I_{\mathrm{IR}} = I_{\mathrm{kin}} + I_{z=1} + I_{z=0}$$

$$= \frac{1}{2\kappa_{\mathrm{g}}^2} \int N dt \sqrt{\gamma} d^3\vec{x} \left(K^{ij} K_{ij} - \lambda K^2 + c_{\mathrm{g}}^2 R - 2\Lambda \right) . \tag{6.22}$$

ここで，$c_{\mathrm{g}}^2 \equiv 2\kappa_{\mathrm{g}}^2 c_8$，$\Lambda \equiv -\kappa_{\mathrm{g}}^2 c_9$.

低エネルギー有効作用 (6.22) は，$z = 1$ のスケーリングを実現する．さらに，$\lambda \to 1$ の極限では，座標単位の再定義により $\kappa_{\mathrm{g}}^2 = \kappa^2$，$c_{\mathrm{g}}^2 = 1$ とすれば，Einstein-Hilbert 作用の ADM 分解 (2.56) と形の上では一致する．しかし，Hořava-Lifshitz 理論の低エネルギー有効作用 (6.22) と Einstein-Hilbert 作用には，大きな違いが 2 つある: (i) λ は 1 である必要はなく，繰り込み群の流れに沿って値を変える; (ii) projectability 条件により，ラプス関数 N は時間だけの関数であり，空間座標には依存できない．違い (i) については，Hořava-Lifshitz 理論の繰り込み群はまだ理解が進んでいないため，$\lambda = 1$ が赤外固定点になっているかどうかは，そうなると予想はされるものの，まだ分かっていないのが現状である．一方，違い (ii) については，6.4.1 節にて宇宙論への応用を議論する．

Newton の重力定数 G_{N} は，Newtonian 極限すなわち重力源の速度が小さく重力場が時間にほとんど依存しない極限で計測されている．したがって，低エネルギー有効作用 (6.22) で運動項を無視したものと Einstein-Hilbert 作用 (2.56) で運動項を無視したものを比較し，(3.21) を考慮すると，

$$\frac{\kappa_{\mathrm{g}}^2}{c_{\mathrm{g}}^2} = \kappa^2 = 8\pi G_{\mathrm{N}} = \frac{1}{M_{\mathrm{Pl}}^2} \tag{6.23}$$

を得る．一方，6.2.3.2 節で述べるように，c_{g} は（テンソル）重力波の低エネルギーにおける伝搬速度である．したがって，観測的制限 (2.32) を満たしている必要があり，実質的には $c_{\mathrm{g}}/c_{\gamma} = 1$ として問題ない．ここで，c_{γ} は真空における光速．上述のように，座標単位の再定義により c_{g} と c_{γ} の値は変わる．しかし，比 $c_{\mathrm{g}}/c_{\gamma}$ は座標単位の再定義で不変である．

6.2.1.8 全作用と運動方程式

物質の作用 I_{matter} を加えた全作用は，

$$I = I_{\mathrm{HL}} + I_{\mathrm{matter}} ,$$

$$I_{\mathrm{HL}} = I_{\mathrm{IR}} + I_{z=3} + I_{z=2}$$

$$= \frac{1}{2\kappa_{\mathrm{g}}^2} \int N dt \sqrt{\gamma} d^3\vec{x} (K^{ij} K_{ij} - \lambda K^2 - 2\Lambda + c_{\mathrm{g}}^2 R + L_{z>1}) ,$$

$$L_{z>1} = 2\kappa_{\mathrm{g}}^2 \Big[(c_1 D_i R_{jk} D^i R^{jk} + c_2 D_i R D^i R + c_3 R_i^j R_j^k R_k^i$$

$$+ c_4 R R_i^j R_j^i + c_5 R^3) + (c_6 R_i^j R_j^i + c_7 R^2) \Big] , \tag{6.24}$$

となる．言うまでもなく，重力の作用 I_{HL} だけでなく，物質の作用 I_{matter} も，foliation preserving diffeomorphism (6.9) で不変でなければならない．

全作用をラプス関数 $N(t)$ で変分すると，ハミルトニアン拘束条件

$$H_\perp^{\mathrm{HL}} + H_\perp^{\mathrm{matter}} = 0, \tag{6.25}$$

を得る．ここで，

$$H_\perp^{\mathrm{HL}} \equiv -\frac{\delta I_{\mathrm{HL}}}{\delta N} = \int d^3\vec{x}\, \mathcal{H}_\perp^{\mathrm{HL}}, \quad H_\perp^{\mathrm{matter}} \equiv -\frac{\delta I_{\mathrm{matter}}}{\delta N} \tag{6.26}$$

で，

$$\mathcal{H}_\perp^{\mathrm{HL}} = \frac{1}{2\kappa_{\mathrm{g}}^2}\sqrt{\gamma}\,(K^{ij}p_{ij} + 2\Lambda - c_{\mathrm{g}}^2 R - L_{z>1}), \quad p_{ij} \equiv K_{ij} - \lambda K \gamma_{ij} \tag{6.27}$$

である．シフトベクトル $N^i(t,x)$ で変分すると，運動量拘束条件

$$\mathcal{H}_i^{\mathrm{HL}} + \mathcal{H}_i^{\mathrm{matter}} = 0, \tag{6.28}$$

を得る．ここで，

$$\mathcal{H}_i^{\mathrm{HL}} \equiv -\frac{\delta I_{\mathrm{HL}}}{\delta N^i} = -\frac{1}{\kappa_{\mathrm{g}}^2}\sqrt{\gamma}\,D^j p_{ij}, \quad \mathcal{H}_i^{\mathrm{matter}} \equiv -\frac{\delta I_{\mathrm{matter}}}{\delta N^i}. \tag{6.29}$$

運動量拘束条件は，作用中の運動項だけで決まっているので，高階微分項の構造に依らない．特に，$\lambda = 1$ の場合には，運動量拘束条件は一般相対論の場合と完全に一致する．

一般相対論との比較のため，物質の作用が 4 次元一般座標変換で不変な場合を考えてみよう．この場合，エネルギー運動量テンソル $T^{\mu\nu}$ を (2.19) のように定義でき，

$$H_\perp^{\mathrm{matter}} = \int d^3\vec{x}\sqrt{\gamma}\, T^{\mu\nu}n_\mu n_\nu, \quad \mathcal{H}_i^{\mathrm{matter}} = \sqrt{\gamma}\, T^\mu_{\ i}n_\mu, \tag{6.30}$$

と書ける．ここで，n^μ は (2.52) で定義され，時間一定面に直交する未来向きの単位ベクトルを表す．

一般に，重力の作用は，

$$I_{\mathrm{HL}} = \int dt d^3\vec{x}\left[\pi^{ij}\partial_t\gamma_{ij} - N^i\mathcal{H}_i^{\mathrm{HL}}\right] - \int dt N H_\perp^{\mathrm{HL}} + (\text{境界項}), \tag{6.31}$$

のように，境界項を除くと運動項と拘束条件の和で書ける．ここで，π^{ij} は γ_{ij} に共役な正準運動量で，

$$\pi^{ij} \equiv \frac{\delta I_{\mathrm{HL}}}{\delta(\partial_t\gamma_{ij})} = \frac{1}{\kappa_{\mathrm{g}}^2}\sqrt{\gamma}p^{ij}, \quad p^{ij} \equiv \gamma^{ik}\gamma^{jl}p_{kl}, \tag{6.32}$$

のように書ける．時間 t に対応するハミルトニアンは，

$$H_{\mathrm{HL}}[\partial_t] = N H_\perp^{\mathrm{HL}} + \lambda\Pi_N + \int d^3\vec{x}\left[N^i\mathcal{H}_i^{\mathrm{HL}} + \lambda^i\pi_i\right] + (\text{境界項}), \tag{6.33}$$

のように，拘束条件の線形結合と境界項の和になる．ここで，Π_N と π_i はそれぞれ N と N^i に共役な正準運動量で，λ と λ^i は Lagrange の未定係数．な

お，N が時間 t だけの関数であることから，Π_N と λ も時間だけの関数であることに注意しよう．

最後に，空間計量 γ_{ij} についての変分を取ると，

$$\mathcal{E}_{\mathrm{HL}}^{ij} + \mathcal{E}_{\mathrm{matter}}^{ij} = 0, \tag{6.34}$$

を得る．ここで，

$$\mathcal{E}_{\mathrm{HL}}^{ij} \equiv \frac{2}{N\sqrt{\gamma}} \frac{\delta I_{\mathrm{HL}}}{\delta \gamma_{ji}}, \quad \mathcal{E}_{\mathrm{matter}}^{ij} \equiv \frac{2}{N\sqrt{\gamma}} \frac{\delta I_{\mathrm{matter}}}{\delta \gamma_{ij}} = T^{ij}. \tag{6.35}$$

なお，物質の作用は，空間座標の変換で必ず不変である．なぜなら，空間座標の変換は foliation preserving diffeomorphism の一部であるからである．したがって，物質の作用が時空の一般座標変換で不変であるかに依らず一般に，T^{ij} は明確な意味を持つ．具体的な $\mathcal{E}_{\mathrm{HL}}^{ij}$ の形は，$\mathcal{E}_{ij}^{\mathrm{HL}} \equiv \gamma_{ik}\gamma_{jl}\mathcal{E}_{\mathrm{HL}}^{kl}$ とすると，

$$\mathcal{E}_{ij}^{\mathrm{HL}} = \frac{1}{\kappa_{\mathrm{g}}^2} \left[-\frac{1}{N}(\partial_t - N^k D_k)p_{ij} + \frac{1}{N}(p_{ik}D_j N^k + p_{jk}D_i N^k) \right.$$
$$\left. - Kp_{ij} + 2K_i^k p_{kj} + \frac{1}{2}\gamma_{ij}K^{kl}p_{kl} + \frac{1}{2}\Lambda\gamma_{ij} - G_{ij} \right] + \mathcal{E}_{ij}^{z>1}, \tag{6.36}$$

となる．ここで，$\mathcal{E}_{ij}^{z>1}$ は $L_{z>1}$ からの寄与で，$G_{ij} = R_{ij} - R\gamma_{ij}/2$ は空間計量 γ_{ij} の Einstein テンソル．

無限小変換 (6.14) で I_α ($\alpha = \mathrm{HL}, \mathrm{matter}$) が不変であることから，(2.23) の導出と同様にして，以下のような保存則が得られる．

$$0 = N\partial_t H_\perp^\alpha + \int d^3\vec{x} \left[N^i \partial_t \mathcal{H}_i^\alpha + \frac{1}{2}N\sqrt{\gamma}\mathcal{E}_\alpha^{ij}\partial_t\gamma_{ij} \right], \tag{6.37}$$

$$0 = \frac{1}{N}(\partial_t - N^j D_j)\left(\frac{\mathcal{H}_i^\alpha}{\sqrt{\gamma}}\right) + K\frac{\mathcal{H}_i^\alpha}{\sqrt{\gamma}} - \frac{1}{N}\frac{\mathcal{H}_i^\alpha}{\sqrt{\gamma}}D_i N^j - D^j\mathcal{E}_{ij}^\alpha. \tag{6.38}$$

6.2.2 ハミルトニアン解析

ハミルトニアンは (6.33) で与えられ，境界項を除くと拘束条件の線形結合の形になっている．正準変数は，空間の各点で γ_{ij} と N^i およびそれらに共役な運動量 π^{ij} と π_i の計 $9 \times 2 = 18$ 個ある．拘束条件は，空間の各点で

$$\mathcal{H}_i^{\mathrm{HL}} \approx 0, \quad \pi_i \approx 0 \tag{6.39}$$

の 6 個あり，これらは全て第一類である．第一類拘束条件は，それぞれ位相空間の次元を 2 ずつ減ずるので，拘束条件を課した後の物理的位相空間の次元は，空間の各点で $18 - 6 \times 2 = 6$ である．これは，局所的自由度の数が 3 であることを示している．

ラプス関数 N およびそれに共役な運動量 Π_N は時間だけの関数であり，局所的自由度の勘定には影響しない．さらに，ハミルトニアンが N について高々線形であることと第一類拘束条件 $\Pi_N \approx 0$ により，N と Π_N を物理的位相空

間から取り除いて N を Lagrange の未定係数とみなしても構わない．あるいは
ゲージ固定により，たとえば $N = 1$ としてもよい．

　一方，空間全体での積分量として定義されている $H_\perp^{\mathrm{HL}} \approx 0$ については，第
一類拘束条件として系の初期条件に課す必要がある．初期条件が $H_\perp^{\mathrm{HL}} \approx 0$ を
満たしていれば，運動方程式にしたがって系が発展する限り，任意の時刻で自
動的に $H_\perp^{\mathrm{HL}} \approx 0$ は満たされる．したがって，$H_\perp^{\mathrm{HL}}$ が空間全体での積分量とし
て定義されているからと言って，それが遠隔相互作用を生じたりすることは全
くない．宇宙が生まれた瞬間から $H_\perp^{\mathrm{HL}} \approx 0$ は満たされており，系は，各時刻
における局所的相互作用によって時間発展していく．既に述べたように，この
拘束条件はハミルトニアン拘束条件と呼ばれ，宇宙論におけるこの構造の重要
性については 6.4.1 節で議論する．

　以上により，projectable 理論には，一般相対論に比べ余分な自由度が空間の
各点で 1 つあることが言えた．この自由度は空間の座標変換でスカラーとして
変換するので，**スカラー重力子**と呼ばれる．

6.2.3　スカラー重力子と $\lambda \to 1 + 0$ 極限

6.2.3.1　線形摂動

　2.2.2 節では，Minkowski 時空の周りで線形摂動を考察することで，一般相対
論が，重力波の + モードと × モードという 2 つの自由度を持つことを示し
た．そして，2.2.3 節では，ハミルトニアン解析により，一般相対論の局所的自
由度の数が，非線形レベルでも 2 であることを示した．

　本小々節では，projectable Hořava-Lifshitz 理論において，Minkowski 時
空の周りで線形摂動を考察しよう．6.2.2 節では，ハミルトニアン解析により，
projectable Hořava-Lifshitz 理論が 3 つの局所的自由度を持つこと，つまり一
般相対論に比べて余分な自由度が 1 つあることを非線形レベルで示した．しか
し，ハミルトニアン解析からは，その余分な自由度がどのようなモードに対応
するのかは分からない．それを明らかにするのが，本小々節の目的である．

　まず，projectable Hořava-Lifshitz 理論において $\Lambda = 0$ とすると，Minkowski
時空

$$N = 1, \quad N_i = 0, \quad \gamma_{ij} = \delta_{ij} \tag{6.40}$$

は運動方程式の解となる．その周りに線形摂動を導入し，

$$N = 1 + n, \quad N_i = \partial_i B + n_i^{\mathrm{T}},$$
$$\gamma_{ij} = (1 + 2\zeta)\delta_{ij} + \partial_i \partial_j E + (\partial_i E_j^{\mathrm{T}} + \partial_j E_i^{\mathrm{T}}) + h_{ij}^{\mathrm{TT}} \tag{6.41}$$

とする．ここで，n は時間のみの関数で，n_i^{T} と E_i^{T} は transverse 条件

$$\delta^{ij}\partial_i n_j^{\mathrm{T}} = 0, \quad \delta^{ij}\partial_i E_j^{\mathrm{T}} = 0, \tag{6.42}$$

h_{ij}^{TT} は transverse traceless 条件

$$\delta^{ik}\partial_i h_{kj}^{\mathrm{TT}} = 0 \,, \quad \delta^{ij} h_{ij}^{\mathrm{TT}} = 0 \tag{6.43}$$

を満たす. 線形摂動の各成分は, 微小 foliation preserving diffeomorphism (6.14) により

$$n \to n + \dot{f} \,, \quad B \to B + \dot{\xi} \,, \quad n_i^{\mathrm{T}} \to n_i^{\mathrm{T}} + \dot{\xi}_i^{\mathrm{T}} \,, \quad \zeta \to \zeta + \frac{1}{3}\Delta\xi \,,$$
$$E \to E + 2\xi \,, \quad E_i^{\mathrm{T}} \to E_i^{\mathrm{T}} + \xi_i^{\mathrm{T}} \,, \quad h_{ij}^{\mathrm{TT}} \to h_{ij}^{\mathrm{TT}} \tag{6.44}$$

と変換する. ここで, 各変数の上のドット (˙) は時間 t に関する微分, $\Delta \equiv \delta^{ij}\partial_i\partial_j$ で, ξ^i を

$$\delta_{ij}\xi^j = \partial_i\xi + \xi_i^{\mathrm{T}} \,, \quad \delta^{ij}\partial_i\xi_j^{\mathrm{T}} = 0 \tag{6.45}$$

のように分解した. したがって, $n = 0, E = 0, E_i^{\mathrm{T}} = 0$ となるようにゲージ固定できる. この場合,

$$N = 1 \,, \quad N_i = \partial_i B + n_i^{\mathrm{T}} \,, \quad \gamma_{ij} = (1 + 2\zeta)\delta_{ij} + h_{ij}^{\mathrm{TT}} \tag{6.46}$$

となる. Minkowski 背景解は空間の並進対称性を保つので, 摂動変数を空間座標に関して Fourier 変換すれば, 異なる運動量に対応するモードは線形摂動のレベルでは独立に取り扱うことができる. また, 同じく Minkowski 背景解は回転対称性を保つので, (B, ζ) によって記述されるスカラー摂動, n_i^{T} によって記述されるベクトル摂動, h_{ij}^{TT} によって記述されるテンソル摂動は, 線形摂動のレベルではそれぞれ独立に取り扱うことができる.

既にゲージ固定したので, 運動量拘束条件 $\mathcal{H}_i^{\mathrm{HL}} = 0$ は第二類となり, その解を作用に代入できる. 解は, 分解 (6.46) により簡単に求まり,

$$B = \frac{3\lambda - 1}{\lambda - 1}\Delta^{-1}\dot{\zeta} \,, \quad n_i^{\mathrm{T}} = 0 \tag{6.47}$$

となる. ここで, Δ^{-1} は Δ の逆演算子. したがって, ベクトル摂動には物理的自由度は存在せず, スカラー摂動の物理的自由度は ζ の 1 成分, テンソル摂動の物理的自由度は h_{ij}^{TT} の 2 成分によって記述される. 後者は, 一般相対論と同様に重力波の + モードと × モードに対応し, **テンソル重力子**と呼ぶことにする. 一方, 前者は一般相対論には存在せず, **スカラー重力子**と呼ばれている.

運動項 (6.17) を摂動の 2 次まで展開し, 解 (6.47) を代入, 整理すると

$$I_{\mathrm{kin}}^{(2)} = \frac{1}{\kappa_{\mathrm{g}}^2} \int dt d^3\vec{x} \left[\frac{3\lambda - 1}{\lambda - 1}\dot{\zeta}^2 + \frac{\delta^{ik}\delta^{jl}}{8}\dot{h}_{ij}^{\mathrm{TT}}\dot{h}_{kl}^{\mathrm{TT}} \right] \tag{6.48}$$

を得る. もしも λ が $1/3$ と 1 の間にあると, スカラー重力子はゴースト（負の運動エネルギーを持つ自由度）になり, 系は完全に不安定になる. また, 低エネルギーで一般相対論と一致するためには, 繰り込み群の流れによって $\lambda \to 1$

を赤外固定点で実現する必要がある．したがって，任意のエネルギー領域において，

$$\lambda \geq 1 \tag{6.49}$$

を満たす必要がある．

重力作用の残り $I_{z=3} + I_{z=2} + I_{z=1}$（Minkowski 時空 (6.40) が解になるように $\Lambda = 0$ としたので $I_{z=0} = 0$）を摂動の 2 次まで展開し，解 (6.47) を代入，運動項 (6.48) に加えると，

$$I_{\rm HL}^{(2)} = \frac{1}{\kappa_{\rm g}^2} \int dt d^3\vec{x} \left[\frac{3\lambda-1}{\lambda-1} \dot{\zeta}^2 + \zeta \mathcal{O}_{\rm s} \zeta + \frac{\delta^{ik}\delta^{jl}}{8} \left(\dot{h}_{ij}^{\rm TT} \dot{h}_{kl}^{\rm TT} + h_{ij}^{\rm TT} \mathcal{O}_{\rm t} h_{kl}^{\rm TT} \right) \right], \tag{6.50}$$

を得る．ここで

$$\mathcal{O}_{\rm s} = \frac{\Delta^3}{M_{\rm s}^4} - \kappa_{\rm s}\frac{\Delta^2}{M_{\rm s}^2} - \Delta, \quad \mathcal{O}_{\rm t} = \frac{\Delta^3}{M_{\rm t}^4} - \kappa_{\rm t}\frac{\Delta^2}{M_{\rm t}^2} + c_{\rm g}^2\Delta,$$

$$M_{\rm s}^{-4} = -2(3c_1 + 8c_2)\kappa_{\rm g}^2, \quad M_{\rm t}^{-4} = -2c_1\kappa_{\rm g}^2,$$

$$\kappa_{\rm s} M_{\rm s}^{-2} = -2(3c_6 + 8c_7)\kappa_{\rm g}^2, \quad \kappa_{\rm t} M_{\rm t}^{-2} = -2c_6\kappa_{\rm g}^2. \tag{6.51}$$

したがって，スカラー重力子の分散関係は

$$\omega^2 = \frac{\lambda-1}{3\lambda-1} \left(\frac{k^6}{M_{\rm s}^4} + \frac{\kappa_{\rm s}k^4}{M_{\rm s}^2} - k^2 \right), \tag{6.52}$$

テンソル重力子の分散関係は

$$\omega^2 = \frac{k^6}{M_{\rm t}^4} + \frac{\kappa_{\rm t}k^4}{M_{\rm t}^2} + c_{\rm g}^2 k^2 \tag{6.53}$$

のようになる．

6.2.3.2 短距離および長距離での安定性

分散関係 (6.53) により明らかなように，$c_{\rm g}$ はテンソル重力子の低エネルギー極限での伝搬速度であり，$\min[M_{\rm t}, M_{\rm t}/\sqrt{|\kappa_{\rm t}|}]$ は高エネルギー補正が顕著になるエネルギースケールを与える．したがって，低エネルギーにおいて，$c_{\rm g}$ は (2.32) を満たさなければならない．そのため，低エネルギーの現象，たとえば銀河や太陽系スケールの重力現象を議論する上では，$c_{\rm g}/c_\gamma = 1$ として実質上は問題ない．さらに，$\min[M_{\rm t}, M_{\rm t}/\sqrt{|\kappa_{\rm t}|}]$ は meV 程度以上でなければならない[62]．ただし，繰り込み群の流れに沿って $c_{\rm g}, \kappa_{\rm t}, M_{\rm t}$ は値を変えるはずなので，高エネルギーにおいてはこの限りではない．また，超短距離（$\max[M_{\rm t}, \sqrt{|\kappa_{\rm t}|}M_{\rm t}]$ より大きい k）では，

$$M_{\rm t}^{-4} > 0 \tag{6.54}$$

でありさえすれば，高エネルギーにおける $\kappa_{\rm t}$ や $c_{\rm g}^2$ の符号に依らずにテンソル

重力子は安定である.

既に述べたように, ゴースト不安定性を避けるため, (6.49) が全エネルギー領域で満たされる必要がある. すると, 分散関係 (6.52) により, 超短距離 ($\max[M_\mathrm{s}, \sqrt{|\kappa_\mathrm{s}|}M_\mathrm{s}]$ より大きい k) では,

$$M_\mathrm{s}^{-4} > 0 \tag{6.55}$$

でありさえすればスカラー重力子は安定であることが分かる. 一方, 分散関係 (6.52) において k^2 の係数が負であることから, $\min[M_\mathrm{s}, M_\mathrm{s}/\sqrt{|\kappa_\mathrm{s}|}]$ 程度よりも低い k に対してスカラー重力子は不安定になる. 不安定性の時間スケールは

$$t_\mathrm{s} \sim \frac{1}{k}\sqrt{\frac{3\lambda - 1}{\lambda - 1}}, \quad \text{for } k \lesssim \min\left[M_\mathrm{s}, \frac{M_\mathrm{s}}{\sqrt{|\kappa_\mathrm{s}|}}\right] \tag{6.56}$$

である. 6.4.1 節で詳しく解説するように, projectable 理論にはダークマターのように振る舞う成分があり, それはスカラー重力子が凝縮したものと解釈できる. 標準的な冷たいダークマター (CDM) にも低い k に対して **Jeans 不安定性**があり, これは宇宙の構造形成にとって重要な役割を果たす不安定性である. Projectable 理論においてダークマターとして振る舞うスカラー重力子も, Jeans 不安定性を示し, その時間スケールは

$$t_\mathrm{J} \sim \frac{1}{\sqrt{8\pi G_\mathrm{N}\rho}} \tag{6.57}$$

で与えられる. ここで, ρ は考察する領域における通常の物質およびダークマターの総エネルギー密度である. Jeans 不安定性は現代宇宙論にとって必要不可欠な不安定性であり, 時間スケール (6.57) でそれが進行することで宇宙の豊かな構造の起源が説明される. したがって, 他にも不安定性があるのであれば, それは (6.57) よりも短い時間スケールで起こってはならない. つまり,

$$t_\mathrm{s} \gtrsim t_\mathrm{J}, \tag{6.58}$$

を満たす必要がある. また, 時間スケール t_s の不安定性は, 考察する時期における宇宙の膨張率 H が

$$t_\mathrm{s} > H^{-1}, \tag{6.59}$$

を満たしている場合にも, 宇宙膨張による摩擦によって打ち消されて現れない. もしも (6.58) と (6.59) のどちらか一方, あるいは両方が満たされていれば, (6.56) で与えられる時間スケール t_s の不安定性は問題とならない. さらに, 0.01mm 程度よりも短距離では, 重力の振る舞いは実験から分かっていない. したがって, それよりも短いスケールで不安定性が起こっていたとしても, さらに短いスケールで安定でありさえすれば (すなわち (6.49) と (6.54)-(6.55) が満たされていれば), 実験と全く矛盾しないし, 理論的にも問題はない.

以上の議論をまとめると，

$$0 < \frac{\lambda - 1}{3\lambda - 1} < \max\left[\frac{H^2}{k^2}, |\Phi|\right], \quad \text{for } k < \min\left[M_{\mathrm{s}}, \frac{1}{0.01\mathrm{mm}}\right] \qquad (6.60)$$

が満たされていれば，分散関係 (6.52) から示唆される長距離における線形不安定性は問題とならない．ここで，簡単のため $\kappa_{\mathrm{s}} = \mathcal{O}(1)$ とし，Newton ポテンシャル Φ を $k^2\Phi = -8\pi G_{\mathrm{N}}\rho$ によって導入した．条件 (6.60) は λ についての制限とみなすことができるが，λ は繰り込み群の流れで値を変えるはずなので，その値は k, H, Φ に依存する．したがって，(6.60) は，繰り込み群の性質に対する現象論的制限とみなすことができる．

6.2.3.3　摂動展開の破綻

条件 (6.60) は，基本的に，低エネルギーにおいて λ (> 1) が十分 1 に近いことを要請している．一方，高エネルギーでは，$\lambda - 1$ (> 0) は $\mathcal{O}(1)$ あるいはそれよりも大きくても構わない．以下では，λ が 1 に近づくと計量の摂動展開が破綻することを示す．

この状況は，5.2.2 節で解説した massive gravity における零質量極限と似ていることに気づくだろう．なぜなら，massive gravity の零質量極限においても，作用が一般相対論と同じ形になり，摂動展開が完全に破綻していたからである．さらに，massive gravity の場合には，Vainshtein 機構と呼ばれる非線形効果によって零質量極限の連続性が保証され，massive gravity の予言の零質量極限と一般相対論の予言が一致するのであった．では，projectable Hořava-Lifshitz 理論ではどうだろう．非線形効果によって，$\lambda \to 1$ の極限で一般相対論と同じ予言が得られるのだろうか？ つまり，Vainshtein 機構に対応するものはあるのだろうか？ もしあるのであれば，状況は massive gravity の場合より遥かに良い．なぜならば，6.2.4 節で示すように projectable Hořava-Lifshitz 理論は繰り込み可能であり，したがって，量子補正を取り入れた上でも，有限個のパラメータ κ_{g}, λ, c_{g}, Λ, c_n ($n = 1, 2, \cdots, 7$) によって非線形レベルの重力の振る舞いを記述できるからである．また，摂動展開が破綻するのは低エネルギーだけであり，(6.49) と (6.54) と (6.55) さえ満たされていれば高エネルギーでの振る舞いが良いことは，繰り込み可能性により明らかである．Vainshtein 機構に対応する機構の有無についての疑問の答えは 6.2.3.4 節まで待つことにして，ここではまず，$\lambda \to 1$ の極限で摂動展開が破綻することを見ることにしよう．

Minkowski 時空の周りの線形摂動を含む計量 (6.46) を非線形レベルに拡張し，

$$N = 1, \quad N_i = \partial_i B + n_i^{\mathrm{T}}, \quad \gamma_{ij} = e^{2\zeta}\left[e^h\right]_{ij} \qquad (6.61)$$

とする．ここで，n_i^{T} は (6.42) の第 1 式，h_{ij}^{TT} は (6.43) を満たすとする．以下では，ζ と h_{ij}^{TT} を $\mathcal{O}(\epsilon)$ とし，ϵ の次数に応じた摂動展開をする．

作用を ϵ の 3 次まで展開するには，運動量拘束条件は 1 次まで解けば十分で

ある．したがって，今回も (6.47) を使える．運動項 (6.17) を $\mathcal{O}(\epsilon^3)$ まで展開すると，

$$
\begin{aligned}
I_{\mathrm{kin}} = \frac{1}{\kappa_{\mathrm{g}}^2} \int dt d^3\vec{x} \Bigg\{ & (1 + 3\zeta) \left[\frac{3\lambda - 1}{\lambda - 1} \dot{\zeta}^2 + \frac{1}{8} \dot{h}^{\mathrm{TT}ij} \dot{h}_{ij} \right] \\
& + \frac{1}{2} \zeta \partial^i (\partial_i B \Delta B + 3 \partial^j B \partial_i \partial_j B) - \frac{1}{4} (\dot{h}^{\mathrm{TT}ij} \partial_k h_{ij}^{\mathrm{TT}}) \partial^k B \\
& + \frac{1}{2} (\partial^k h_{ij}^{\mathrm{TT}} \partial_k B - 3 \dot{h}_{ij}^{\mathrm{TT}} \zeta) \partial^i \partial^j B \Bigg\} + \mathcal{O}(\epsilon^4),
\end{aligned}
\tag{6.62}
$$

を得る．ここで，B は (6.47) で与えられ，空間座標の足は δ^{ij} と δ_{ij} で上下する．B を消去し，運動項 (6.62) を ζ および h_{ij}^{TT} で書き表すと，各項は時間微分をちょうど 2 つ含んでいる．

以上の議論を拡張して，作用を ϵ の $(n+2)$ 次 $(n = 1, 2, \cdots)$ まで展開するには，運動量拘束条件は n 次まで解けば十分である．シフトベクトルの成分 B と n_i^{T} を

$$
B = B_1 + B_2 + \cdots, \quad n_i^{\mathrm{T}} = n_i^{(1)} + n_i^{(2)} + \cdots,
\tag{6.63}
$$

のように ϵ で展開し，運動量拘束条件を n 次まで摂動的に解くことにしよう．ここで，B_n と $n_i^{(n)}$ は $\mathcal{O}(\epsilon^n)$ であるとする．すると，B_n （と $n_j^{(n)}$）は様々な項の和になるが，$(\lambda - 1)$ の負の冪は $(\lambda - 1)^{-n}$ （と $(\lambda - 1)^{-(n-1)}$）まで含んでいる．そして，各項は時間微分をちょうど 1 つ含む．これらを使うと，運動項 I_{kin} の被積分関数を $\mathcal{O}(\epsilon^{n+2})$ まで展開したものも様々な項の和になり，$(\lambda - 1)$ の負の冪を $(\lambda - 1)^{-(n+2)}$ まで含むことが分かる．ただし，部分積分により $(\lambda - 1)^{-(n+2)}$ に比例する項はキャンセルするので，I_{kin} は結局，$(\lambda - 1)$ の負の冪を $(\lambda - 1)^{-(n+1)}$ まで含むことになる．そして，I_{kin} 中の各項は，時間微分をちょうど 2 つずつ含むことになる．一方，作用中のポテンシャル項 $I_{z=3,\cdots,0}$ は，ζ や h_{ij}^{TT} の時間微分を全く含まず，λ にも依存しない．

結局，ポテンシャル項 $I_{z=3,\cdots,0}$ は $\lambda \to 1$ の極限で有限にとどまるが，運動項 I_{kin} 中の多くの項の係数は $\lambda \to 1$ の極限で発散することが分かった．そして，発散の度合いは，摂動の高次になるほど高くなる．これは，$\lambda \to 1$ の極限において，ϵ による摂動展開が完全に破綻することを意味する．

6.2.3.4　非摂動的な解析と GR 極限：球対称静的な真空解

極限 $\lambda \to 1$ において，摂動展開が破綻することが分かった．これは様々な計算が難しくなるという意味では困るかもしれないが，massive gravity における Vainshtein 機構のようなことが期待できるかもしれないという意味では朗報である．さらに，projectable Hořava-Lifshitz 理論の場合の重力の振る舞いは，繰り込み可能性により，有限個のパラメータ $\kappa_{\mathrm{g}}, \lambda, c_{\mathrm{g}}, \Lambda, c_n \, (n = 1, 2, \cdots, 7)$ によって非線形レベルでも記述できることが保証されている．したがって，問

題は，摂動展開に頼らずに解析を行えるかということだけである．

一般に，非摂動的な解析は容易ではない．そこで，ここでは球対称で静的な状況に限って，$\lambda \to 1$ 極限の連続性を示そう．また，低エネルギーでの一般相対論の回復を議論したいので，低エネルギー有効作用 (6.22) を使うことにする．さらに，簡単のため，宇宙項 Λ を零とし，（テンソル）重力波の伝搬速度 c_g を 1 とする．仮に高階微分項 $I_{z=3}$ と $I_{z=2}$ や宇宙項を含めたとしても，それらは λ に依存しないので，$\lambda \to 1$ の極限の連続性を変えないはずである．

Foliation preserving diffeomorphism を使い，球対称で静的な状況における基本変数 (N, N^i, γ_{ij}) は

$$N = 1, \quad N_i dx^i = \beta(x)dx, \quad \gamma_{ij}dx^i dx^j = dx^2 + r(x)^2 d\Omega_2^2 \qquad (6.64)$$

と書くことができる．ここで，$d\Omega_2^2 = d\theta^2 + \sin^2\theta d\phi^2$ は 2 次元単位球の計量．運動量拘束条件 (6.28) の x 成分と空間計量の運動方程式 (6.34) の xx 成分は，

$$\frac{\beta r''}{r} + (\lambda - 1)\left[\frac{\beta''}{2} + \frac{\beta' r'}{r} + \frac{\beta r''}{r} - \frac{\beta(r')^2}{r^2}\right] = 0, \qquad (6.65)$$

$$1 - (r')^2 + 2\beta\beta' rr' + 2\beta^2 rr'' + \beta^2(r')^2$$
$$+ (\lambda - 1)\left[\beta\beta'' r^2 + 2\beta^2 rr'' + 4\beta\beta' rr' + \frac{1}{2}(\beta')^2 r^2\right] = 0, \qquad (6.66)$$

のようになる．ここで，$'$ は x に関する微分である．空間計量の運動方程式 (6.34) の $\theta\theta$ 成分は，$r' \neq 0$ である限り，上の 2 つの式からしたがう．さらに，$\lambda \geq 1$ であれば $r' \neq 0$ であることも，上の 2 つの式から言える[*5]．したがって，$\lambda \geq 1$ であれば，(6.65) と (6.66) を解けばよいことになる[*6]．

式 (6.66) において，ある開区間で $\beta = 0$ とすると，$r' = \pm 1$ という平坦な解しか許されない．そのため以下では，少なくとも興味のある空間の点において $\beta \neq 0$ を仮定する．

では，$\lambda \to 1 + 0$ 極限の連続性を示そう．そのためには，

$$R \equiv \beta^{(\lambda-1)/(2\lambda)} r \qquad (6.67)$$

のように新しい変数 $R(x)$ を導入し，(6.65) と (6.66) を

$$R'' + \frac{\lambda - 1}{\lambda}\left[\frac{(3\lambda - 1)(\beta')^2 R}{4\lambda^2\beta^2} + \frac{(\lambda - 1)\beta' R'}{\lambda\beta} - \frac{(R')^2}{R}\right] = 0, \qquad (6.68)$$

$$\frac{\beta'}{\beta} - \frac{(\lambda - 1)R}{4\lambda R'}\left(\frac{\beta'}{\beta}\right)^2 + \frac{\lambda}{RR'}\frac{\beta^{(\lambda-1)/\lambda} + [(2\lambda - 1)\beta^2 - 1](R')^2}{(3\lambda - 1)\beta^2 + (\lambda - 1)} = 0$$
$$(6.69)$$

[*5] 第 1 式に $2r^2\beta$ を乗じたものから第 2 式を減ずれば明らか．

[*6] ハミルトニアン拘束条件 (6.25) は全空間で積分した式であり，興味のある天体から遥かに離れた場所からの寄与も含むが，そのような遠方には (6.64) は適用できないであろう．そのため，(6.64) の適用範囲からの寄与が零にならなくても，全空間での積分を零にすることは容易にできる．

のように書き直すのが便利である[*7]. 第2式は, β'/β についての2次代数方程式なので,

$$\frac{\beta'}{\beta} = \frac{1 \pm \sqrt{1+4AB}}{2A}, \tag{6.70}$$

$$A \equiv \frac{(\lambda-1)R}{4\lambda R'}, \quad B \equiv \frac{\lambda}{RR'}\frac{\beta^{(\lambda-1)/\lambda} + [(2\lambda-1)\beta^2 - 1](R')^2}{(3\lambda-1)\beta^2 + (\lambda-1)} \tag{6.71}$$

のように解くことができる. 2つの方程式 (6.68), (6.70) は, R と β の最高階微分すなわち R'' と β' を (R, R', β) の関数として与える. そして, (6.70) で '−' 符号を選べば, R'' と β' を与える関数は $\lambda \to 1+0$ の極限で連続かつ有限である:

$$\lim_{\lambda \to 1+0} R'' = 0, \quad \lim_{\lambda \to 1+0} \frac{\beta'}{\beta} = \lim_{\lambda \to 1+0} \frac{(1-\beta^2)(R')^2 - 1}{2RR'\beta^2}. \tag{6.72}$$

実際, これらの極限は, (6.68) と (6.69) で最初から $\lambda = 1$ とした式と一致している.

比較のため, 一般相対論において,

$$ds^2 = -dt^2 + [dx + \beta(x)dt]^2 + r(x)^2 d\Omega_2^2 \tag{6.73}$$

という形の4次元計量を考察しよう. この場合, Einstein 方程式 $G_{\mu\nu} = 0$ の非自明な成分は

$$\beta r'' = 0, \quad \beta\beta' = \frac{(1-\beta^2)(r')^2 - 1}{2rr'} \tag{6.74}$$

だけである. ここで, 先程と同様, 興味のある空間の点において, $\beta \neq 0$ を仮定しよう. すると, Einstein 方程式 (6.74) は, (6.70) で '−' 符号を選んだ場合の $\lambda \to 1+0$ 極限 (6.72) と一致する. したがって, (6.70) で '−' 符号を選べば, $\lambda \to 1$ の極限で一般相対論を再現することが示された. これは, 5.2.2 節で解説した **Vainshtein 機構**と同様の機構が, projectable Hořava-Lifshitz 理論の $\lambda \to 1$ 極限でも起こるということである.

次に, 同じく 5.2.2 節で解説した, **Vainshtein 半径**に対応する半径を求めてみよう. 鍵となるのは, (6.71) の第2式で与えられる, B の式である. 特に, 分母に $(3\lambda-1)\beta^2 + (\lambda-1)$ という組み合わせがあることに注意しよう. 第1項 $(3\lambda-1)\beta^2$ と第2項 $(\lambda-1)$ のどちらが大きいかに応じて, 解の振る舞いが大きく変わる.

(i) $(3\lambda-1)\beta^2 \ll (\lambda-1)$ は, 摂動論が使える領域に対応し, この条件を満たしながら $\lambda \to 1$ の極限を取っても一般相対論と一致しない.

[*7] 元の方程式 (6.65) と (6.66) における β の最高階微分は β'' で, その係数は $\lambda \to 1$ の極限で零になる. そのため, そのままでは $\lambda \to 1$ の極限を取るのが難しい. 一方, 変数変換後の方程式 (6.69) には β'' が含まれず, β' の係数は $\lambda \to 1$ の極限で零にならない. 一方, (6.68) は $R(x)$ についての微分方程式であり, $\lambda \to 1$ の極限は明らかに正則.

(ii) $(3\lambda - 1)\beta^2 \gg (\lambda - 1)$ では，摂動論が破綻し，上で示したように，非線形の効果により $\lambda \to 1$ の極限で一般相対論の予言を回復する．

Vainshtein 半径に対応するのは，(i) と (ii) の境界である．その半径を決めるため，(ii) の領域にあると想定し，$\lambda \to 1$ の極限で β^2 を評価しよう．(i) と (ii) の境界を大雑把に評価するという目的のためには，これで十分であろう．そしてこれは，Einstein 方程式 (6.74) の解を求めることと等価である．解は，$\beta \neq 0$ の場合，無限遠で平坦になるように積分定数を選ぶ[*8)] と，

$$r = x + x_0 , \quad \beta = \pm \sqrt{\frac{r_\mathrm{g}}{r}} \tag{6.75}$$

である[*9)]．ここで x_0 と r_g は定数．したがって，(i) と (ii) の境界の半径 r_V は，$(3\lambda - 1)\beta^2 \sim (\lambda - 1)$ に (6.75) を代入すれば求まる．結果は，$0 < \lambda - 1 \ll 1$ に対して

$$r_\mathrm{V} \sim \frac{r_\mathrm{g}}{\lambda - 1} \tag{6.76}$$

となる．境界の半径 r_V は，$\lambda \to 1 + 0$ の極限で大きくなり，$\lambda - 1 \, (> 0)$ が十分小さければ，例えば太陽質量程度の $r_g/(2\kappa_\mathrm{g}^2)$ に対して r_V を太陽系全体の半径よりも大きくすることもできる．この半径よりも内側で，ただし高階微分項が無視できる程度の長距離において，一般相対論が回復する．

6.2.3.5 球対称解と Newton 極限

前小々節の結果により，低エネルギーにおける球対称 '−' 解は，$\lambda \, (> 1)$ を 1 に近づけていくと，式 (6.76) で定義される半径 r_V 内で一般相対論における球対称真空解すなわち Schwarzschild 計量を ADM 分解したものに近づく．この議論は高階微分項 $L_{z>1}$ を無視しているが，天体などの巨視的な系に対しては非常に良い近似と言える．

高階微分項 $L_{z>1}$ を残しても，同様にして $\lambda \to 1 + 0$ の極限の連続性を示すことができる．そこで，ここでは最初から $\lambda = 1$ として，$L_{z>1}$ による補正を評価しよう．まず，$L_{z>1}$ の効果を取り入れた方程式は，

$$r' = r_1 , \quad \frac{d}{dr}(rr_1^2\beta^2) = (r_1^2 - 1) - \sum_{z=2}^{3} \frac{\alpha_z(r_1)}{r^{2z}} , \tag{6.77}$$

である．ここで，r_1 は積分定数で，$\alpha_z(r_1) \, (z = 2, 3)$ は r_1 と $L_{z>1}$ 内のパラメータで決まる定数．もしも $r_1 = 1$ だと空間計量は平坦となるので，

$$\alpha_z(1) = 0 \quad (z = 2, 3) . \tag{6.78}$$

一般の r_1 に対して (6.77) 第 2 式を積分すると，μ を積分定数として，

$$r_1^2 \beta^2 = (r_1^2 - 1) + \frac{2\mu}{r} + \sum_{z=2}^{3} \frac{\alpha_z(r_1)}{2z-1} \frac{1}{r^{2z}}, \qquad (6.79)$$

となる[63]．

　天体などの巨視的な系に対しては，高階微分項 $L_{z>1}$ が効くスケールに比べて r は十分大きいはずである．したがって (6.79) において最初の 2 項だけを考慮すればよく，期待通り，解は質量 μ の Schwarzschild 計量を ADM 分解したものとなる[*10]：

$$r' = r_1, \quad r_1^2 \beta^2 \simeq (r_1^2 - 1) + \frac{2\mu}{r}. \qquad (6.80)$$

この解において，ADM 分解は定数 r_1 によって特徴づけられる．もしも $r_1 = 1$ だと，時間一定面の空間計量は平坦で，(6.78) のように高階微分項 $L_{z>1}$ の効果は厳密に零となる．したがって，(6.80) で $r_1 = 1$ としたものは厳密解となる．このように球対称時空を平坦な空間計量で ADM 分解する座標は，**Painlevé-Gullstrand 座標**と呼ばれる．

　一般相対論における Newton 極限では，計量が (3.19) のようになる座標を選び，ラプス関数 N[*11] の空間座標に依存する部分を Newton ポテンシャルとみなすのが普通である．一方，projectable Hořava-Lifshitz 理論において，ラプス関数 N は時間だけの関数であり，空間座標にはまったく依存しない．この場合，**Newton ポテンシャル**はどこにあるのだろうか? 答えは (6.80) を見れば明らかであり，Newton ポテンシャルの情報はシフトベクトルと空間計量に含まれている．一般相対論においても，少なくとも局所的にはラプス関数を 1 に選ぶことが可能で，その場合には当然，シフトベクトルと空間計量が（Newton ポテンシャル等の）重力の情報を全て担う．

　Hořava-Lifshitz 理論において，2 つの解が共通の 4 次元時空計量を持っていたとしても，時間と空間への分解（ADM 分解）が違うと，それらは物理的に異なる解である．さらに，そのような 2 つの解は異なる空間曲率を持つため，高階微分項 $L_{z>1}$ は一般に異なる効果を及ぼす．また，それらの解の周りの重力の摂動は，一般には異なる振る舞いをするだろう．それにもかかわらず，低エネルギーにおいて，それらの異なる解を実験や観測で区別するのは容易ではない．なぜなら，これまでの実験や観測と無矛盾であるためには，少なくとも低エネルギーでは物質の作用の Lorentz 対称性が十分回復していなくてはならず，その場合，物質の運動によって重力を計測する限りにおいて，同じ 4 次元時空計量の異なる ADM 展開を区別できないからである．これは，物質場の作

[*10]　また，Kerr 時空を $N = 1$ となるように ADM 分解したもの（例えば文献 [64] 参照）は，λ (> 1) が十分 1 に近い場合，回転している巨視的な系を表す近似解となる．

[*11]　(3.19) において，$g_{00} = -N^2 + \mathcal{O}(\epsilon^6)$ なので，$N = 1 - U + \mathcal{O}(\epsilon^4)$．

用が空間座標だけでなく時間座標の変換に対しても不変であれば，"11個目の PPNパラメータ"ζ_Bの値を観測することが原理的に不可能であることと同じである（3.1.6節参照）．また，Fierz-Pauli理論におけるPPNパラメータの計算（5.2.1節参照）の際，$h_{ij}(x)$を$\mathsf{h}_{ij}(x)$で置き換えたのも，全く同じ理由による．

　ここまでをまとめると，projectable Hořava-Lifshitz理論において，Newton ポテンシャルは，シフトベクトルと空間計量によって担われる．それにもかかわらず，低エネルギーにおいて，物質はNewtonポテンシャルがラプス関数に含まれている場合と全く同じように運動する．したがって，ラプス関数が時間だけの関数であることは，**Newton極限**と矛盾しない．

6.2.3.6　$r = 0$ 近傍の時間依存性

　6.2.3.4節と6.2.3.5節では，解が球対称で時間に依存しないと仮定した．しかし，実は，この仮定は$r = 0$の近傍では成立しない．中心$r = 0$において解が正則であるために，一般相対論では4次元曲率が有限であることを要請するが，Hořava-Lifshitz理論においては3次元曲率と外曲率の両方が有限[*12)]であることを要請しなくてはならない．その結果，解が球対称の中心$r = 0$で時間に依存しないと想定すると，矛盾が生じる[63]．これは，$r = 0$の近傍では解が時間依存性を持つことを意味する．6.2.3.7節や6.4.1節で述べるように，projectable Hořava-Lifshitz理論には，低エネルギーで**ダークマター**のように振る舞う成分が組み込まれているが，その静止系は測地線に沿うので，重力源に対して相対的に静止できないのである．

　一般に，時空の計量を固定した上で測地線の束を考えると，各測地線は他の測地線と簡単に交差してしまう．このような交差は，**caustics**と呼ばれる．Hořava-Lifshitz理論に組み込まれたダークマター成分の世界線の束にcaustics が生じると，非常に困ったことになる．このダークマター成分の世界線は(2.52)で定義される4次元速度ベクトルn^μに接している（(6.208)-(6.210)参照）が，これは時間一定面に直交する．したがって，causticsが起こると，そこから先は時間一定面を定義できなくなるのである．つまり，理論に組み込まれたダークマター成分の世界線の束にcausticsが生じると，それは理論の破綻を意味する．6.4.2節で解説するように，一様等方宇宙の場合には，causticsが起こる前に高階微分項が効いて，causticsを回避できること，すなわち**バウンス**が起こることが分かっている．一般の場合の解析は難しいが，バウンスが起こるためには，高階微分項だけでなくλが高エネルギーで1からずれることも重要であることが分かっている[65]．

　もしも6.4.2節で示すようなバウンスによる**caustics**の回避が一般的に起こるとすると，時空のいたるところで"caustics未遂"とミクロのバウンスが起こ

---

*12)　これは，4次元曲率が有限であることの十分条件であるが必要条件ではない．

る可能性が十分ある．ミクロのバウンスは，重力を通じてしか観測することができないと予想され，各領域が $0.01\,\mathrm{mm}$ よりも十分小さければ，これまでの重力実験と矛盾しないはずである．ミクロのバウンスの大きさは，高階微分項が顕著になるスケールで決まるはずであるから，大雑把には，(6.51) で定義される M_s や M_t の逆数程度であるあろう．このようなミクロの構造を**粗視化**つまり平均化した場合，低エネルギーの有効理論のパラメータは，元の値からずれると期待される[65]．また，粗視化した後には，ダークマター成分の4次元速度ベクトルが，時間一定面に直交するとは限らない．例えば，粗視化前の4次元速度ベクトルは1階微分の反対称成分すなわち**回転成分**を持てないが，粗視化後には一般的にはそうとはならないだろう．Caustics 回避のメカニズムとミクロのバウンスの性質，また，このようなプロセスを考慮した上での粗視化後の低エネルギーの有効理論については，ほとんど分かっていないのが現状である．今後の研究に期待したい．

6.2.3.7 ダークマターとしてのスカラー重力子

6.2.3.4 節では，球対称静的な真空解を摂動論に頼らずに解析し，$\lambda \to 1+0$ の極限で，(6.76) で与えられる "Vainshtein 半径" r_V よりも内側では，一般相対論が回復することを示した．もっと一般の場合，つまり球対称でなかったり，時間に依存していたり，真空でなかったりする場合にも大丈夫だろうか？一般の場合の非線形解析は難しいが，いくつかの状況証拠はある．

まず，6.2.3.3 節での議論から，Minkowski 背景の周りで，スカラー重力子 ζ の作用が

$$I_\zeta = \frac{1}{2}\int dt d^3\vec{x}\left\{\left[f\left(\frac{\zeta}{\lambda-1}\right)+g_\lambda(\zeta)\right]\frac{\dot{\zeta}^2}{\lambda-1}-V(\zeta)\right\} \tag{6.81}$$

という形になっていることが分かる．ここで，$f(x)$ は x の無限級数，$g_\lambda(\zeta)$ は $\lambda \to 1+0$ で有限な関数で，$V(\zeta)$ は λ に依存しない．関数 $f(x)$ を x で，$g_\lambda(\zeta)$ と $V(\zeta)$ を ζ で展開した際の各係数は，空間微分と空間積分から作った微分積分演算子である．（したがって，正確には f, g_λ, V は汎関数．）この作用において，$\dot{\zeta}^2$ の係数は，時間微分を含まない．そこで，

$$\zeta_\mathrm{c} = \int\sqrt{f\left(\frac{\zeta}{\lambda-1}\right)+g_\lambda(\zeta)}\,\frac{d\zeta}{\sqrt{\lambda-1}} \tag{6.82}$$

によって ζ から ζ_c へ変数変換[*13)]すると，$\lambda \to 1+0$ の極限で

$$I_\zeta \to \frac{1}{2}\int dt d^3\vec{x}\,\dot{\zeta}_\mathrm{c}^2, \quad (\lambda \to 1+0) \tag{6.83}$$

となる．したがって，ζ_c で見ると，自己相互作用は $\lambda \to 1+0$ の極限で全くな

[*13)] この変換は，空間について非局所的である．一方，時間については局所的であるだけでなく，微分も含まない．

くなり，音速 0 の自由場とみなせるはずである．また，計量をζと h_{ij}^{TT} で書け
ばλに依存しないので，物質場とζが計量を通じてのみ相互作用する限り，物
質場とζとの相互作用項がλに依存することはない．したがって，ζ_{c} を使って
有効作用を書き直せば，物質場と ζ_{c} との直接の相互作用はなくなるだろう．結
局，ζ_{c} は，音速が 0 で，物質場と直接は相互作用しない場のように振る舞うこ
とが予想される．これは，流体としてのダークマターに必要とされる性質その
ものである．

　ただ，この議論では，スカラー重力子とテンソル重力子が非線形レベルでどの
ように相互作用するのかは明らかでない．何らかの簡単化をして具体的な計算
が可能な状況を設定し，詳しく調べる必要がある．たとえば，宇宙の地平線よ
りも大きなスケールにおける非線形揺らぎについては，**gradient expansion**
と呼ばれる手法を用いて，$\lambda \to 1+0$ の極限を非線形レベルで調べることがで
きる．物質場としてスカラー場を導入して詳しい計算をすると，$\lambda \to 1+0$ 極
限は連続かつ有限で，一般相対論と物質場としてのスカラー場にダークマター
を加えたものに一致する[66]．この結果は，$\lambda \to 1+0$ 極限において，スカラー
重力子がダークマターとして振る舞うだろうという予想に合致している．6.4.1
節では，projectable Hořava-Lifshitz 理論に組み込まれた，このダークマター
候補について，もう少し詳しく解説する．

6.2.4　繰り込み可能性

　Projectable 理論は，2009 年に次数勘定の意味で繰り込み可能な重力理論と
して提唱されたが，**繰り込み可能性**が証明されたのは 2016 年である[67]．本節
では，証明の大雑把な流れを解説する．

6.2.4.1　BRST 形式
ゲージ変換
　Projectable 理論では，理論レベルでラプス関数 N を時間だけの関数とみな
す．基本となるゲージ変換は foliation preserving diffeomorphism (6.9) で，
微小 foliation preserving diffeomorphism によって基本変数 (6.12) は (6.14)
のように変換する．時間座標 t の変換の自由度を，

$$N = 1 \tag{6.84}$$

となるように固定すると，残った基本変数 (N^i, γ_{ij}) の変換則は

$$\delta N^i = \partial_t \xi^i + \mathcal{L}_\xi N^i = \dot{\xi}^i + \xi^j \partial_j N^i - N^j \partial_j \xi^i,$$
$$\delta \gamma_{ij} = \mathcal{L}_\xi \gamma_{ij} = \xi^k \partial_k \gamma_{ij} + \gamma_{kj} \partial_i \xi^k + \gamma_{ik} \partial_j \xi^k \tag{6.85}$$

である．

BRST 変換

BRST 変換は，基本変数に関しては，(6.85) において ξ^i を BRST ゴーストと呼ばれるグラスマン奇の場 c^i で置き換えればよい．

$$\boldsymbol{\delta}_{\mathrm{B}} N^i = \dot{c}^i + c^j \partial_j N^i - N^j \partial_j c^i \,,$$

$$\boldsymbol{\delta}_{\mathrm{B}} \gamma_{ij} = c^k \partial_k \gamma_{ij} + \gamma_{kj} \partial_i c^k + \gamma_{ik} \partial_j c^k \,. \tag{6.86}$$

BRST ゴースト c^i の BRST 変換は $\boldsymbol{\delta}_{\mathrm{B}}^2 = 0$ となるように決める．そこで $\boldsymbol{\delta}_{\mathrm{B}}^2 N^i$ を形式的に計算してみると，

$$\begin{aligned}
\boldsymbol{\delta}_{\mathrm{B}}^2 N^i &= \boldsymbol{\delta}_{\mathrm{B}}(\dot{c}^i + c^j \partial_j N^i - N^j \partial_j c^i) \\
&= \left[\partial_\perp (\boldsymbol{\delta}_{\mathrm{B}} c^i) + (\partial_j N^i)(\boldsymbol{\delta}_{\mathrm{B}} c^j) \right] - \left[\partial_\perp (c^j \partial_j c^i) + (\partial_j N^i)(c^k \partial_k c^j) \right]
\end{aligned} \tag{6.87}$$

なので，これが恒等的に 0 となるように，

$$\boldsymbol{\delta}_{\mathrm{B}} c^i = c^j \partial_j c^i \tag{6.88}$$

とすべきことが分かる．ここで，$\partial_\perp \equiv (1/N)(\partial_t - N^k \partial_k) = (\partial_t - N^k \partial_k)$．実際，このように $\boldsymbol{\delta}_{\mathrm{B}} c^i$ を定義しておけば，

$$\boldsymbol{\delta}_{\mathrm{B}}^2 \gamma_{ij} = \boldsymbol{\delta}_{\mathrm{B}}(c^k \partial_k \gamma_{ij} + \gamma_{kj} \partial_i c^k + \gamma_{ik} \partial_j c^k) = 0 \,,$$

$$\boldsymbol{\delta}_{\mathrm{B}}^2 c^i = \boldsymbol{\delta}_{\mathrm{B}}(c^j \partial_j c^i) = 0 \,, \tag{6.89}$$

がしたがう．具体的な計算では，$\boldsymbol{\delta}_{\mathrm{B}}$ と c^i がグラスマン奇であることに注意してほしい．

ゲージ不変な作用から BRST 不変な作用を構成するには，**BRST 反ゴースト** $\bar{c}^i$ も導入するのが便利で，その BRST 変換によって**補助場** B^i を定義する．

$$\boldsymbol{\delta}_{\mathrm{B}} \bar{c}^i = B^i \,. \tag{6.90}$$

そして，$\boldsymbol{\delta}_{\mathrm{B}}^2 = 0$ となるように B^i の BRST 変換を決める．これは簡単で，

$$\boldsymbol{\delta}_{\mathrm{B}}^2 \bar{c}^i = \boldsymbol{\delta}_{\mathrm{B}} B^i \tag{6.91}$$

なので，

$$\boldsymbol{\delta}_{\mathrm{B}} B^i = 0 \tag{6.92}$$

である．当然であるが，

$$\boldsymbol{\delta}_{\mathrm{B}}^2 B^i = \boldsymbol{\delta}_{\mathrm{B}} 0 = 0 \,. \tag{6.93}$$

まとめると，

$$\delta_{\mathrm{B}} N^i = \dot{c}^i + c^j \partial_j N^i - N^j \partial_j c^i \,,$$

$$\delta_{\mathrm{B}} \gamma_{ij} = c^k \partial_k \gamma_{ij} + \gamma_{kj} \partial_i c^k + \gamma_{ik} \partial_j c^k \,,$$

$$\delta_{\mathrm{B}} c^i = c^j \partial_j c^i \,, \quad \delta_{\mathrm{B}} \bar{c}^i = B^i \,, \quad \delta_{\mathrm{B}} B^i = 0 \,, \tag{6.94}$$

で，$\delta_{\mathrm{B}}^2 = 0$ が成立している.

ゲージ固定項と FP 項

一般に，ゲージ固定項と Faddeev-Popov (FP) 項の和は

$$\mathcal{L}_{\mathrm{GF+FP}} = \delta_{\mathrm{B}}(\bar{c}^k F_k) \,, \quad F_k = F_k(N^i, \gamma_{ij}, D_i, c^i, \bar{c}^i, B^i) \tag{6.95}$$

で与えられる. ここで，D_i は γ_{ij} から作った空間共変微分.

簡単のため，F_k として

$$F_k = F_k^{(0)} - \frac{1}{2\sigma} \left(\mathcal{O}^{-1}\right)_{ij} B^j \,, \ F_k^{(0)} = F_k^{(0)}(N^i, \gamma_{ij}, D_i) \,, \ \delta_{\mathrm{B}} \mathcal{O}^{ij} = 0 \tag{6.96}$$

のように選ぶのが便利である. ここで，σ は定数で，$\mathcal{O}^{ij}$ は可逆微分演算子. すると，(6.95) により

$$\mathcal{L}_{\mathrm{GF+FP}} = B^i F_i - \bar{c}^i \delta_{\mathrm{B}} F_i$$

$$= B^i F_i^{(0)} - \frac{1}{2\sigma} B^i \left(\mathcal{O}^{-1}\right)_{ij} B^j - \bar{c}^i \delta_{\mathrm{B}} F_i^{(0)} \tag{6.97}$$

である. 補助場 B^i は運動項を持たないので，その運動方程式を代数的に解いて代入すると，

$$\mathcal{L}_{\mathrm{GF+FP}} = \frac{\sigma}{2} F_i^{(0)} \mathcal{O}^{ij} F_j^{(0)} - \bar{c}^i \delta_{\mathrm{B}} F_i^{(0)} \tag{6.98}$$

を得る. 右辺第 1 項がゲージ固定項 $\mathcal{L}_{\mathrm{GF}}$，第 2 項が FP 項 $\mathcal{L}_{\mathrm{FP}}$ である.

6.2.4.2　$F_i^{(0)}$ と $\mathcal{O}^{ij}$ の決定

ゲージ固定項と FP 項を (6.98) で与えるためには，$F_i^{(0)}$ と $\mathcal{O}^{ij}$ を指定する必要がある. それらは，以下の 2 条件を満たすように決める.

- ゲージ固定項と FP 項が marginal，つまり $[dt d^3 \vec{x} \mathcal{L}_{\mathrm{GF+FP}}] = 0$.
- 全てのプロパゲーターが regular.

ここで，基本変数や微分演算子などのスケーリング次元は (6.16) で与えられ，BRST ゴーストおよび反ゴーストのスケーリング次元は，

$$[c^i] = 0 \,, \quad [\bar{c}^i] = 0 \tag{6.99}$$

とする. また，プロパゲーターが regular かどうかは，以下の定義にしたがう.

定義 6.1. 演算子 Φ_1 と Φ_2 のスケーリング次元を，それぞれ r_1 と r_2 とする. プロパゲーター $\langle \Phi_1 \Phi_2 \rangle$ は，M を自然数として，

$$\langle \Phi_1 \Phi_2 \rangle = \frac{P(\omega, \vec{k})}{D(\omega, \vec{k})},$$

$$P(\omega, \vec{k}) = (\omega \text{と} k^2 \text{の多項式}), \text{ scaling degree} \leq r_1 + r_2 + 2(M-1)d,$$

$$D(\omega, \vec{k}) = \prod_{m=1}^{M} (A_m \omega^2 + B_m k^{2d} + \cdots), \quad A_m > 0, \ B_m > 0, \qquad (6.100)$$

という形に書ける場合, **regular** という. ここで, $d=3$ は空間次元数で, **scaling degree** は $P(\omega, \vec{k})$ の全ての項のスケーリング次元の中で最大のもの.

以下では, Minkowski 背景 $(N^i = 0, \gamma_{ij} = \delta_{ij}, c^i = 0, \bar{c}^i = 0)$ の周りの摂動

$$N^i, \quad h_{ij} = \gamma_{ij} - \delta_{ij}, \quad c^i, \quad \bar{c}^i \qquad (6.101)$$

を考える.

Ansatz

$$F_i^{(0)} = \dot{N}_i + \frac{\Delta}{2\sigma} (C_1 \delta^{jk} \Delta \partial_j h_{ik} + C_2 \delta^{jk} \Delta \partial_i h_{jk} + C_3 \delta^{jl} \delta^{km} \partial_i \partial_j \partial_k h_{lm})$$

$$(6.102)$$

とすると[67], $[F_i^{(0)}] = 2z - 1 = 5$ なので,

$$[dt d^3 \vec{x} \mathcal{L}_{GF+FP}] = [dt d^3 \vec{x}] + 2 \times [F_i^{(0)}] + [\mathcal{O}^{ij}] = 4 + [\mathcal{O}^{ij}]. \quad (6.103)$$

ここで, $\Delta = \delta^{ij} \partial_i \partial_j$. したがって, $[dt d^3 \vec{x} \mathcal{L}_{\mathrm{GF+FP}}] = 0$ を満たすためには

$$\left[(\mathcal{O}^{-1})_{ij} \right] = 4 \qquad (6.104)$$

とすればよい. これを満たすものは, 比例定数を除き

$$(\mathcal{O}^{-1})_{ij} = \Delta(\delta_{ij} \Delta + \xi \partial_i \partial_j) \qquad (6.105)$$

と書ける. ここで ξ は定数.

$\mathcal{L}_{\mathrm{GF}}$ と $\mathcal{L}_{\mathrm{FP}}$

ゲージ固定項は, (6.102) と (6.105) を使って

$$\mathcal{L}_{\mathrm{GF}} = \frac{\sigma}{2} F_i^{(0)} \mathcal{O}^{ij} F_j^{(0)} \qquad (6.106)$$

のように与えられる.

FP 項は,

$$\mathcal{L}_{\mathrm{FP}} = -\bar{c}^i \boldsymbol{\delta}_{\mathrm{B}} F_i^{(0)} \qquad (6.107)$$

で与えられるが,

$$\boldsymbol{\delta}_{\mathrm{B}} F_i^{(0)} = \ddot{c}_i + \frac{\Delta}{2\sigma} \left[C_1 \Delta^2 c_i + (C_1 + 2C_2 + 2C_3) \Delta \partial_i \partial_j c^j \right] + \mathcal{O}(\epsilon^2)$$

$$(6.108)$$

なので，全微分を除いて

$$\mathcal{L}_{\mathrm{FP}} = \dot{\bar{c}}^i \dot{c}_i - \frac{C_1}{2\sigma}\bar{c}^i \Delta^3 c_i + \frac{C_1 + 2C_2 + 2C_3}{2\sigma}(\partial_i \bar{c}^i)\Delta^2(\partial_j c^j) + \mathcal{O}(\epsilon^3) \quad (6.109)$$

を得る．ここで，$c_i \equiv \delta_{ij}c^j$, $\bar{c}_i \equiv \delta_{ij}\bar{c}^j$ で，(6.101) で導入した各摂動変数を $\mathcal{O}(\epsilon)$ とした．

スカラー・ベクトル・テンソル分解

基本摂動変数を

$$N_i = \partial_i B + n_i^{\mathrm{T}}, \quad c_i = \partial_i c + c_i^{\mathrm{T}}, \quad \bar{c}_i = \partial_i \bar{c} + \bar{c}_i^{\mathrm{T}},$$
$$h_{ij} = 2\zeta\delta_{ij} + 2\partial_i\partial_j E + (\partial_i E_j^{\mathrm{T}} + \partial_j E_i^{\mathrm{T}}) + h_{ij}^{\mathrm{TT}} \quad (6.110)$$

のように分解する．ここで，n_i^{T}, E_i^{T}, c_i^{T}, $\bar{c}_i^{\mathrm{T}}$ は transverse 条件（(6.42) および $\delta^{ij}\partial_i c_j^{\mathrm{T}} = \delta^{ij}\partial_i \bar{c}_j^{\mathrm{T}} = 0$），$h_{ij}^{\mathrm{TT}}$ は transverse traceless 条件 (6.43) を満たす．

高エネルギーでの Euclidean 作用は，

$$I_{UV} = I_{\mathrm{kin}} - I_{z=3} + \int dt d^3\vec{x}(\mathcal{L}_{\mathrm{GF}} + \mathcal{L}_{\mathrm{FP}})$$
$$= \int dt d^3\vec{x}(\mathcal{L}_{\mathrm{S}} + \mathcal{L}_{\mathrm{V}} + \mathcal{L}_{\mathrm{T}}) \quad (6.111)$$

のように分解される．ここで，$\mathcal{L}_{\mathrm{S}}$ は $(B, \zeta, E, c, \bar{c})$, $\mathcal{L}_{\mathrm{V}}$ は $(n_i^{\mathrm{T}}, E_i^{\mathrm{T}}, c_i^{\mathrm{T}}, \bar{c}_i^{\mathrm{T}})$, $\mathcal{L}_{\mathrm{T}}$ は h_{ij}^{TT} にのみ依存する．

C_1, C_2, C_3

定数 C_1, C_2, C_3 は任意だったので，作用がなるべく簡単な形になるように選ぶことにしよう．

$$\mathcal{L}_{\mathrm{S}} \ni \frac{(\lambda-1)(\xi+1) + C_1 + C_2 + C_3}{\xi+1}(\Delta B)(\Delta \dot{E}),$$
$$\frac{(3\lambda-1)(\xi+1) + C_1 + 3C_2 + C_3}{\xi+1}(\Delta B)\dot{\zeta},$$
$$\mathcal{L}_{\mathrm{V}} \ni \frac{1}{2}(C_1-1)\delta^{ik}\delta^{jl}(\partial_i B_j^{(T)})(\partial_k \dot{E}_l^{\mathrm{T}}) \quad (6.112)$$

なので，

$$(\lambda-1)(\xi+1) + C_1 + C_2 + C_3 = 0,$$
$$(3\lambda-1)(\xi+1) + C_1 + 3C_2 + C_3 = 0,$$
$$C_1 - 1 = 0 \quad (6.113)$$

とすれば，$\mathcal{L}_{\mathrm{S}}$ と $\mathcal{L}_{\mathrm{V}}$ を比較的簡単な形にできる．これから，

$$C_1 = 1, \quad C_2 = -\lambda(\xi+1), \quad C_3 = \xi \quad (6.114)$$

とすればよいことが分かる．

6.2.4.3 プロパゲーター

では，N^i, h_{ij}, c^i, $\bar{c}^i$ のプロパゲーターを求めよう．

2 次の作用

定数 C_1, C_2, C_3 を (6.114) のように選んだ後，スカラー・ベクトル・テンソル摂動それぞれの 2 次のラグランジアン密度は，以下のようになる．

$$
\begin{aligned}
\mathcal{L}_{\mathrm{S}} = {}& -\frac{3}{2}(3\lambda-1)\dot{\zeta}^2 - (3\lambda-1)\dot{\zeta}\Delta\dot{E} - \frac{1}{2}(\lambda-1)(\Delta E)^2 \\
& - \frac{\sigma}{2(\xi+1)}\dot{B}\Delta^{-1}\dot{B} - \dot{\bar{c}}\Delta\dot{c} \\
& + \left[-\frac{(3\lambda-1)^2(\xi+1)}{2\sigma} + 3C_1 + 8C_2 \right] \zeta\Delta^3\zeta \\
& - \frac{(3\lambda-1)(\lambda-1)(\xi+1)}{\sigma}\zeta\Delta^4 E - \frac{(\lambda-1)^2(\xi+1)}{2\sigma}E\Delta^5 E \\
& - \frac{1}{2}(\lambda-1)B\Delta^2 B - \frac{(\lambda-1)(\xi+1)}{\sigma}\bar{c}\Delta^3 c, \\
\mathcal{L}_{\mathrm{V}} = {}& \delta^{ij}\left[\frac{\sigma}{2}\dot{B}_i^{\mathrm{T}}\Delta^{-2}\dot{B}_j^{\mathrm{T}} - \frac{1}{4}\dot{E}_i^{\mathrm{T}}\Delta\dot{E}_j^{\mathrm{T}} + \ddot{\bar{c}}_i^{\mathrm{T}}\dot{c}_j^{\mathrm{T}} \right. \\
& \left. - \frac{1}{4}B_i^{\mathrm{T}}\Delta B_j^{\mathrm{T}} + \frac{1}{8\sigma}E_i^{\mathrm{T}}\Delta^4 E_j^{\mathrm{T}} - \frac{1}{2\sigma}\bar{c}_i^{\mathrm{T}}\Delta^3\bar{c}_j^{\mathrm{T}} \right], \\
\mathcal{L}_{\mathrm{T}} = {}& \frac{\delta^{ik}\delta^{jl}}{8}\left[\dot{h}_{ij}^{\mathrm{TT}}\dot{h}_{kl}^{\mathrm{TT}} + c_1 h_{ij}^{\mathrm{TT}}\Delta^3 h_{kl}^{\mathrm{TT}} \right].
\end{aligned}
\tag{6.115}
$$

スカラー・ベクトル・テンソル分解したプロパゲーター

スカラー・ベクトル・テンソル摂動それぞれの 2 次のラグランジアン密度 (6.115) を，摂動の各成分の Fourier 変換で書き表すと，各 4 次元運動量 $p^\mu = (\omega, \vec{k})$ に対して，行列が得られる．その逆行列を求めれば，スカラー・ベクトル・テンソル摂動それぞれのプロパゲーターを計算したことになる．

結果を書き表すために，$k = |\vec{k}|$ として，

$$
P_{\mathrm{tt}}(p) \equiv \frac{1}{\omega^2 - c_1 k^6}, \quad P_{\mathrm{s}}(p) \equiv \frac{1}{\omega^2 - \frac{(\lambda-1)(4c_1+8c_2)}{3\lambda-1}k^6},
$$

$$
P_1(p) \equiv \frac{1}{\omega^2 + \frac{1}{2\sigma}k^6}, \quad P_2(p) \equiv \frac{1}{\omega^2 - \frac{(\lambda-1)(\xi+1)}{\sigma}k^6}
\tag{6.116}
$$

という関数と，

$$
P_{ij} \equiv \frac{k^2\delta_{ij} - k_i k_j}{k^2}, \quad P_{ijkl} \equiv \frac{1}{2}(P_{ik}P_{jl} + P_{il}P_{jk} - P_{ij}P_{kl})
\tag{6.117}
$$

という射影演算子を定義しておくと便利である．

プロパゲーターの零でない成分は，$\mathcal{L}_{\mathrm{S}}$ からは

$$\langle B(p)B(-p)\rangle = \frac{1+\xi}{\sigma} k^2 P_2(p) \,,$$

$$\langle E(p)E(-p)\rangle = \frac{1}{2(\lambda-1)} \frac{1}{k^2} \left[(3\lambda-1)P_{\rm s}(p) - 2P_2(p)\right] \,,$$

$$\langle E(p)\zeta(-p)\rangle = \frac{1}{2} \frac{1}{k^2} P_{\rm s}(p) \,,$$

$$\langle \zeta(p)\zeta(-p)\rangle = \frac{\lambda-1}{2(3\lambda-1)} P_{\rm s}(p) \,,$$

$$\langle \bar{c}(p)c(-p)\rangle = \frac{1}{k^2} P_2(p) \,, \tag{6.118}$$

$\mathcal{L}_{\rm V}$ からは

$$\langle n_i^{\rm T}(p)n_j^{\rm T}(-p)\rangle = \frac{1}{\sigma} k^4 P_1(p) P_{ij} \,,$$

$$\langle E_i^{\rm T}(p)E_j^{\rm T}(-p)\rangle = \frac{2}{k^2} P_1(p) P_{ij} \,,$$

$$\langle \bar{c}_i^{\rm T}(p)c_j^{\rm T}(-p)\rangle = P_{ij} P_1(p) \,, \tag{6.119}$$

$\mathcal{L}_{\rm T}$ からは

$$\langle h_{ij}^{\rm TT}(p)h_{kl}^{\rm TT}(-p)\rangle = 4 P_{ijkl} P_{tt}(p) \,, \tag{6.120}$$

である．他の成分は全て零．

N_i のプロパゲーター

シフトベクトル N_i は (6.110) の第 1 式のように分解したので，プロパゲーターも

$$\langle N_i(p)N_j(-p)\rangle = k_i k_j \langle B(p)B(-p)\rangle + \langle n_i^{\rm T}(p)n_j^{\rm T}(-p)\rangle \tag{6.121}$$

のように分解される．右辺に，(6.118) の第 1 式と (6.119) の第 1 式を代入して，

$$\langle N_i(p)N_j(-p)\rangle = \frac{\xi+1}{\sigma} k^2 k_i k_j P_2(p) + \frac{1}{\sigma} k^4 P_{ij} P_1(p) \tag{6.122}$$

を得る．このプロパゲーターは，

$$\sigma > 0 \,, \quad (\lambda-1)(\xi+1) < 0 \tag{6.123}$$

であれば定義 6.1 の意味で regular である．

h_{ij} のプロパゲーター

空間計量の摂動 h_{ij} は (6.110) の 2 行目のように分解したので，プロパゲーターも

$$\langle h_{ij}(p)h_{kl}(-p)\rangle = 4\delta_{ij}\delta_{kl}\langle \zeta(p)\zeta(-p)\rangle$$
$$+ 4\left(\delta_{ij}k_k k_l\langle \zeta(p)E(-p)\rangle + \delta_{kl}k_i k_j\langle E(p)\zeta(-p)\rangle\right)$$
$$+ 4k_i k_j k_k k_l\langle E(p)E(-p)\rangle$$
$$+ \left(k_i k_k\langle E_j^{\mathrm{T}}(p)E_l^{\mathrm{T}}(-p)\rangle + k_i k_l\langle E_j^{\mathrm{T}}(p)E_k^{\mathrm{T}}(-p)\rangle\right.$$
$$+ \left.k_j k_k\langle E_i^{\mathrm{T}}(p)E_l^{\mathrm{T}}(-p)\rangle + k_j k_l\langle E_i^{\mathrm{T}}(p)E_k^{\mathrm{T}}(-p)\rangle\right)$$
$$+ \langle h_{ij}^{\mathrm{TT}}(p)h_{kl}^{\mathrm{TT}}(-p)\rangle \tag{6.124}$$

のように分解される．右辺に，(6.118) の第 2 式から第 4 式と (6.119) の第 2 式と (6.120) を代入して，

$$\langle h_{ij}(p)h_{kl}(-p)\rangle = 2(\delta_{ik}\delta_{jl} + \delta_{il}\delta_{jk})P_{\mathrm{tt}}(p)$$
$$+ 2\delta_{ij}\delta_{kl}\left(-P_{\mathrm{tt}}(p) + \frac{\lambda-1}{3\lambda-1}P_{\mathrm{s}}(p)\right)$$
$$+ 2(k_i k_k\delta_{jl} + k_i k_l\delta_{jk} + k_j k_k\delta_{il} + k_j k_l\delta_{ik})$$
$$\times \frac{P_1(p) - P_{\mathrm{tt}}(p)}{k^2}$$
$$+ 2(k_i k_j\delta_{kl} + k_k k_l\delta_{ij})\frac{P_{\mathrm{tt}} - P_{\mathrm{s}}}{k^2}$$
$$+ \frac{2k_i k_j k_k k_l}{k^4}\left(P_{\mathrm{tt}}(p) + \frac{3\lambda-1}{\lambda-1}P_{\mathrm{s}}(p)\right.$$
$$\left.-4P_1(p) - \frac{2}{\lambda-1}P_2(p)\right) \tag{6.125}$$

を得る．また，直接の計算により，

$$\frac{1}{k^2}[P_1(p) - P_{\mathrm{tt}}(p)] = -\frac{2c_1\sigma + 1}{2\sigma}k^4 P_1(p)P_{\mathrm{tt}}(p)\,,$$
$$\frac{1}{k^2}[P_{\mathrm{tt}}(p) - P_{\mathrm{s}}(p)] = -\frac{2[c_1 - 4(\lambda-1)c_2]}{3\lambda-1}k^4 P_{\mathrm{tt}}(p)P_{\mathrm{s}}(p)\,,$$
$$\frac{1}{k^4}\left[P_{\mathrm{tt}}(p) + \frac{3\lambda-1}{\lambda-1}P_{\mathrm{s}}(p) - 4P_1(p) - \frac{2}{\lambda-1}P_2(p)\right]$$
$$= (A_1 k^{12} + A_2 k^6 + A_3)k^2 P_{\mathrm{tt}}(p)P_{\mathrm{s}}(p)P_1(p)P_2(p) \tag{6.126}$$

が言える．ここで，A_1, A_2, A_3 は定数．したがって，このプロパゲーターは，

$$c_1 < 0\,, \quad \frac{(\lambda-1)(3c_1 + 8c_2)}{3\lambda-1} < 0\,, \quad \sigma > 0\,, \quad (\lambda-1)(\xi+1) < 0 \tag{6.127}$$

であれば定義 6.1 の意味で regular である．

c_i と $\bar{c}_j$ のプロパゲーター

BRST ゴースト c_i と反ゴースト $\bar{c}_i$ は (6.110) の第 2 式と第 3 式のように分解したので，プロパゲーターも

$$\langle \bar{c}_i(p)c_j(-p)\rangle = k_i k_j\langle \bar{c}(p)c(-p)\rangle + \langle \bar{c}_i^{\mathrm{T}}(p)c_j^{\mathrm{T}}(-p)\rangle \tag{6.128}$$

のように分解される．右辺に，(6.118) の第 5 式と (6.119) の第 3 式を代入して，

$$\langle \bar{c}_i(p) c_j(-p) \rangle = \delta_{ij} P_1(p) + k_i k_j \frac{P_2 - P_1}{k^2} \tag{6.129}$$

を得る．

$$\frac{P_2 - P_1}{k^2} = \frac{2(\lambda - 1)(\xi + 1) + 1}{2\sigma} k^4 P_1(p) P_2(p) \tag{6.130}$$

が言えるので，このプロパゲーターは

$$\sigma > 0, \quad (\lambda - 1)(\xi + 1) < 0 \tag{6.131}$$

であれば定義 6.1 の意味で regular である．

まとめ

全てのプロパゲーターが定義 6.1 の意味で regular であるための必要十分条件は，

$$c_1 < 0, \quad \frac{(\lambda - 1)(3c_1 + 8c_2)}{3\lambda - 1} < 0, \quad \sigma > 0, \quad (\lambda - 1)(\xi + 1) < 0. \tag{6.132}$$

6.2.4.4 発散の次数 D_{div}

空間次元を d とし，critical dynamical exponent は $z = d$ とする．ある diagram が，

L : ループの数，

P_{hh} : $\langle h_{ij} h_{kl} \rangle$ の数，

P_{NN} : $\langle N_i N_j \rangle$ の数，

P_{cc} : $\langle \bar{c}_i c_j \rangle$ の数，

$V_{[h]}$: h_{ij} だけを含む相互作用を表す vertex の数，

$V_{[h]N}$: h_{ij} を任意個と N^k を 1 個だけ含む相互作用を表す vertex の数，

$V_{[h]NN}$: h_{ij} を任意個と N^k を 2 個だけ含む相互作用を表す vertex の数，

$V_{[h]cc}$: h_{ij} とゴーストを含む相互作用を表す vertex の数，

V_{Ncc} : N_i を 1 個とゴーストを含む相互作用を表す vertex の数，

V_{NNcc} : N_i を 2 個とゴーストを含む相互作用を表す vertex の数，

T : 外線に作用する時間微分の数，

X : 外線に作用する空間微分の数，

によって特徴つけられるとする．この場合，スケール変換

$$\vec{k} \to b\vec{k}, \quad \omega \to b^d \omega \tag{6.133}$$

によって，その diagram（を適切に正則化したもの）は b の D_{div} 乗倍される．

ここで D_{div} は**発散の次数 (degree of divergence)** で，h_{ij} と c_k と $\bar{c}_l$ のスケーリング次元が零であることと，N^i のスケーリング次元が $[N^i] = d - 1$ であることを使うと，以下のように与えられる．

$$
\begin{aligned}
D_{\mathrm{div}} = {}& 2dL - 2dP_{hh} - (2d - 2[N^i])P_{NN} - 2dP_{cc} \\
& + 2dV_{[h]} + (2d - [N^i])V_{[h]N} + (2d - 2[N^i])V_{[h]NN} \\
& + 2dV_{hcc} + (2d - [N^i])V_{Ncc} - dT - X \\
= {}& 2dL - 2dP_{hh} - 2P_{NN} - 2dP_{cc} + 2dV_{[h]} + (d+1)V_{[h]N} \\
& + 2dV_{hcc} + (d+1)V_{Ncc} + 2V_{NNcc} - dT - X \,.
\end{aligned}
\tag{6.134}
$$

以下の 2 つの恒等式

$$
\begin{aligned}
L = {}& (\text{プロパゲーターの総数}) - (\text{vertex の総数}) + 1 \\
= {}& P_{hh} + P_{NN} + P_{cc} - V_{[h]} - V_{[h]N} \\
& - V_{[h]NN} - V_{hcc} - V_{Ncc} - V_{NNcc} + 1 \,,
\end{aligned}
\tag{6.135}
$$

$l_N : \text{外線の } N^i \text{ の数}$

$$
\begin{aligned}
= {}& (\text{vertex 内の } N^i \text{ の数}) - (\text{プロパゲーターに吸収される } N^i \text{ の数}) \\
= {}& V_{[h]N} + 2V_{[h]NN} + V_{Ncc} + 2V_{NNcc} - 2P_{NN} \,,
\end{aligned}
\tag{6.136}
$$

を使うと，(6.134) は

$$
D_{\mathrm{div}} = 2d - dT - X - l_N[N^i] \,,
\tag{6.137}
$$

のように書き直せる．

6.2.4.5 節では，**counter 項**によって $D_{\mathrm{div}} \geq 0$ の diagram の発散をキャンセルしておけば，$D_{\mathrm{div}} < 0$ の diagram に発散は生じないことを示す．また，(6.137) により，$D_{\mathrm{div}} = 0$ の diagram の発散をキャンセルする counter 項は merginal, $D_{\mathrm{div}} > 0$ の diagram の発散をキャンセルする counter 項は relevant である．したがって，merginal 演算子と relevant 演算子を系の作用に全て用意しておけば，繰り込みによって全ての diagram を有限にできる．

6.2.4.5 $D_{\mathrm{div}} < 0$ の diagram の紫外収束

任意の diagram は，UV 領域 $(z = d = 3)$ で

$$
I_D = \left(\prod_{l=1}^{L} \int d\omega^{(l)} d^d \vec{k}^{(l)} \right) \mathcal{F}_n(\{\omega\}, \{\vec{k}\}) \prod_{m=1}^{M} \left[A_m (\Omega^{(m)})^2 + B_m (K^{(m)})^{2d} \right]^{-1}
\tag{6.138}
$$

のように書ける．ここで，$\Omega^{(m)}$ と $\vec{K}^{(m)}$ $(m = 1, \cdots, M)$ はそれぞれ，ループ角振動数 $\{\omega\} = (\omega^{(1)}, \cdots, \omega^{(L)})$ の線形結合とループ運動量 $\{\vec{k}\} =$

$(\vec{k}^{(1)}, \cdots, \vec{k}^{(L)})$ の線形結合で，$K^{(m)} = |\vec{K}^{(m)}|$，$\mathcal{F}_n$ は scaling degree n の多項式である（定義 6.1 内の scaling degree の定義参照）．また，プロパゲーターが全て regular であれば，全ての A_m と B_m は正で，D_{div} および (6.138) のパラメータは

$$D_{\mathrm{div}} = 2dL + n - 2dM \tag{6.139}$$

を満たす．恒等式 $x^{-1} = \int_0^\infty ds e^{-sx}$ により，

$$I_D = \left(\prod_{m=1}^M \int_0^\infty ds_m \right) G(\{s\}),$$

$$G(\{s\}) = \left(\prod_{l=1}^L \int d\omega^{(l)} d^d \vec{k}^{(l)} \right) \mathcal{F}_n(\{\omega\}, \{\vec{k}\})$$

$$\times \prod_{m=1}^M \exp \left\{ - s_m \left[A_m (\Omega^{(m)})^2 + B_m (K^{(m)})^{2d} \right] \right\}. \tag{6.140}$$

ここで，

$$\bar{s} \equiv \sum_{m=1}^M s_m, \quad x_m \equiv \frac{s_m}{s} \tag{6.141}$$

を導入すると，

$$G(\{s\}) = \bar{s}^{-L - n/(2d)} G(\{x\}) = \bar{s}^{-D_{\mathrm{div}}/(2d) - M} G(\{x\}). \tag{6.142}$$

したがって，

$$I_D = \int_0^\infty d\bar{s} \bar{s}^{-D_{\mathrm{div}}/(2d) - 1} \tilde{I},$$

$$\tilde{I} = \left(\prod_{m=1}^M \int_0^1 dx_m \right) \delta \left(\sum_{m=1}^M x_m - 1 \right) G(\{x\}). \tag{6.143}$$

正則化のため，$\bar{s}$ 積分に UV cutoff $\bar{s}_0$ と IR cutoff $\bar{s}_1$ を導入し，

$$I_D^{\mathrm{reg}} = \int_{\bar{s}_0}^{\bar{s}_1} d\bar{s} \bar{s}^{-D_{\mathrm{div}}/(2d) - 1} \tilde{I} \tag{6.144}$$

とする．$\tilde{I}$ が有限であれば，$D_{\mathrm{div}} < 0$ に対して $\tilde{s}_0 \to 0$ 極限は収束する．

$\tilde{I}$ の被積分関数 $G(\{x\})$ は，その定義（(6.140) で $\{s\}$ を $\{x\}$ で置き換えたもの）が指数関数を含んでいることから明らかなように，$x_m \neq 0$ である限り有限である．したがって，$\tilde{I}$ が有限であることを示すためには，$G(\{x\})$ の $x_m = 0$ 近傍の振る舞いを調べればよいだろう．最も発散する可能性が高いのは，ある i に対して $x_i \simeq 1$, $x_m \to 0$ $(\forall m \neq i)$ となる領域であり，この領域からの寄与が有限であれば，$\tilde{I}$ は有限となる．以下では，$i = 1$ とし，

$$\tilde{I}_\epsilon = \left(\prod_{m=2}^{M} \int_0^\epsilon dx_m \right) G(\{x\})|_{x_1=1}$$

$$= \int d\omega^{(1)} d^d \vec{k}^{(1)} \exp \left\{ - \left[A_1 (\omega^{(1)})^2 + B_1 (k^{(1)})^{2d} \right] \right\} \tilde{\tilde{I}}_\epsilon \, ,$$

$$\tilde{\tilde{I}}_\epsilon = \left(\prod_{l=2}^{L} \int d\omega^{(l)} d^d \vec{k}^{(l)} \right) \mathcal{F}_n(\{\omega\}, \{\vec{k}\})$$

$$\times \prod_{m=2}^{M} \frac{1 - \exp \left\{ -\epsilon \left[A_m (\Omega^{(m)})^2 + B_m (K^{(m)})^{2d} \right] \right\}}{A_m (\Omega^{(m)})^2 + B_m (K^{(m)})^{2d}} \tag{6.145}$$

を考察する.まず,$\tilde{\tilde{I}}_\epsilon$ の被積分関数は $\omega^{(l)} \to 0$ および $\vec{k}^{(l)} \to 0$ の極限で有限なので,$\tilde{\tilde{I}}_\epsilon$ に赤外発散はない.また,本書では証明を割愛するが,通常の相対論的場の理論の場合と同様にして,$\omega^{(1)}$ と $\vec{k}^{(1)}$ を固定した残りの積分の紫外発散 (subdivergences) はループ展開の低次での繰り込みで吸収することができる[68].したがって,ループ展開の低次で繰り込みをしておけば,$\tilde{\tilde{I}}_\epsilon$ に紫外発散はない.最後に $\tilde{I}_\epsilon$ の $\omega^{(1)}$ 積分および $\vec{k}^{(1)}$ 積分が残っているが,$\tilde{\tilde{I}}_\epsilon$ の被積分関数はせいぜい $\omega^{(1)}$ および $\vec{k}^{(1)}$ の有理関数,$\tilde{\tilde{I}}_\epsilon$ はせいぜい $\omega^{(1)}$ および $\vec{k}^{(1)}$ の多項式程度なので,それに指数関数を乗じて積分した $\tilde{I}_\epsilon$ は有限である.$\tilde{I}_\epsilon$ が有限であるので,$\tilde{I}$ も有限である.

以上の議論により,Minkowski 解の周りでは,発散を繰り込むために必要な counter 項は全て merginal または relevant であることが分かった.

6.2.4.6　Background covariance

これまでの議論は,任意の背景解の周りに拡張できる.この場合,背景解から作った共変微分や曲率等を用いて計算を共変化でき,各 diagram に現れる発散も共変性を尊重した形で現れる.したがって,発散を繰り込むために必要な counter 項は,merginal または relevant で,foliation preserving diffeomorphism (6.9) で不変である.そして,これらの項は,最初に与えた作用 (6.24) に全て含まれている.したがって,projectable Hořava-Lifshitz 理論は繰り込み可能である.

6.3　他のバージョン

前節で紹介した projectable 理論において,ラプス関数は時間だけの関数 $N = N(t)$ であった（projectable 条件）.この条件は foliation preserving diffeomorphism (6.9) で保たれるので,consistent truncation となっている.以下では,Hořava-Lifshitz 理論の他のバージョンを紹介する.

6.3.1　Non-projectable 理論

Non-projectable 理論は,projectable 条件を課さない,すなわちラプス関

数を時間と空間の関数 $N = N(t, \vec{x})$ にしたものである．ただし，projectable 理論の作用 (6.24) をそのまま使うと inconsistent であることが知られている[61]．実際には，(6.24) に $a_i \equiv \partial_i \ln N$ に依存する項 ($\gamma^{ij} a_i a_j$, $R^{ij} a_i a_j$, $D^i a^j D_i a_j$, $\cdots$) を加えることによって，non-projectable 理論の作用を得ることができる[*14]．したがって，作用は

$$I_{\mathrm{HL}}^{\mathrm{np}} = \frac{1}{2\kappa_{\mathrm{g}}^2} \int N dt \sqrt{\gamma} d^3 \vec{x} \left(K^{ij} K_{ij} - \lambda K^2 + \Lambda + c_{\mathrm{g}}^2 R + \eta a^i a_i + L_{z>1}^{\mathrm{np}} \right),$$

$$(6.146)$$

のように与えられる．ここで，η は低エネルギー有効作用に現れる新しいパラメータで，$L_{z>1}^{\mathrm{np}}$ は γ_{ij}, D_i, R_{ij}, a_i から作った $z = 2$ および $z = 3$ の項．

Projectable 理論も non-projectable 理論も，次数勘定の意味では繰り込み可能である．しかし，projectable 理論と異なり，non-projectable 理論の繰り込み可能性は現時点では証明されていない．また，以下で示すように，non-projectable 理論の拘束条件の一部は第二類であり，それらは何の対称性とも結びついていない．この点でも，projectable 理論と non-projectable 理論は異なっている．

6.3.1.1 運動方程式

物質の作用を加え，ラプス関数 $N(t, \vec{x})$ で変分すると，ハミルトニアン拘束条件

$$\mathcal{H}_\perp^{\mathrm{HL,np}} + \mathcal{H}_\perp^{\mathrm{matter}} = 0, \tag{6.147}$$

を得る．ここで，

$$\mathcal{H}_\perp^{\mathrm{HL,np}} \equiv \frac{1}{2\kappa_{\mathrm{g}}^2} \sqrt{\gamma} \left[K^{ij} p_{ij} + 2\Lambda - R + \eta(a^i a_i + 2D_i a^i) \right] + \mathcal{H}_\perp^{\mathrm{np}, z>1},$$

$$\mathcal{H}_\perp^{\mathrm{np}, z>1} \equiv -\frac{1}{2\kappa_{\mathrm{g}}^2} \frac{\delta}{\delta N} \int N dt \sqrt{\gamma} d^3 \vec{x} \, L_{z>1}^{\mathrm{np}},$$

$$\mathcal{H}_\perp^{\mathrm{matter}} \equiv -\frac{\delta I_{\mathrm{matter}}}{\delta N} \tag{6.148}$$

で，$p_{ij} \equiv K_{ij} - \lambda K \gamma_{ij}$．Projectable 理論の (6.25) とは違い，non-projectable 理論におけるハミルトニアン拘束条件は，空間の各点で定義された局所的な方程式になっている．次に，シフトベクトル $N^i(t, \vec{x})$ で変分すると，projectable 理論の (6.28) と同じ形の運動量拘束条件を得る．

$$\mathcal{H}_i^{\mathrm{HL,np}} + \mathcal{H}_i^{\mathrm{matter}} = 0, \quad \mathcal{H}_i^{\mathrm{HL,np}} = \mathcal{H}_i^{\mathrm{HL}} = -\frac{1}{\kappa_{\mathrm{g}}^2} \sqrt{\gamma} D^j p_{ij}. \tag{6.149}$$

物質の作用が 4 次元一般座標変換で不変な場合，(2.19) で定義されるエネルギー運動量テンソル $T^{\mu\nu}$ と (2.52) で定義される時間一定面に直交する未来向きの単位ベクトル n^μ を用いて，

---

*14) ここで定義した a_i は，(2.52) で定義したベクトル n^μ の加速度を表す．

$$\mathcal{H}_\perp^{\text{matter}} = \sqrt{\gamma}\, T^{\mu\nu} n_\mu n_\nu, \quad \mathcal{H}_i^{\text{matter}} = \sqrt{\gamma}\, T^\mu_i n_\mu, \tag{6.150}$$

と書ける.

最後に，空間計量 γ_{ij} について変分を取ると，

$$\mathcal{E}_{\text{HL,np}}^{ij} + \mathcal{E}_{\text{matter}}^{ij} = 0, \tag{6.151}$$

を得る. ここで,

$$\mathcal{E}_{\text{HL,np}}^{ij} \equiv \frac{2}{N\sqrt{\gamma}} \frac{\delta I_{\text{HL}}^{\text{np}}}{\delta \gamma_{ji}},$$

$$\mathcal{E}_{\text{matter}}^{ij} \equiv \frac{2}{N\sqrt{\gamma}} \frac{\delta I_{\text{matter}}}{\delta \gamma_{ij}} = T^{ij}. \tag{6.152}$$

具体的な $\mathcal{E}_{\text{HL,np}}^{ij}$ の形は，$\mathcal{E}_{ij}^{\text{HL,np}} \equiv \gamma_{ik}\gamma_{jl}\mathcal{E}_{\text{HL,np}}^{kl}$ とすると，

$$\mathcal{E}_{ij}^{\text{HL,np}} = \mathcal{E}_{ij}^{\text{HL,IR}} + \frac{c_g^2}{\kappa_g^2} \left[\frac{1}{2}(D_i a_j + D_j a_i) + a_i a_j \right]$$
$$+ \frac{\eta}{\kappa_g^2} \left(\frac{1}{2} a^k a_k \gamma_{ij} - a_i a_j \right) + \mathcal{E}_{ij}^{\text{np},z>1}, \tag{6.153}$$

となる. ここで，$\mathcal{E}_{ij}^{\text{HL,IR}}$ は (6.36) で与えられる $\mathcal{E}_{ij}^{\text{HL}}$ の $\mathcal{E}_{ij}^{z>1}$ 以外の部分で $N(t)$ を $N(t,\vec{x})$ で置き換えたもの，$\mathcal{E}_{ij}^{\text{np},z>1}$ は $L_{z>1}^{\text{np}}$ からの寄与.

6.3.1.2 重力波

ここでは，低エネルギー極限を取って $L_{z>1}^{\text{np}}$ を無視し，さらに $\Lambda = 0$ とする.

Projectable 理論と同様，$\Lambda = 0$ の場合には Minkowski 時空 (6.40) は真空解として許される. その周りのテンソルタイプの線形摂動

$$N = 1, \quad N_i = 0, \quad \gamma_{ij} = \delta_{ij} + h_{ij}, \tag{6.154}$$

を考える. ここで，h_{ij} は transverse traceless 条件 (6.43) を満たす. この場合，ハミルトニアン拘束条件と運動量拘束条件は自動的に満たされており，摂動に関して 2 次の作用は，

$$I_{\text{HL,IR}}^{\text{np}(2)} = \frac{1}{\kappa_g^2} \int dt d^3\vec{x} \frac{\delta^{ik}\delta^{jl}}{8} \left(\dot{h}_{ij}\dot{h}_{kl} - c_g^2 \delta^{mn} \partial_m h_{ij} \partial_n h_{kl} \right), \tag{6.155}$$

となる.

したがって，重力波の分散関係は

$$\omega^2 = c_g^2 k^2, \tag{6.156}$$

となり，c_g が低エネルギーにおける重力波の伝搬速度であることが分かる.

6.3.1.3　スカラー重力子

Minkowski 時空 (6.40) の周りのスカラータイプの線形摂動

$$N = 1 + \phi, \quad N_i = \partial_i B, \quad \gamma_{ij} = (1 + 2\zeta)\delta_{ij}, \tag{6.157}$$

に対して，ハミルトニアン拘束条件と運動量拘束条件は，Fourier 空間にて

$$\phi = -\frac{2c_{\mathrm{g}}^2}{\eta}\zeta, \quad B = -\frac{3\lambda - 1}{\lambda - 1}\frac{\dot{\zeta}}{k^2}, \tag{6.158}$$

のように解ける．これを摂動に関して 2 次の作用に代入すると，

$$I_{\mathrm{HL,IR}}^{\mathrm{np}(2)} = \frac{1}{\kappa_{\mathrm{g}}^2}\int dt d^3\vec{x}\,\frac{3\lambda - 1}{\lambda - 1}(\dot{\zeta}^2 - c_{\mathrm{s}}^2 k^2 \zeta^2), \tag{6.159}$$

となる．ここで，

$$c_{\mathrm{s}}^2 = \frac{\lambda - 1}{3\lambda - 1}\frac{2c_{\mathrm{g}}^2 - \eta}{\eta}c_{\mathrm{g}}^2. \tag{6.160}$$

もしも λ が $1/3$ と 1 の間にあると，スカラー重力子はゴーストになってしまう．また，低エネルギーで一般相対論と一致するために，繰り込み群の赤外固定点で $\lambda \to 1$ となることを期待したい．したがって，non-projectable の場合も，(6.49) を満たす必要がある．

スカラー重力子の分散関係は

$$\omega^2 = c_{\mathrm{s}}^2 k^2, \tag{6.161}$$

となる．もしも η が

$$0 < \eta < 2c_{\mathrm{g}}^2, \tag{6.162}$$

の範囲にあれば，ζ の運動エネルギーは正でかつ $c_{\mathrm{s}}^2 > 0$ となり，したがってスカラー重力子は低エネルギーで安定となる．

6.3.1.4　PPN パラメータ

条件 (6.49) はゴーストを避けるために必要だが，条件 (6.162) についてはそれを満たしていない場合も，projectable 理論の場合に 6.2.3.2 節で議論したように，理論的にも現象論的にも問題のないパラメータ領域は存在する．実際 projectable 理論において，繰り込み群の性質が (6.60) で示した条件を満たしていれば，低エネルギー極限は一般相対論（＋ダークマター）と一致する．条件 (6.162) は，許されるパラメータ領域が新たに[*15]存在することを示しており，興味深い．

そこで，条件 (6.60) を non-projectable 理論に拡張するかわりに，(6.162) で表される新たなパラメータ領域をもう少し詳しく考察してみよう．具体的には，

---

*15）Projectable 理論は $\eta \to \infty$ に対応し，その極限では条件 (6.162) は満たされない．

条件 (6.162) の下で，低エネルギーでの一般相対論からのずれを評価するため，PPN パラメータを計算しよう．興味があるスケールは太陽系スケールであり，高階微分項 $L_{z>1}^{\rm np}$ は基本的に効かない[*16]．そこで，低エネルギー極限を取って $L_{z>1}^{\rm np}$ を無視することにする．

PPN 展開

まず，4 次元時空計量 $g_{\mu\nu}$ を (2.53) のように構成し（したがって，光速は $c_\gamma = 1$），それに対して PPN 計量 (3.22) を採用する．スカラーテンソル理論の場合（3.3 節参照）とは違い，時間座標を自由に選ぶことができないので，パラメータ $\zeta_{\mathcal B}$ は残す．さらに，途中計算のため，γ_{ij} の $\mathcal O(\epsilon^4)$ 部分を

$$\gamma_{ij} \ni (d_{UU}U^2 + d_W\Phi_W + d_1\Phi_1 + d_2\Phi_2 + d_3\Phi_3 + d_4\Phi_4 + d_6\Phi_6 + c_{\mathcal B}{\mathcal B})\delta_{ij},$$
$$(6.163)$$

のように導入しておく．ここで，$d_{UU,W,1,2,3,4,6,{\mathcal B}}$ は定数．物質のエネルギー運動量テンソルについては，完全流体の形 (3.7) を仮定する．

観測可能なパラメータとしては，10 個の PPN パラメータ (3.42) と Newton 定数 $G_{\rm N}$（(3.20) または (3.24) 参照）の，計 11 個がある．一方，パラメータ $\zeta_{\mathcal B}$ は，物質の作用 $I_{\rm matter}$ が一般座標変換に対して不変であれば，直接観測することはできない（3.1.6 節参照）．また，現時点での観測精度では，$d_{UU,W,1,2,3,4,6,{\mathcal B}}$ に制限はついていない．それにもかかわらず，観測可能な 10 + 1 個のパラメータを計算するためには，$\zeta_{\mathcal B}$ および $d_{UU,W,1,2,3,4,6,{\mathcal B}}$ を導入する必要がある．これは，3.3 節でのスカラーテンソル理論における PPN パラメータの計算で，スカラー場を (3.95)-(3.96) のように展開する必要があったことと似ている．

計算の流れ

以下では，ハミルトニアン拘束条件 (6.147) の $\mathcal O(\epsilon^n)$ 部分を "(N-eom) of $\mathcal O(\epsilon^n)$"，運動量拘束条件 (6.149) の $\mathcal O(\epsilon^n)$ 部分を "(N^i-eom) of $\mathcal O(\epsilon^n)$"，空間計量の運動方程式 (6.151) の ij 成分の $\mathcal O(\epsilon^n)$ 部分を "(γ-eom)^{ij} of $\mathcal O(\epsilon^n)$" と表記することにする．それらの方程式を用いて，10 個の PPN パラメータ (3.42) と Newton 定数 $G_{\rm N}$ およびパラメータ $\zeta_{\mathcal B}$ を計算し，低エネルギー有効理論のパラメータ ($\kappa_{\rm g}^2$, λ, $c_{\rm g}^2$, η) で書き表す．実際の計算手順は，以下のような流れになる．

1. "N-eom of $\mathcal O(\epsilon^2)$" と "$\delta_{ij}(\gamma$-eom)^{ij} of $\mathcal O(\epsilon^2)$" を連立させると，$G_{\rm N}$ と γ の値を

$$G_{\rm N} = \frac{\kappa_{\rm g}^2}{4\pi(2c_{\rm g}^2 - \eta)}, \quad \gamma = 1,$$
$$(6.164)$$

のように決めることができる．

[*16] 6.2.3.2 節で述べたように，テンソル重力波の分散関係の高次項が効くスケールには，meV 程度の下限がついている．

2. "N^i-eom of $\mathcal{O}(\epsilon^3)$" は 2 つの独立な項を含み，それらを零とした式を連立させて，

$$\alpha_1 = 8(c_{\mathrm{g}}^2 - 1) - 4\eta\,, \quad \alpha_2 = \frac{2\lambda - 1}{\lambda - 1}(2c_{\mathrm{g}}^2 - 2 - \eta) - 2\xi + \zeta_1 - \zeta_{\mathcal{B}}\,, \quad (6.165)$$

のように α_1 と α_2 について解くことができる．ただし，この時点での α_2 は，ξ, ζ_1, $\zeta_{\mathcal{B}}$ に依存している．

3. "N-eom of $\mathcal{O}(\epsilon^4)$" は 8 つの独立な項を含み，それらを零とした式を連立させて，

$$d_{UU} = \frac{3(5 - 4\beta)\eta}{8c_{\mathrm{g}}^2}\,, \quad d_W = -\frac{\xi\eta}{c_{\mathrm{g}}^2}\,, \quad d_{\mathcal{B}} = \frac{\zeta_{\mathcal{B}}\eta}{2c_{\mathrm{g}}^2}\,,$$

$$d_1 = 2 + \frac{\eta}{2c_{\mathrm{g}}^2}(2 - 2\xi + \alpha_3 + \zeta_1 - \zeta_{\mathcal{B}})\,,$$

$$d_2 = 5 + \frac{\eta}{2c_{\mathrm{g}}^2}(3 - 4\beta + 2\xi + 2\zeta_2)\,, \quad d_3 = 2 + \frac{\zeta_3\eta}{c_{\mathrm{g}}^2}\,,$$

$$d_4 = \frac{\eta}{c_{\mathrm{g}}^2}(3 - 2\xi + 3\zeta_4)\,, \quad d_6 = \frac{\eta}{2c_{\mathrm{g}}^2}(2\xi - \zeta_1 + \zeta_{\mathcal{B}})\,, \quad (6.166)$$

のように $d_{UU, W, 1, 2, 3, 4, 6, \mathcal{B}}$ を決めることができる．

4. "$\delta_{ij}(\gamma\text{-eom})^{ij}$ of $\mathcal{O}(\epsilon^4)$" は 8 つの独立な項を含み，それらを零とした式を連立させて，

$$\beta = 1\,, \quad \xi = 0\,, \quad \alpha_3 = 0\,, \quad \zeta_1 = 0\,, \quad \zeta_2 = 0\,,$$

$$\zeta_3 = 0\,, \quad \zeta_4 = 0\,, \quad \zeta_{\mathcal{B}} = \frac{3\lambda - 1}{\lambda - 1}\frac{2c_{\mathrm{g}}^2 - 2 - \eta}{2c_{\mathrm{g}}^2 - \eta}\,, \quad (6.167)$$

のように β, ξ, α_3, ζ_1, ζ_2, ζ_3, ζ_4, $\zeta_{\mathcal{B}}$ の値を決めることができる．

結果

以上により，観測可能な 10 個の PPN パラメータと Newton 定数 G_{N} は

$$\gamma = 1\,, \quad \beta = 1\,, \quad \xi = 0\,, \quad \alpha_1 = 8(c_{\mathrm{g}}^2 - 1) - 4\eta\,,$$

$$\alpha_2 = \frac{[2(c_{\mathrm{g}}^2 - 1) - \eta]\{(2\lambda - 1)[2(c_{\mathrm{g}}^2 - 1) - \eta] + (\lambda - 1)\}}{(\lambda - 1)[2(c_{\mathrm{g}}^2 - 1) + 2 - \eta]}\,,$$

$$\alpha_3 = 0\,, \quad \zeta_1 = \zeta_2 = \zeta_3 = \zeta_4 = 0\,,$$

$$G_{\mathrm{N}} = \frac{\kappa_{\mathrm{g}}^2}{4\pi(2c_{\mathrm{g}}^2 - \eta)}\,, \quad (6.168)$$

のように決まる．残りのパラメータは，

$$\zeta_{\mathcal{B}} = \frac{(3\lambda - 1)[2(c_{\mathrm{g}}^2 - 1) - \eta]}{(\lambda - 1)[2(c_{\mathrm{g}}^2 - 1) + 2 - \eta]}\,, \quad d_{UU} = \frac{6c_{\mathrm{g}}^2 + \eta}{4c_{\mathrm{g}}^2}\,, \quad d_W = 0\,,$$

$$d_1 = \frac{4c_{\mathrm{g}}^2}{2c_{\mathrm{g}}^2 - \eta} + \frac{(\lambda + 1)\eta^2 - 2(3\lambda - 1)\eta}{2(\lambda - 1)c_{\mathrm{g}^2}(2c_{\mathrm{g}}^2 - \eta)}\,, \quad d_2 = \frac{10c_{\mathrm{g}}^2 - \eta}{2c_{\mathrm{g}}^2}\,,$$

$$d_3 = 2\,, \quad d_4 = \frac{3\eta}{c_{\mathrm{g}}^2}\,, \quad d_6 = d_{\mathcal{B}} = \frac{3\lambda - 1}{\lambda - 1}\frac{(2c_{\mathrm{g}}^2 - 2 - \eta)\eta}{2c_{\mathrm{g}}^2(2c_{\mathrm{g}}^2 - \eta)}\,, \quad (6.169)$$

のようになる．既に述べたように，以上の計算では，光速が $c_\gamma = 1$ となる単位系を使っている．

6.3.1.5 摂動的領域における理論的要請および観測からの制限

既に述べたように，条件 (6.162) は必ずしも満たす必要はない．一方，(6.162) を満たさない場合には，(6.60) を non-projectable 理論に拡張した条件を満たす必要があり，その場合には低エネルギーで 6.2.3.4 節で示したような非摂動的な計算が要求される[*17]．

以下では，条件 (6.162) を満たして摂動展開が成立する領域において，理論的要請と観測からの制限を計 5 つ課すことにする[*18]．ここでも，$c_\gamma = 1$ とする．

(i) 理論がユニタリであるためには，重力波およびスカラー重力子の運動エネルギーが正である必要がある．したがって，

$$\kappa_{\rm g}^2 > 0, \quad \frac{3\lambda - 1}{\lambda - 1} > 0, \tag{6.170}$$

を要請する．

(ii) 線形摂動の低エネルギーでの安定性より，

$$c_{\rm g}^2 > 0, \quad c_{\rm s}^2 > 0, \tag{6.171}$$

を要請する．上述のように $c_{\rm s}^2 > 0$ は必ずしも必要ではないが，この条件を課すことによって，低エネルギーでも摂動的な計算が可能になり，解析が容易になる．

(iii) 重力波の伝搬速度 $c_{\rm g}$ は，GW170817 による制限 (2.32)（で $c_\gamma = 1$ としたもの）を満たさなければならない．

(iv) PPN パラメータの中で一般相対論と異なるのは (6.168) で与えられる α_1 と α_2 であり，これらは表 3.1 に示した制限，

$$|\alpha_1| \lesssim 10^{-4}, \quad |\alpha_2| \lesssim 4 \times 10^{-7}, \tag{6.172}$$

を満たさなければならない．

(v) 6.4.1 節で projectable 理論について詳しく述べるように，Hořava-Lifshtiz 理論において，一様等方宇宙の発展方程式（Friedmann 方程式）に現れる有効重力定数 $G_{\rm FLRW}$ は，局所的な有効重力定数 $G_{\rm N}$ と異なる．これは，non-projectable 理論でも同様で，$G_{\rm N}$ は (6.168) で与えられるのに対し，

[*17]　この場合でも，もしも non-projectable 理論も繰り込み可能であれば，高エネルギーでは λ は 1 から十分ずれることが期待され，したがって高エネルギーでは摂動論的計算が可能なはずである．

[*18]　スカラー重力子のチェレンコフ放射による制限は考えないことにする．これは，λ が 1 に近い領域であれば，スカラー重力子と物質との結合が弱くなると期待される（6.2.3.7 節参照）ので正当化される．また，λ が 1 に近くない場合にも，$z = 2$ および $z = 3$ の項が効いてスカラー重力子の分散関係が変更を受けるスケールが，高エネルギー宇宙線のエネルギースケールよりも低ければ正当化される．

G_{FLRW} は

$$4\pi G_{\mathrm{FLRW}} = \frac{\kappa_{\mathrm{g}}^2}{3\lambda - 1} \tag{6.173}$$

で与えられる．これらは，ビッグバン元素合成の予言と観測の比較から得られる，

$$\left| \frac{G_{\mathrm{FLRW}}}{G_{\mathrm{N}}} - 1 \right| \lesssim \frac{1}{8}, \tag{6.174}$$

という制限を満たさなければならない．

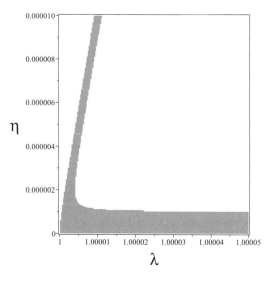

図 6.1

　以上の要請および制限の中で，(iii) すなわち GW170817 による制限 (2.32)（で $c_\gamma = 1$ としたもの）は他に比べて桁違いに厳しい．したがって，他の不等式に $c_{\mathrm{g}} = 1$ を代入しても実質上は変わらないはずである[69],[70]．すると，(2.32) と $\kappa_{\mathrm{g}}^2 > 0$ 以外の条件は，

$$0 < \lambda - 1 \lesssim 0.095, \quad 0 < \eta \lesssim 10^{-5},$$
$$\left| \eta - \frac{2\lambda - 1}{\lambda - 1} \eta^2 \right| \lesssim 10^{-6}, \tag{6.175}$$

のようにまとめられる．これらを満たす (λ, η) は，$\lambda - 1$ の近傍 $(0 < \lambda - 1 \lesssim 5 \times 10^{-5})$ では図 6.1 の塗りつぶされた領域で表され，それ以外では

$$0 < \eta \lesssim 10^{-6}, \quad (5 \times 10^{-5} \lesssim \lambda - 1 \lesssim 0.095), \tag{6.176}$$

となる．

6.3.2 $U(1)$ 拡張

$U(1)$ 拡張と呼ばれるバージョンは，スカラー重力子のない理論になっている[*19]．

基本変数

$U(1)$ 拡張の基本変数は，

$$
\begin{aligned}
\text{ラプス関数} &: N(t)\,, \\
\text{シフトベクトル} &: N^i(t,\vec{x})\,, \\
3\text{次元空間計量} &: \gamma_{ij}(t,\vec{x})\,, \\
\text{“ゲージ場”} &: A(t,\vec{x})\,, \\
\text{“Newtonian pre-potential”} &: \nu(t,\vec{x})\,,
\end{aligned}
\tag{6.177}
$$

である．ここで，A/N と ν はスカラーとして変換する．

局所 $U(1)$ 対称性

基本的な対称性は，foliation preserving diffeomorphism (6.9)，空間のパリティー変換 (6.10)，時間反転 (6.11)，および以下のように定義される**局所 $U(1)$ 対称性**である．

$$
\delta N = 0\,, \quad \delta N^i = N\gamma^{ij}\partial_j\alpha\,, \quad \delta\gamma_{ij} = 0\,, \quad \delta A = N\partial_\perp\alpha\,, \quad \delta\nu = \alpha\,.
\tag{6.178}
$$

ここで，α は $(t,\vec{x})$ の任意の関数．

面白いことに，この対称性は，A を

$$
A \to \frac{A}{1+\epsilon} + \frac{\epsilon}{1+\epsilon} N\left(\partial_\perp\nu + \frac{1}{2}g^{ij}\partial_i\nu\partial_j\nu\right)\,,
\tag{6.179}
$$

のように置き換えても，全く同じ形のままである．ここで，ϵ は任意の定数．この性質は，後で結合係数を規格化するのに使う．

作用に使う材料

上述の対称性で不変な作用は，以下のような材料を元に作ることができる．

$$
Ndt\,, \quad \sqrt{\gamma}d^3\vec{x}\,, \quad \gamma_{ij}\,, \quad \tilde{K}_{ij}\,, \quad \sigma\,, \quad D_i\,, \quad R_{ij}\,.
\tag{6.180}
$$

ここで，

$$
\tilde{K}_{ij} \equiv K_{ij} + D_iD_j\nu\,, \quad \sigma \equiv \frac{A}{N} - \partial_\perp\nu - \frac{1}{2}g^{ij}\partial_i\nu\partial_j\nu\,.
\tag{6.181}
$$

[*19] $U(1)$ 拡張にも projectable 理論と non-projectable 理論があるが，non-projectable 理論には一般にスカラー重力子が残る．ここでは，projectable $U(1)$ 拡張を考察する．

スケーリング次元

運動量あるいは空間微分のスケーリング次元を $[\partial_i] = 1$ とし，$z = 3$ の非等方向スケーリング (6.5) を要請することにより，各変数のスケーリング次元が決まる．既に (6.16) で示したもの以外は，

$$[\alpha] = z - 2 = 1 , \quad [A] = 2z - 2 = 4 , \quad [\nu] = z - 2 = 1 , \tag{6.182}$$

となる．

6.3.2.1 高エネルギー ($z = 3$) での作用

運動項

運動項は，$U(1)$ 拡張する前の projectable 理論の運動項 (6.17) で，K_{ij} を $\tilde{K}_{ij}$ で置き換えればよく，

$$\frac{1}{2\kappa_{\mathrm{g}}^2} \int N dt \sqrt{\gamma} d^3 \vec{x} \left(\tilde{K}^{ij} \tilde{K}_{ij} - \lambda \tilde{K}^2 \right) , \tag{6.183}$$

となる．

6 階空間微分項 ($z = 3$)

$U(1)$ 拡張する前の projectable 理論と同様にして，(6.18) が得られる．

σ を含む新しい項 ($z = 3$)

スケーリング次元が $[\sigma] = 2z - 2 = 4$ であることを考慮すると，$z = 3$ の項は

$$\frac{1}{2\kappa_{\mathrm{g}}^2} \int N dt \sqrt{\gamma} d^3 \vec{x} \left[-\eta_0 R \sigma \right] , \tag{6.184}$$

のみである．ここで η_0 は定数．

6.3.2.2 低エネルギーで効く項

低エネルギーでは，$U(1)$ 拡張前の (6.19)-(6.21) だけでなく，σ を含む以下の新しい項が許される．

$$\frac{1}{2\kappa_{\mathrm{g}}^2} \int N dt \sqrt{\gamma} d^3 \vec{x} \left[2\Omega\sigma \right] . \tag{6.185}$$

ここで Ω は定数．

6.3.2.3 全作用

以上全てに物質の作用を加えると，

$$
\begin{aligned}
I^{U(1)} &= I_{\mathrm{HL}}^{U(1)} + I_{\mathrm{matter}} , \\
I_{\mathrm{HL}}^{U(1)} &= \tilde{I}_{\mathrm{HL}} + \frac{1}{2\kappa_{\mathrm{g}}^2} \int N dt \sqrt{\gamma} d^3 \vec{x} \left(2\Omega - \eta_0 R \right)\sigma ,
\end{aligned}
\tag{6.186}
$$

を得る．ここで，$\tilde{I}_{\mathrm{HL}}$ は，(6.24) で与えられる I_{HL} において K_{ij} を $\tilde{K}_{ij}$ で置き換えたものである．

既に述べたように，この理論には，(6.179) のように A を再定義する自由度がある．この自由度を使い，$\eta_0 \neq 0$ である限り，$\eta_0 = 1$ と規格化することができる．

6.3.2.4 スカラー重力子

ここで，$U(1)$ 拡張にはスカラー重力子が存在しないことを見よう．

まず，Minkowski 時空 (6.40) で $A = 0, \nu = 0$ としたものが解であると想定しよう．すると，真空における運動方程式より $\Lambda = 0$ と $\Omega = 0$ が要請される．これは，一般相対論や $U(1)$ 拡張前の Hořava-Lifshitz 理論において，Minkowski 時空が真空解になるためには $\Lambda = 0$ が必要であったのと同様である．以下ではさらに，低エネルギー極限を取って，$L_{z>1}$ を無視することにする．また，局所 $U(1)$ 対称性を $\nu = 0$ のようにゲージ固定する．

Minkowski 時空の周りのスカラータイプの線形摂動

$$
N = 1, \quad N_i = \partial_i B, \quad \gamma_{ij} = (1 + 2\zeta)\delta_{ij}, \quad A, \tag{6.187}
$$

を考える．空間座標に関して Fourier 変換後，摂動の各 Fourier 成分の 2 次の作用は，

$$
\begin{aligned}
I_{\mathrm{HL,IR},\vec{k}}^{U(1)(2)} = \frac{1}{\kappa_{\mathrm{g}}^2} \int dt \Big[&-\frac{3}{2}(3\lambda - 1)\dot{\zeta}^2 - (3\lambda - 1)\vec{k}^2 B\dot{\zeta} \\
&+ \vec{k}^2 \zeta^2 - 2\vec{k}^2 A\zeta - \frac{1}{2}(\lambda - 1)\vec{k}^4 B^2 \Big],
\end{aligned} \tag{6.188}
$$

となる．変数 A, B, ζ に関して変分を取って求めた方程式を連立させれば，

$$
\zeta = B = A = 0, \tag{6.189}
$$

を得る．したがって，スカラー重力子は存在しない．

以上の議論は Minkowski 解の周りの摂動に基づいているが，スカラー重力子が存在しないことは，ハミルトニアン解析によって非線形レベルで示すこともできる．詳しくは，文献 [71], [72] を参照してほしい．

6.3.2.5 物質との結合

基礎変数 (6.177) から，局所 $U(1)$ 変換 (6.178) で不変な時空計量 $\tilde{g}_{\mu\nu}$ を，

$$
\tilde{g}_{\mu\nu} dx^\mu dx^\nu = -\tilde{N}^2 dt^2 + \gamma_{ij}(dx^i + \tilde{N}^i dt)(dx^j + \tilde{N}^j dt), \tag{6.190}
$$

のように定義できる．ここで，

$$
\tilde{N} \equiv F(\sigma) N, \quad \tilde{N}^i \equiv N^i - N\gamma^{ik}\partial_k \nu, \tag{6.191}
$$

で，$F(\sigma)$ は σ の関数（σ の定義は (6.181) 参照）．局所 $U(1)$ 対称性を $\nu = 0$ のようにゲージ固定すると，$F(\sigma) = 1$ の場合には，この計量は (2.53) で与えられ

る $g_{\mu\nu}$ と一致する．既に述べたように，(2.53) の各項は $z = 3$ では異なるスケーリング次元を持つので，4 次元計量が意味をなすのは低エネルギーだけである．関数 $F(\sigma)$ を含む新しい計量 $\tilde{g}_{\mu\nu}$ についても同様である．実際，低エネルギー（$z = 1$）では $[\sigma] = 2z - 2 = 0$ なので，物質が結合する低エネルギーでの有効計量に σ の非自明な関数が現れても全く不自然さはない．そのような状況を実現する機構の具体的な例については，文献 [8] の Appendix C を参照されたい．

局所 $U(1)$ 変換 (6.178) で不変な物質場を $\tilde{g}_{\mu\nu}$ と結合させれば，物質場の作用は理論の対称性全てに対して不変となる．また，現象論的にも，関数 $F(\sigma)$ を適切に選ぶことにより，表 3.1 にまとめた PPN パラメータの制限を満たすことができる[8]．

6.4　宇宙論への応用

Hořava-Lifshitz 理論は，繰り込み可能な重力理論というだけでなく，宇宙論への応用においても面白い側面を持つ．本節では，そのいくつかを紹介しよう．具体的には，ダークマター（第 6.4.1 節），バウンスする宇宙（第 6.4.2 節），スケール不変揺らぎの生成（第 6.4.3 節），平坦な宇宙の創世（第 6.1.4 節）について解説する．

6.4.1　ダークマター

6.2 節で解説した projectable 理論は，2009 年に Hořava が提唱した最初のバージョンであり，2016 年に繰り込み可能性も証明されている．この理論において，$\lambda \to 1 + 0$ の極限は，非線形の効果により連続で（6.2.3 節参照），低エネルギーで一般相対論に**ダークマター**（のように振る舞う成分）を加えたものに一致する．ここでは，最初に一様等方宇宙を考察し，次に一般の状況を考えることにしよう．

6.4.1.1　一般相対論における一様等方宇宙

Hořava-Lifshitz 理論の前にまず，一般相対論における一様等方宇宙を記述する基礎方程式を，簡単に復習しておこう．私達の住む宇宙の地平線程度の大きさの領域の振る舞いを記述するため，一様等方宇宙を表す FLRW 計量 (4.8) と一様等方なエネルギー運動量テンソル

$$T_{\mu\nu} = (\rho(t) + P(t))u_\mu u_\nu + P(t)g_{\mu\nu}\,, \quad u_\mu dx^\mu = -N(l)dt\,, \quad (6.192)$$

を考える．Einstein 方程式 (2.20) は，00-成分が Friedmann 方程式と呼ばれる

$$3H^2 = \kappa^2 \rho - 3\frac{\mathfrak{K}}{a^2} + \Lambda \tag{6.193}$$

を，ij-成分が

$$2\frac{\dot{H}}{N} + 3H^2 = -\kappa^2 P - \frac{\mathfrak{K}}{a^2} + \Lambda \tag{6.194}$$

を与える．ここで，$H \equiv \dot{a}/(Na)$, $\kappa^2 = 8\pi G_{\mathrm{N}}$ ((3.21) 参照)．また，エネルギー運動量テンソルの保存則 (2.23) は

$$\frac{\dot{\rho}}{N} + 3H(\rho + P) = 0 \tag{6.195}$$

となる．これら 3 式は独立ではなく，(6.195) は他の 2 式からしたがう．また，$H \neq 0$ であれば，(6.194) は他の 2 式から導ける．

6.4.1.2 Hořava-Lisfhitz 理論における平坦な一様等方宇宙

Hořava-Lifshitz 理論における基礎的な対称性は foliation preserving diffeomorphism (6.9)，すなわち 3 次元空間の一般座標変換と，時間座標の空間に依存しない変換を合わせたものである．Projectable 理論においては，それを反映して，運動量拘束条件は，(6.28) のように空間の各点で成立する局所的な方程式だが，ハミルトニアン拘束条件は，(6.25) のように空間全体で積分した 1 つの方程式となる．この構造を踏まえ，Hořava-Lifshitz 理論における一様等方宇宙を考察しよう．ただし，空間曲率 ($\mathfrak{K} \neq 0$) の効果については 6.4.2 節で考察することにして，ここでは簡単のため，平坦な ($\mathfrak{K} = 0$) 宇宙を考察する．

FLRW 計量 (4.8) で $\mathfrak{K} = 0$ としたものに対応して，ラプス関数，シフトベクトル，3 次元空間計量を

$$N = N(t), \quad N^i = 0, \quad \gamma_{ij} = a(t)^2 \delta_{ij}, \tag{6.196}$$

のように選ぶ．FLRW 計量は私達の住む宇宙の地平線程度の大きさの領域を記述するものであるが，ハミルトニアン拘束条件 (6.25) は空間全体での積分であり，したがって地平線の遥か遠方からの寄与も含んでいる．さらに，空間が連結でなく複数の連結成分からなる場合には，ハミルトニアン拘束条件は，全ての連結成分からの寄与の和である．したがって，私達の宇宙の地平線程度の大きさの領域からハミルトニアン拘束条件への寄与は，零である必要は全くない．つまり，ハミルトニアン拘束条件は，宇宙の観測可能な領域についての方程式を与えてくれないのである．

一方で，空間計量についての運動方程式 (6.34) は，

$$\frac{3\lambda - 1}{2}\left(2\frac{\dot{H}}{N} + 3H^2\right) = -\kappa_{\mathrm{g}}^2 P + \Lambda \tag{6.197}$$

のようになる．平坦な宇宙 ($\mathfrak{K} = 0$) を考えているので，高階微分項 $\mathcal{E}_{ij}^{z>1}$ は寄与しないことに注意しよう．また，様々な実験や観測から物質場の Lorentz 対称性は非常に高い精度で検証されているので，少なくとも低エネルギーでは，物質場の作用は Lorentz 対称性を尊重しなくてはならない．そこで，十分な精

度で，物質の作用は一般座標変換で不変であると想定しよう．この場合，物質の運動方程式から，(6.195) がしたがう ((2.23) の導出を参照)．一方，高エネルギーではこの限りではなく，一般には

$$\frac{\dot{\rho}}{N} + 3H(\rho + P) = -Q,$$

(6.198)

のようになる．ここで，Q はエネルギー運動量テンソルの保存則の破れの大きさを表す量で，

$$Q \to 0, \quad \text{（低エネルギー極限）}$$

(6.199)

を満たす．

　系の発展は，2 つの方程式 (6.197) と (6.198) と適切な初期条件によって完全に記述される．実際，(6.198) を使って (6.197) の第一積分を求めるのは簡単で，

$$\frac{3(3\lambda - 1)}{2} H^2 = \kappa_{\mathrm{g}}^2 \left[\rho + \frac{C(t)}{a^3} \right] + \Lambda$$

(6.200)

を得る．ここで，

$$C(t) \equiv C_0 + \int_{t_0}^{t} Q(t') a^3(t') dt'$$

(6.201)

で，$C_0 = C(t_0)$ は積分定数．低エネルギーでは，(6.199) により

$$C(t) \to \text{const.} \quad \text{（低エネルギー極限）}.$$

(6.202)

第一積分 (6.200) は，Friedmann 方程式 (6.193)（空間曲率が零の場合）と似ているが，面白いことに余分な項 ($\propto C(t)/a^3$) があり，この項は低エネルギーではダークマターのように振る舞う ($\propto 1/a^3$)[73]．この項は実際の物質を表すわけではないが，宇宙膨張への影響を考える限りにおいては，圧力のない非相対論的物質と同じように振る舞う．したがって，少なくとも低エネルギーでの一様等方宇宙に対しては，ダークマターのようなものが積分"定数"として現れることが分かる．この"ダークマター"の生成は (6.201) によって記述され，初期条件が $\lim_{t\to-\infty} C(t) = 0$ だったとしても一般には低エネルギーの値 (6.202) は零ではない．

6.4.1.3　低エネルギー極限での一般の場合

　ここでは，一様等方宇宙よりも一般の状況において，低エネルギーでダークマターのようなものが積分"定数"として現れることを示そう[73]．低エネルギーでの振る舞いは，低エネルギー有効作用 (6.22) によって記述される．これが Einstein-Hilbert 作用の ADM 分解 (2.56) と形の上で一致するためには，$\lambda = c_{\mathrm{g}}^2 = 1$ が必要である．そこで，これが繰り込み群の**赤外固定点**になっていることを期待して，以下の考察では $\lambda = c_{\mathrm{g}}^2 = 1$ とする．

　ハミルトニアン拘束条件 (6.25) は，

$$\int d^3\vec{x}\sqrt{g}\left[\mathsf{G}_{\mu\nu} + \Lambda g_{\mu\nu} - \kappa_{\mathrm{g}}^2 T_{\mu\nu}\right] n^\mu n^\nu = 0,\tag{6.203}$$

のようになる．ここで，$g_{\mu\nu}$ は (2.53) で与えられる 4 次元計量，$\mathsf{G}_{\mu\nu}$ は $g_{\mu\nu}$ の Einstein テンソル，n^μ は (2.52) で定義される t 一定面に直交する未来向きの単位ベクトル，$T_{\mu\nu}$ は物質のエネルギー運動量テンソルである．ここでの空間積分は，宇宙の地平線を越えたずっと遠方の領域や，（もしも存在すれば）着目する宇宙とは別の連結成分からの寄与等も全て含む．したがって，既に述べたように，着目する有限の領域（例えば私達の住む宇宙の地平線の大きさ程度の領域）の物理を何ら制限するものではない．それに対して，運動量拘束条件

$$\left[\mathsf{G}_{i\mu} + \Lambda g_{i\mu} - \kappa_{\mathrm{g}}^2 T_{i\mu}\right] n^\mu = 0,\tag{6.204}$$

と空間計量の運動方程式

$$\mathsf{G}_{ij} + \Lambda g_{ij} - \kappa_{\mathrm{g}}^2 T_{ij} = 0,\tag{6.205}$$

は空間の各点各点で課すべき方程式となる．

面白いことに，これらの局所的な方程式 (6.204) と (6.205) の一般解を与えることができる．そのために，

$$T_{\mu\nu}^{\mathrm{HL}} \equiv \frac{1}{\kappa_{\mathrm{g}}^2}\left[\mathsf{G}_{\mu\nu} + \Lambda g_{\mu\nu}\right] - T_{\mu\nu},\tag{6.206}$$

を定義する．すると，運動量拘束条件 (6.204) と空間計量の運動方程式 (6.205) は

$$T_{i\mu}^{\mathrm{HL}} n^\mu = 0,\quad T_{ij}^{\mathrm{HL}} = 0,\tag{6.207}$$

のように，$T_{\mu\nu}^{\mathrm{HL}}$ の時間空間成分および空間空間成分が零という式になる．結局，時間時間成分だけが残り，したがって $T_{\mu\nu}^{\mathrm{HL}}$ は $n_\mu n_\nu$ に比例しなくてはならない：

$$T_{\mu\nu}^{\mathrm{HL}} = \rho_{\mathrm{HL}} n_\mu n_\nu.\tag{6.208}$$

これが，(6.204) と (6.205) の一般解である．ここで，比例定数 ρ_{HL} はスカラーで，一般に時間と空間座標に依存する．これは，圧力のない非相対論的物質のエネルギー運動量テンソルそのものであり，ダークマターとして振る舞う．ベクトル n^μ は (2.52) で定義されるが，projectable 理論では N が時間 t だけの関数であることを考慮すれば，測地線方程式

$$n^\nu \nabla_\nu n^\mu = 0\tag{6.209}$$

を満たすことを簡単に示せる．また，低エネルギーで物質の作用が Lorentz 対称性を回復して $n^\mu \nabla^\nu T_{\mu\nu} = 0$ のようにエネルギー保存則を満たすとすれば，$n^\mu \nabla^\nu$ を (6.206) の両辺に作用させて Bianchi 恒等式を使うことで，ρ_{HL} が

$$n^\mu \partial_\mu \rho_{\mathrm{HL}} + K\rho_{\mathrm{HL}} = 0,\tag{6.210}$$

のような保存則を満たすことが分かる．低エネルギー極限ではない一般の場合には，物質のエネルギー保存則の破れ，高階微分項 $L_{z>1}$ の効果，λ や c_g^2 の 1 からのずれにより，(6.210) の右辺は零でない寄与を受ける（(6.198) 参照）．

簡単な例として，平坦な FLRW 時空 (6.196) を考えてみよう．この場合，"ダークマター" の保存則 (6.210) は $\partial_t \rho_{\mathrm{HL}} + 3H\rho_{\mathrm{HL}} = 0$ となり，$\rho_{\mathrm{HL}} \propto a^{-3}$ を意味する．当然ながら，この結果は (6.202) に等しい．

以上をまとめると，$\lambda = 1 = c_g^2$ の場合，低エネルギーにおける Hořava-Lifshitz の基礎方程式は

$$\mathsf{G}_{\mu\nu} + \Lambda g_{\mu\nu} = \kappa_g^2 \left[T_{\mu\nu} + \rho_{\mathrm{HL}} n_\mu n_\nu \right] \tag{6.211}$$

のように "ダークマター" を含む Einstein 方程式となり，"ダークマター" の速度ベクトル n^μ は測地線方程式 (6.209) を，"ダークマター" のエネルギー密度 ρ_{HL} は保存則 (6.210) を満たすということになる．これらは，"ダークマター" を記述するのに必要十分な方程式系を与える．Newton 極限において，(6.211) は "ダークマター" を含む Poisson 方程式となる．なお，既に 6.2.3.5 節で述べたように，projectable 理論における Newton ポテンシャルの情報は，ラプス関数ではなくシフトベクトルと空間計量に組み込まれている．

6.4.1.4　今後の課題

ここでは主に "ダークマター" の発展方程式について解説した．一方，"ダークマター" の生成については，あまり議論しなかった．等曲率揺らぎの生成を抑えつつ，"ダークマター" を含む全ての物質を生成するアイデアについては，例えば文献 [74] を参照されたい．ただ，これが唯一のシナリオではない．素粒子模型に基づく他のダークマターの候補の場合と同様，様々な**生成シナリオ**が考えられるだろう．

また，6.2.3.6 節の最後に述べたように，"caustics 未遂" とミクロのバウンスのメカニズム，また，そのようなプロセスを考慮した上での粗視化後の低エネルギー有効理論については，ほとんど分かっていない．Hořava-Lifshitz 理論が量子重力理論の有力な候補として生き残るためには，ミクロのスケールでは caustics を回避するメカニズムが働き，粗視化後のマクロのスケールでは現実世界を正しく記述できなければならない．

6.4.2　バウンス宇宙とサイクリック宇宙

初期宇宙では，高階微分項が重要な役割を果たすと期待される．ここでは，FLRW 計量 (4.8) で一般の $\mathfrak{K} \neq 0$ を想定し，ラプス関数，シフトベクトル，3 次元空間計量を

$$N = N(t), \quad N^i = 0, \quad \gamma_{ij} = a(t)^2 \Omega_{ij}^{\mathfrak{K}}, \tag{6.212}$$

とする．以下で見るように，空間曲率の高次の項は，初期宇宙の発展を大きく変える．特に，Hořava-Lifshitz 理論では正則なバウンス宇宙やサイクリック宇宙が可能であることが分かる[75], [76].

6.4.2.1 Friedmann 方程式と曲率高次項

既に 6.4.1.2 節で述べたように，FLRW 計量は観測可能な地平線程度の大きさの領域を記述するものなので，空間全体の積分を含むハミルトニアン拘束条件 (6.25) を課すべきではない．実際，地平線よりも大きなスケールの揺らぎがあれば，そのスケールにおいて単一の FLRW 計量を使うことはできないし，空間が連結でない場合には，他の連結成分がどのような性質を持っているのかも分からない．一方，空間計量の運動方程式 (6.34) は空間の各点各点で局所的に成立するので，それを FLRW 計量に適用すると，

$$-\frac{3\lambda - 1}{2}\left(2\frac{\dot{H}}{N} + 3H^2\right) = \kappa_{\mathrm{g}}^2 P - \frac{\alpha_3 \mathfrak{K}^3}{a^6} - \frac{\alpha_2 \mathfrak{K}^2}{a^4} + \frac{c_{\mathrm{g}}^2 \mathfrak{K}}{a^2} - \Lambda\,, \qquad (6.213)$$

となる．ここで，

$$\alpha_3 = 24\kappa_{\mathrm{g}}^2(c_3 + 3c_4 + 9c_5)\,, \quad \alpha_2 = 4\kappa_{\mathrm{g}}^2(c_6 + 3c_7)\,. \qquad (6.214)$$

エネルギー運動量テンソルの保存則の破れを表す Q の定義 (6.198) により，(6.213) の第一積分は

$$\frac{3(3\lambda - 1)}{2}H^2 = \kappa_{\mathrm{g}}^2\left[\rho + \frac{C(t)}{a^3}\right] - \frac{\alpha_3 \mathfrak{K}^3}{a^6} - \frac{3\alpha_2 \mathfrak{K}^2}{a^4} - \frac{3c_{\mathrm{g}}^2 \mathfrak{K}}{a^2} + \Lambda\,, \quad (6.215)$$

のようになる．ここで，$C(t)$ は (6.201) で定義される．これは，(6.200) の $\mathfrak{K} \neq 0$ への拡張であり，空間曲率 $\mathfrak{K}/a^2$ の高次項の寄与を含んでいる．$\mathfrak{K} = 0$ の場合と同様，$C(t)/a^3$ は低エネルギーではダークマターのように振る舞う（(6.202) 参照）．一方，初期宇宙では空間曲率の 3 次項（$\propto \mathfrak{K}^3/a^6$）が重要になる．

系の定性的な振る舞いを調べるため，第一積分すなわち修正された Friedmann 方程式 (6.215) を，1 次元ポテンシャル中の非相対論的粒子のエネルギー保存則の形に書き直してみる．

$$\frac{l^2}{2}\dot{a}^2 + \frac{2}{3\lambda - 1}V(a) = 0\,. \qquad (6.216)$$

ここで，l は適当な長さのスケールで，

$$V(a) = \frac{\alpha_3 l^2 \mathfrak{K}^3}{6a^4} + \frac{\alpha_2 l^2 \mathfrak{K}^2}{2a^2} + \frac{c_{\mathrm{g}}^2 l^2 \mathfrak{K}}{2} - \frac{l^2 \Lambda}{6}a^2 - \frac{\kappa_{\mathrm{g}}^2 l^2}{6}\left[\rho a^2 + \frac{C(t)}{a}\right]\,. \qquad (6.217)$$

ポテンシャル $V(a)$ の形が分かれば，系の定性的な振る舞いが決まる．

6.4.2.2 簡単な例

では，いくつかの簡単な例を考察しよう．簡単のため，$\alpha_3 l^{-4} = 1$, $\alpha_2 l^{-2} = 0$, $c_{\mathrm{g}}^2 = 1$, $l^2 \mathfrak{K} = 1$, $\kappa_{\mathrm{g}}^2 l^2 \rho = 0$, $\kappa_{\mathrm{g}}^2 l^2 C = \mathrm{const.}$ とする．この場合，残る無次元パラメータは $l^2 \Lambda$ と $\kappa_{\mathrm{g}}^2 l^2 C$ である．以下には 4 つの例を示す：バウンス宇宙（図 6.2），サイクリック宇宙（図 6.3），不安定な静的宇宙（図 6.4），安定な静的宇宙（図 6.5）．

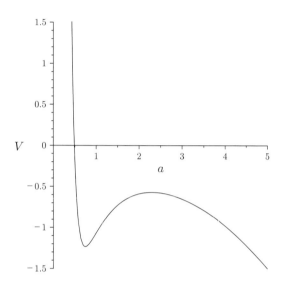

図 6.2　$l^2 \Lambda = 0.4$, $\kappa_{\mathrm{g}}^2 l^2 C = 10$ の場合の $V(a)$．もしも宇宙が収縮（$\dot{a} < 0$）から始まれば，バウンスし膨張を始める．文献 [77] より転載．

6.4.3　スケール不変な揺らぎの生成機構

Hořava-Lifshitz 理論の最も重要な要素の一つは，$z \geq 3$ の非等方スケーリングである．実際，（少なくとも）projectable 理論が繰り込み可能なのは，正にこの性質のおかげである．宇宙論的にも，非等方スケーリングはいくつかの面白い結果を導くことが知られている．ここでは，最小の z すなわち $z = 3$ の非等方スケーリングに基づいて，スケール不変な宇宙揺らぎが自然に生成されることを示そう．興味深いのは，この新しい生成機構は，インフレーションを必ずしも必要としないことである．なお，以下で解説する宇宙揺らぎの生成機構は，非等方スケーリングだけを必要とするので，Hořava-Lifshitz 理論のどのバージョンにも適用される．

6.4.3.1　$z = 1$ の場合の通常のシナリオ

新しい揺らぎ生成機構を解説する前に，まずは $z = 1$ の場合の通常の議論を復習することにしよう．

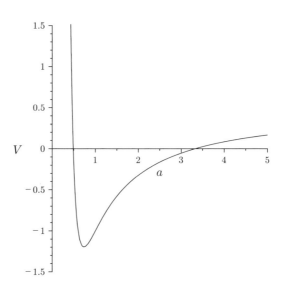

図 6.3 $l^2\Lambda = 0$, $\kappa_{\mathrm{g}}^2 l^2 C = 10$ の場合の $V(a)$. 膨張 ($\dot{a} > 0$) と収縮 ($\dot{a} < 0$) を繰り返すサイクリック宇宙になる. 文献 [77] より転載.

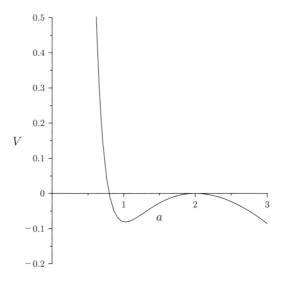

図 6.4 $l^2\Lambda = 15/64$, $\kappa_{\mathrm{g}}^2 l^2 C = 17/4$ の場合の $V(a)$. $a = 2$ は不安定な静的宇宙解を表す. $a < 2$ では, バウンス後あるいはそのまま, 無限の時間をかけて $a = 2$ に近づく. $a > 2$ では, 膨張し続ける ($\dot{a} > 0$) か, 収縮しながら ($\dot{a} < 0$) 無限の時間をかけて $a = 2$ に近づく. 文献 [77] より転載.

　宇宙論において通常, 揺らぎは FLRW 背景時空 (4.8) の周りの摂動展開によって解析する. 以下では, 簡単のため, 背景の空間は平坦, すなわち $\mathfrak{K} = 0$ としよう. 揺らぎを空間座標に関して Fourier 変換すると, 線形レベルでの各 Fourier モードの振る舞いは, 以下の分散関係で決まる角振動数 ω によって特徴づけられる.

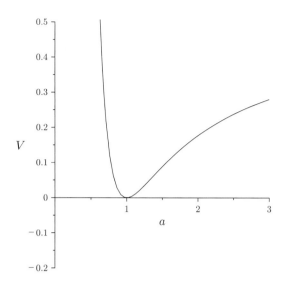

図 6.5　$l^2\Lambda = 0$, $\kappa_{\mathrm{g}}^2 l^2 C = 4$ の場合の $V(a)$. $a = 1$ が唯一の解で, 安定な静的宇宙を表す. 文献 [77] より転載.

$$\omega^2 = c_{\mathrm{s}}^2 \frac{k^2}{a^2}. \tag{6.218}$$

ここで, c_{s} は音速, k は共動空間座標での波数, a は宇宙のスケール因子である. 簡単のため, c_{s}^2 の時間依存性はない, あるいは宇宙膨張の時間スケール H^{-1} に比べて十分遅いと仮定する. (例えば, カノニカルなスカラー場の場合, ポテンシャルの形に依らず $c_{\mathrm{s}} = 1$.)

　もしも着目するモードが $\omega^2 \gg H^2$ を満たしていると, そのモードの時間発展は宇宙膨張の影響を受けず, 角振動数 ω で振動する. 一方, $\omega^2 \ll H^2$ が成り立つ場合には, 宇宙膨張が速いので, 膨張による摩擦が効いて, そのモードは振動を止めてほぼ一定の値にとどまる. すなわち, 宇宙膨張によって凍結 (freeze-out) する. 宇宙揺らぎの生成とは, 揺らぎの各モードが振動後に凍結することに他ならない. したがって, 宇宙揺らぎの生成のための条件は, $\omega^2 \gg H^2$ の後に $\omega^2 \ll H^2$ が起こること, すなわち

$$\frac{d}{dt}\left(\frac{H^2}{\omega^2}\right) > 0 \tag{6.219}$$

である. 各モードの分散関係が (6.218) の場合, 膨張宇宙 ($\dot{a} > 0$) に対してこの条件は $\ddot{a} > 0$ と同等である. したがって, $z = 1$ の場合, 量子揺らぎから宇宙論的揺らぎを生成するには宇宙の加速膨張, すなわちインフレーションが必要ということになる. 例えば, 冪的な膨張 $a \propto t^p$ の場合, $p > 1$ が必要である.

　宇宙マイクロ波背景輻射の観測データは, 宇宙初期の揺らぎはほぼスケール不変だったことを示唆している (4.3.1.4 節参照). 以下の考察により, スケール不変性は, インフレーションあるいはそれに準ずる現象が宇宙の初期に起こったであろうと示唆する. まず, $z = 1$ の場合, スケーリング則 (6.2) において

$s = 1$ であった．これは，スカラー場の量子揺らぎの振幅が，系のエネルギースケールに比例することを意味する．宇宙論において，系のエネルギースケールは Hubble 膨張率 H である．したがって，

$$\delta\phi \sim H. \tag{6.220}$$

また，異なるスケールの宇宙揺らぎは，異なる時刻に生成されたと考えられる．なぜなら，早い時期に作られた揺らぎはそれだけ膨張する時間が長く，大きなスケールに対応し，遅い時期に作られた揺らぎは生成後に膨張する時間が短いので，小さなスケールに対応するからである．したがって，宇宙揺らぎがほぼスケール不変とは，(6.220) の右辺すなわち H が時間にほぼ依存しないことと同じである．ラプス関数を 1 として時間座標 t が固有時間を表すようにすると $H = \dot{a}/a$ であるから，H が一定とは指数関数的な膨張 $a \propto \exp(Ht)$，すなわちインフレーションを意味する．

以上のように，$z = 1$ の場合には，宇宙論的揺らぎの生成と揺らぎのスケール不変性のためには，初期宇宙においてインフレーション，あるいはそれに準ずる現象が必要であることが分かる．

6.4.3.2 $z = 3$ の場合の新しいシナリオ

宇宙論的揺らぎの生成のための条件 (6.219) は，分散関係に依らず成立する．Hořava-Lifshitz 理論においては，非等方スケーリング (6.5) により，高エネルギーでの分散関係は

$$\omega^2 = M^2 \times \left(\frac{k^2}{M^2 a^2}\right)^z, \tag{6.221}$$

のようになる．ここで，M は分散関係を特徴づけるエネルギースケール．この分散関係を (6.219) に代入すると，膨張宇宙 ($\dot{a} > 0$) に対しては $d^2(a^z)/dt^2 > 0$ という条件を得る．Hořava-Lifshitz 理論では高エネルギーで $z \geq 3$ なので，宇宙論的揺らぎの生成のために，加速膨張すなわちインフレーションは必ずしも必要ではないことが分かる．例えば冪的膨張 $a \propto t^p$ の場合，$p > 1/z$ であれば十分である．

このようにして，非等方スケーリングにより，地平線問題が自然に解決する．その本質的な理由は，揺らぎは，**Hubble 地平線 (Hubble horizon)** ではなく，$\omega \sim H$ で定義される**音の地平線 (sound horizon)** で凍結することにある．宇宙初期で $H \gg M$ が満たされる時期には，音の地平線は Hubble 地平線のずっと外側にあり，Hubble 地平線よりもずっと大きなスケールを内包する．ミクロのスケールの揺らぎを宇宙論的なスケールまで引き伸ばすには，$d^2(a^z)/dt^2 > 0$ と $H \gg M$ を満たす宇宙膨張が十分長く続けばよいだけである．ここで，M は非等方スケーリングが重要になり始めるスケールであるが，理論が破綻するスケールではない．Hořava-Lifshitz が量子重力理論として意味をなすのであれ

ば，H が M よりずっと上でも全く問題ない.

一般の z に対して，式 (6.7) は，ϕ の量子揺らぎの振幅が

$$\delta\phi \sim M \times \left(\frac{H}{M}\right)^{\frac{3-z}{2z}},\tag{6.222}$$

のようになることを意味する. ここで，M は分散関係 (6.221) で定義される. これは，良く知られた $z = 1$ の結果 (6.220) や $z = 2$ のゴーストインフレーション（4.4 節参照）の結果 (4.84) を正しく再現する. 一方，Hořava-Lifshitz 理論における z の最小値すなわち $z = 3$ に対しては，(6.222) は $\delta\phi \sim M$ を与える. つまり，量子揺らぎの振幅は宇宙の膨張率に依存しない. これは，$z = 3$ の Hořava-Lifshitz 理論では，インフレーションがなくても，宇宙揺らぎは自動的にスケール不変となることを意味する.

6.4.3.3 簡単な模型

これまでの議論で，$z = 3$ 非等方スケーリングが，スケール不変な宇宙揺らぎの新しい生成機構を自然に導くことが分かった. ここでは，この機構の簡単で具体的な例として，以下の作用で記述される自由スカラー場を考察しよう.

$$I = \frac{1}{2}\int dt d^3\vec{x} N\sqrt{\gamma}\left[\frac{1}{N^2}(\partial_t\phi - N^i\partial_i\phi)^2 + \phi\mathcal{O}\phi\right].\tag{6.223}$$

ここで，

$$\mathcal{O} = \frac{\Delta^3}{M^4} - \frac{\kappa\Delta^2}{M^2} + c_\phi^2\Delta - m_\phi^2,\quad \Delta = \gamma^{ij}D_iD_j.\tag{6.224}$$

高エネルギーでは，$\mathcal{O}$ の第 1 項が優勢で，このスカラー場は $z = 3$ の非等方スケーリングを示す. 平坦な FLRW 時空上で，この領域におけるモード関数は簡単に求まり[78]，

$$\phi_{\vec{k}_c} = \frac{e^{i\vec{k}\cdot\vec{x}}}{(2\pi)^3} \times 2^{-1/2}k^{-3/2}M\exp\left(-i\frac{k^3}{M^2}\int\frac{dt}{a^3}\right),\tag{6.225}$$

のようになる. ここで，a は宇宙のスケール因子，t は固有時間，$\vec{k}$ は共動空間座標での波数ベクトルで，$k = |\vec{k}|$. この解は，WKB 近似解ではなく，厳密解である. したがって，ω^2 と H^2 の大小関係に依らず，また $a(t)$ の振る舞いにもよらず，$\mathcal{O}$ の第 1 項が優勢である限りいつでも使える. モード関数は，$\int^\infty dt/a^3$ が収束する場合，そしてその場合に限り，$a \to \infty$ の極限で定数に近づく. 冪的膨張 $a \propto t^p$ の場合，この収束条件は $p > 1/3$ となり，振動後に凍結するための条件 (6.219) と一致する. 膨張則の詳細によらず，積分が収束しさえすれば，power spectrum は

$$\mathcal{P}_\phi = \frac{k^3}{2\pi^2}\left|(2\pi)^3\phi_{\vec{k}}\right|^2 = \left(\frac{M}{2\pi}\right)^2,\tag{6.226}$$

のように計算できる. これは，明らかにスケール不変であり，(6.222) 直後の

$z = 3$ とした場合の議論と一致する．このようにして，スカラー場のスケール不変な宇宙揺らぎは，インフレーションがなくても生成することができる．

着目するスケールが音の地平線を越えた後，curvaton 機構や modulated decay of heavy particles or/and oscillating fields により，スカラー場の揺らぎを曲率揺らぎに変換することができる．たとえば，上で考えたスカラー場 ϕ そのものが curvaton と想定しても構わない[78]．実際，Hubble 膨張率が ϕ の質量 m_ϕ と同等程度に小さくなった時，ϕ はポテンシャルを転がり始める．最終的には ϕ のエネルギーが輻射に崩壊し，宇宙は再加熱される．そして，ϕ のスケール不変な揺らぎは，輻射の揺らぎそして曲率揺らぎに変換される．

低エネルギーでは，$\mathcal{O}$ の第 1 項と第 2 項は無視できて，通常の $z = 1$ スケーリングが回復する．この領域では，インフレーション中でない限り，揺らぎのスケールは十分時間が経てば地平線内に戻る．

6.4.4 平坦な宇宙の創世

次に，$z \geq 3$ の非等方スケーリングに基づいて，**平坦な宇宙の創世**の可能性について議論しよう．

一般相対論において，一様等方宇宙は Friedmann 方程式 (6.193) によって記述される．ここで，宇宙項 Λ の再定義により，$\lim_{a\to\infty} \rho = 0$ とできる．標準宇宙論において，ρ は輻射 ($\propto 1/a^4$) と圧力零の非相対論的物質 ($\propto 1/a^3$) を含む．Friedmann 方程式の右辺で，Λ 以外は宇宙膨張で零に近づいていき，十分時間が経つと Λ だけが残る．この事実と宇宙の年齢が長いことが，宇宙項問題 (2.2.1.2 節参照) の本質的な理由である．ここでは宇宙項問題についてはこれ以上触れず，何らかの理由で，Λ の値が観測の制限内にあるとする．宇宙項 Λ を除くと，Friedmann 方程式の右辺で最もゆっくり小さくなっていく項は空間曲率項 $-3\mathfrak{K}/a^2$ であり，これが標準宇宙論における平坦性問題の根源である．

インフレーションは，もしそれが初期宇宙で起こったとすると，その間，ρ をほぼ一定に保つ．すると，その間に限っては，空間曲率項でさえも ρ より速く減少していく．標準宇宙論の初期条件はインフレーションの終了時に与えられることになるが，その時点で，空間曲率項 $-3\mathfrak{K}/a^2$ は $\kappa^2\rho$ に比べて十分小さくなっている．その後，2 つの項の比は増大していくが，インフレーション終了時の値があまりにも小さいので，現在に至ってもまだ十分小さいままでいられる．このようにして，インフレーションは平坦性問題を解決する．

もしも量子重力理論が完成した暁には，宇宙の創世を論ずることができるはずである．そして，量子重力理論は，Friedmann 方程式 (6.193) 右辺の 2 項の比 $(-3\mathfrak{K}/a^2)/(\kappa^2\rho)$ についても，その初期値を予言できるだろう．もしもその予言値が十分小さな値であれば，インフレーションに依らずに平坦性問題を解決することになる．ここでは，Hořava-Lifshitz 理論に基づいて，そのような可能性について議論しよう．

Hořava-Lifshitz 理論における最も本質的な原理の一つは，非等方スケーリング (6.5) である．この原理のおかげで，Hořava-Lifshitz 理論は power-counting の意味で繰り込み可能になるように構成でき，projectable 理論については繰り込み可能性が実際に証明されている．また，6.4.3 節で解説したように，インフレーションがなくてもスケール不変な宇宙揺らぎを生成できるのも，$z = 3$ の非等方スケーリングのおかげである．

量子宇宙論において宇宙の初期条件は，典型的にはインスタントン解を通じた量子トンネリングによって決められる．インスタントンとは，時間座標を虚数に解析接続した 4 次元空間における古典解のことである．相対論においては $z = 1$ であり，時間と空間を同等に扱う $O(4)$ 対称性を持ったインスタントンが量子トンネリングを担う．この場合，$T = L$ である．ここで，T は虚時間のスケールで，L は長さのスケールである．これを実時間に解析接続すると，宇宙の初期条件において，時間のスケールと空間のスケールが等しくなり，これは（インフレーションがその後に起こらなければ）平坦性問題の存在を意味する．

一方，Hořava-Lifshitz 理論のように $z \geq 3$ の非等方スケーリングを想定すると，全く違う状況になる．量子トンネリングを担うインスタントンも，$z \geq 3$ の非等方スケーリングを尊重しているはずである．この場合，

$$T \simeq M^{z-1} L^z , \tag{6.227}$$

となる．ここで，T は虚時間のスケールで，L は長さのスケール，M は $z \geq 3$ の非等方スケーリング (6.5) を特徴づけるスケールである．もしも Hořava-Lifshitz 理論が正しい量子重力理論であれば，$L \ll 1/M$ のような超短距離でも適用できるはずである．もしもインスタントンが十分小さい，すなわち $L \ll 1/M$ を満たすのであれば，(6.227) により $T \ll L$ であり，これはインスタントンが虚時間と空間について対称でなく，非等方な形をしていることを意味する．このようなインスタントンは**非等方インスタントン** (anisotropic instanton) と呼んでもよいだろう．もしも宇宙創世が十分小さな非等方インスタントンによる量子トンネリングによって記述されるのであれば，実時間への解析接続後の宇宙は，初期条件として空間曲率の長さのスケールが宇宙膨張の時間のスケールよりも十分長くなるはずである．このようにして，非等方インスタントンは，インフレーションがなくても平坦性問題を解決するかもしれない．Projectable Hořava-Lifshitz 理論に基づく具体的なインスタントン解の候補や関連した議論については，文献 [74] を参照されたい．一方，ここで解説した非等方スケーリングに基づくアイデア自体は，Hořava-Lifshitz 理論のどのバージョンでも適用できるはずである．

6.5 Hořava-Lifshitz 理論のまとめ

本章では，2016 年に繰り込み可能性が証明され，弦理論によらない量子重力理論の有力な候補として注目されている，Hořava-Lifshitz 理論について解説した．まず 6.1 節では，次数勘定 (power counting)，非等方スケーリング (anisotropic scaling)，foliation preserving diffeomorphism といった，Hořava-Lifshitz 理論の基本的な考え方を解説した．そのなかでも，$z \geq 3$ の非等方スケーリングは，理論が繰り込み可能である本質的な理由であり，宇宙論への応用においても重要な役割を果たしている．

Hořava-Lifshitz 理論にはいくつかのバージョンがあるが，その中で繰り込み可能性が証明されているのは，今のところ projectable 理論だけである．また，全ての拘束条件が第一類で対称性と結びついている[20]のも，projectable 理論だけである．そこで，6.2 節では，projectable 理論の構成と理論的整合性を解説した．まず，前節で解説した基本的な考え方に基づいて，次数勘定の意味で繰り込み可能な作用を構成し，運動方程式の構造等について議論した．次に，ハミルトニアン解析によって，拘束条件の代数の構造を決定した．これにより，空間の各点における物理的自由度の数が，一般相対論に比べて 1 つ多いことが分かった．この余分な自由度はスカラー重力子と呼ばれ，短距離では安定だが，長距離では不安定性を示す．そこで，この不安定性が問題にならないほど十分緩やかになるための条件を定式化し，それが繰り込み群の性質についての現象論的な制限として理論に課されるべきことを示した．この条件は，理論のパラメータの一つである λ が，$\lambda > 1$ を満たしつつ低エネルギーで 1 に近づくことを要請する．この極限において，摂動展開は破綻するが，いくつかの簡単な場合に対しては，非線形効果によって極限の連続性が保証されることを見た．これは，massive gravity における Vainshtein 効果（5.2.2 節参照）と良く似ている．6.2 節の最後に，projectable 理論の繰り込み可能性の証明の概要を解説した．

6.3 節では，projectable 理論以外のバージョンとして，non-projectable 理論と U(1) 拡張を紹介した．Non-projectable 理論は，ラプス関数の空間座標依存性を許す理論であり，作用にはラプス関数の空間微分を含む項がある．そのため，non-projectable 理論の低エネルギー有効理論は，projectable 理論のそれに比べてパラメータを 1 つ多く含んでいる．そのパラメータをうまく選べば，スカラー重力子の低エネルギーにおける不安定性を避けることも可能である．これは必須条件ではないが，そのように選ぶと，低エネルギーで非摂動的な計算をしなくて済むので様々な計算が容易になる．また，projectable U(1) 拡張は，スカラー重力子がない理論である．

---

[20] 第一類の定義については，2.2.3.6 節の最終段落を参照．

6.4 節では，宇宙論への応用について議論した．具体的には，ダークマターがなくても銀河の回転曲線などを説明可能なシナリオ，正則なバウンス宇宙とサイクリック宇宙，地平性問題を解決してスケール不変な宇宙揺らぎを生成するシナリオ，平坦性問題を解決する宇宙創世のシナリオを紹介した．これらの中で，ダークマターの代替シナリオは projectable 理論に特化しているが，他は全てのバージョンに適用（あるいは拡張）可能である．

第 7 章
最後に

　これまで，一般相対論を超える重力理論の様々な側面について議論してきた．まず，第 1 章で述べたように，一般相対論を超える重力理論の研究には，宇宙の謎の解明，量子重力理論の構築，一般相対論の検証という，少なくとも 3 つの動機がある．また，第 2 章で解説した Lovelock の定理により，一般相対論を超えるためには，余剰次元，計量以外の自由度，一般座標変換に対する不変性の破れ，（擬）Riemann 幾何学以外の幾何学の 4 つの要素うち，少なくとも 1 つが必須である．一方，どのような動機であっても，そしてどのような要素によるものであっても，一般相対論を超えてもよいのは，実験や観測と矛盾しない範囲だけである．第 3 章で解説した Parametrized Post-Newtonian (PPN) 形式は，10 個の PPN パラメータによって一般相対論からのずれを記述することで，太陽系スケールの実験・観測データの集約および理論予言との比較を可能にする．一般相対論を超える重力理論が与えられたら，その理論の基礎方程式にしたがって 10 個の PPN パラメータを計算することにより，これまでの実験・観測データと矛盾がないかどうかを簡単に確認できる．

　第 1 章から第 3 章が一般相対論を超える重力理論への準備に相当するとすれば，その後の 3 つの章は，具体的な理論の解説であった．第 4 章では，有効場の理論 (effective field theory (EFT)) を用いてスカラーテンソル理論を普遍的に記述する方法を紹介した．1955 年の Jordan や 1961 年の Brans と Dicke の理論から，1974 年の Horndeski 理論，2016 年の DHOST 理論まで，さらにはそれらに含まれないもっと一般的なものも含め，すべてのスカラーテンソル理論（ただしスカラー場が 1 つの場合）を普遍的に記述することができる．このような有効場の理論の方法は，2004 年に著者が共同研究者とともに提案したゴースト凝縮が最初の例であり，それを一様等方宇宙に拡張して宇宙初期のインフレーションに適用したものが，インフレーションの有効場の理論 (EFT of inflation) である．この有効場の理論は，PPN 形式が太陽系スケールの重力について果たしてきたような役割を，インフレーション理論と観測データの比較

において実際に果たしている．同様の有効場の理論を現在の宇宙の加速膨張に適用したものはダークエネルギーの有効場の理論 (EFT of dark energy) と呼ばれており，ダークエネルギーの研究において重要な役割を果たすと期待されている．

　第 5 章では，massive gravity について解説した．Massive gravity の研究は元々，重力子すなわち spin-2 の場が質量を持てるか?という古典場の理論における基礎的な問題についての研究であり，1939 年の Fierz-Pauli 理論以来の比較的長い歴史を持つ．しかし，1972 年に Boulware-Deser が非線形レベルでの不安定性（BD ゴースト）を指摘してからは，長い間，重力子は零でない質量を持てないと考えられてきた．BD ゴーストを回避して，Minkowski 時空上で非線形レベルで安定な massive gravity 理論（dRGT 理論）が発見されたのは，40 年近く経った 2010 年のことであった．その後，massive gravity を宇宙論に応用し，宇宙の加速膨張を解明しようという研究が活発になったが，dRGT 理論における一様等方膨張宇宙解はすべて不安定であることが分かった．現在は dRGT 理論を超える massive gravity 理論の研究が進んでおり，本書では Hassan-Rosen bigravity (HRBG) と minimal theory of massive gravity (MTMG), minimal theory of bigravity (MTBG) について紹介した．特に，MTMG と MTBG は，考え得る致命的な不安定性を全て排除しており，ダークエネルギーがなくても加速膨張する安定な一様等方膨張宇宙解を持つ．今後の発展が楽しみである．

　第 6 章で解説した Hořava-Lifshitz 理論は，2016 年に繰り込み可能性が証明されており，さらに，高階時間微分を含まないためユニタリである．そのため，超弦理論によらない量子重力理論の有力な候補と考えられている．Hořava-Lifshitz 理論にはいくつかのバージョンがあるが，その中で繰り込み可能性が証明されているのは，今のところ projectable 理論だけである．そこで，Hořava-Lifshitz 理論の基本的な考え方を議論した後，まずは projectable 理論について詳しく解説した．具体的には，次数勘定の意味で繰り込み可能な作用の構成，ハミルトニアン解析，スカラー重力子の性質，Vainshtein 効果に類似の現象，繰り込み可能性の証明の概要等を解説した．また，他のバージョンとして，non-projectable 理論と U(1) 拡張の紹介もした．最後に，Hořava-Lifshitz 理論の宇宙論への応用を議論した．それらの中でも，スケール不変な宇宙揺らぎの生成機構と平坦な宇宙の創世機構は，インフレーションを必要としない初期宇宙シナリオとなっていて興味深い．

　繰り返しになるが，一般相対論を超える理論の研究には，少なくとも 3 つの動機がある．宇宙の謎に挑戦するため，量子重力理論を構築するため，あるいは一般相対論そのものの検証や理解のため，一般相対論を超える重力理論が必要とされている．読者の中には，将来，そのような研究をする人がいるかもしれない．本書が何らかの助けになれば幸いである．

2015 年には，Advanced LIGO によって重力波が初めて直接検出され，2020年には日本の KAGRA も観測を開始した．重力波は，ブラックホール誕生などの天体現象の解明だけでなく，一般相対論の検証という物理学の基礎に直結する役割も期待されている．実際，2017 年の中性子星連星からの重力波とガンマ線の同時観測により，重力波と電磁波がほぼ同じ伝搬速度を持つことが確かめられた．また，2019 年には，Event horizon telescope によるブラックホールシャドウの撮影結果が発表された．今後，さらなる観測により精度が向上すれば，一般相対論およびそれを超える重力理論におけるブラックホール解の検証も可能になるだろう．重力が一般相対論を超える理論によって記述されるのであれば，その兆候が重力波やブラックホールシャドウ等の観測データに現れるかもしれない．あるいは，（観測の精度の範囲内で）一般相対論の正しさが示されるのかもしれない．いずれにせよ，観測や実験によって重力理論を検証できる可能性のある，幸運な時代に私達がいることは確かである．

参考文献

[1] R.L. Arnowitt, S. Deser and C.W. Misner, "Dynamical Structure and Definition of Energy in General Relativity," Phys. Rev. **116**, 1322–1330 (1959) doi:10.1103/PhysRev.116.1322.

[2] D. Lovelock, "Divergence-free tensorial concomitants," Aequationes mathematicae **4**, 127 (1970) doi:10.1007/BF01817753.

[3] D. Lovelock, "The four-dimensionality of space and the einstein tensor," J. Math. Phys. **13**, 874–876 (1972) doi:10.1063/1.1666069.

[4] D. Lovelock, "The uniqueness of the Einstein field equations in a four-dimensional space," Arch. Rational Mech. Anal. **33**, 54 (1969) doi:10.1007/BF00248156.

[5] D. Lovelock, "The Einstein tensor and its generalizations," J. Math. Phys. **12**, 498–501 (1971) doi:10.1063/1.1665613.

[6] K. Aoki and S. Mukohyama, "Consistent inflationary cosmology from quadratic gravity with dynamical torsion," JCAP **06**, 004 (2020) doi:10.1088/1475-7516/2020/06/004 [arXiv:2003.00664 [hep-th]].

[7] C.M. Will, "Theory and Experiment in Gravitational Physics," 2nd edition, Cambridge University Press (2018) doi:10.1017/9781316338612.

[8] K. Lin, S. Mukohyama, A. Wang and T. Zhu, "Post-Newtonian approximations in the Hořava-Lifshitz gravity with extra U(1) symmetry," Phys. Rev. D **89**, no.8, 084022 (2014) doi:10.1103/PhysRevD.89.084022 [arXiv:1310.6666 [hep-ph]].

[9] V.A. Kostelecky and N. Russell, "Data Tables for Lorentz and CPT Violation," Rev. Mod. Phys. **83**, 11–31 (2011) doi:10.1103/RevModPhys.83.11 [arXiv:0801.0287 [hep-ph]].

[10] S.B. Lambert and C. Le Poncin-Lafitte, "Improved determination of γ by VLBI," Astron. Astrophys. **529**, A70 (2011) doi:10.1051/0004-6361/201016370.

[11] B. Bertotti, L. Iess and P. Tortora, "A test of general relativity using radio links with the Cassini spacecraft," Nature **425**, 374–376 (2003) doi:10.1038/nature01997.

[12] C.M. Will, "The Confrontation between General Relativity and Experiment," Living Rev. Rel. **17**, 4 (2014) doi:10.12942/lrr-2014-4 [arXiv:1403.7377 [gr-qc]].

[13] C.M. Will, "Active mass in relativistic gravity - Theoretical interpretation of the Kreuzer experiment," Astrophys. J. **204**, 224–234 (1976) doi:10.1086/154164.

[14] N. Arkani-Hamed, H.C. Cheng, M.A. Luty and S. Mukohyama, "Ghost condensation and a consistent infrared modification of gravity," JHEP **05**, 074 (2004) doi:10.1088/1126-6708/2004/05/074 [arXiv:hep-th/0312099 [hep-th]].

[15] H. Watanabe and H. Murayama, "Unified Description of Nambu-Goldstone Bosons without Lorentz Invariance," Phys. Rev. Lett. **108**, 251602 (2012) doi:10.1103/

PhysRevLett.108.251602 [arXiv:1203.0609 [hep-th]].

[16] C. Armendariz-Picon, T. Damour and V.F. Mukhanov, "k - inflation," Phys. Lett. B **458**, 209–218 (1999) doi:10.1016/S0370-2693(99)00603-6 [arXiv:hep-th/9904075 [hep-th]].

[17] N. Arkani-Hamed, H.C. Cheng, M.A. Luty, S. Mukohyama and T. Wiseman, "Dynamics of gravity in a Higgs phase," JHEP **01**, 036 (2007) doi:10.1088/1126-6708/2007/01/036 [arXiv:hep-ph/0507120 [hep-ph]].

[18] P. Creminelli, M.A. Luty, A. Nicolis and L. Senatore, "Starting the Universe: Stable Violation of the Null Energy Condition and Non-standard Cosmologies," JHEP **12**, 080 (2006) doi:10.1088/1126-6708/2006/12/080 [arXiv:hep-th/0606090 [hep-th]].

[19] C. Cheung, P. Creminelli, A.L. Fitzpatrick, J. Kaplan and L. Senatore, "The Effective Field Theory of Inflation," JHEP **03**, 014 (2008) doi:10.1088/1126-6708/2008/03/014 [arXiv:0709.0293 [hep-th]].

[20] D.S. Salopek and J.R. Bond, "Nonlinear evolution of long wavelength metric fluctuations in inflationary models," Phys. Rev. D **42**, 3936–3962 (1990) doi:10.1103/PhysRevD.42.3936.

[21] N. Aghanim *et al.* [Planck], "Planck 2018 results. VI. Cosmological parameters," [arXiv:1807.06209 [astro-ph.CO]].

[22] K. Izumi and S. Mukohyama, "Trispectrum from Ghost Inflation," JCAP **06**, 016 (2010) doi:10.1088/1475-7516/2010/06/016 [arXiv:1004.1776 [hep-th]].

[23] S. Weinberg, "Quantum contributions to cosmological correlations," Phys. Rev. D **72**, 043514 (2005) doi:10.1103/PhysRevD.72.043514 [arXiv:hep-th/0506236 [hep-th]].

[24] P. Creminelli, A. Nicolis, L. Senatore, M. Tegmark and M. Zaldarriaga, "Limits on non-gaussianities from wmap data," JCAP **05**, 004 (2006) doi:10.1088/1475-7516/2006/05/004 [arXiv:astro-ph/0509029 [astro-ph]].

[25] L. Senatore, K.M. Smith and M. Zaldarriaga, "Non-Gaussianities in Single Field Inflation and their Optimal Limits from the WMAP 5-year Data," JCAP **01**, 028 (2010) doi:10.1088/1475-7516/2010/01/028 [arXiv:0905.3746 [astro-ph.CO]].

[26] Y. Akrami *et al.* [Planck], "Planck 2018 results. IX. Constraints on primordial non-Gaussianity," [arXiv:1905.05697 [astro-ph.CO]].

[27] N. Arkani-Hamed, P. Creminelli, S. Mukohyama and M. Zaldarriaga, "Ghost inflation," JCAP **04**, 001 (2004) doi:10.1088/1475-7516/2004/04/001 [arXiv:hep-th/0312100 [hep-th]].

[28] E. Komatsu *et al.* [WMAP Collaboration], "Seven-Year Wilkinson Microwave Anisotropy Probe (WMAP) Observations: Cosmological Interpretation," Astrophys. J. Suppl. **192**, 18 (2011) [arXiv:1001.4538 [astro-ph.CO]].

[29] M. Fierz and W. Pauli, "On relativistic wave equations for particles of arbitrary spin in an electromagnetic field," Proc. Roy. Soc. Lond. A **173**, 211–232 (1939) doi:10.1098/rspa.1939.0140.

[30] H. van Dam and M.J.G. Veltman, "Massive and massless Yang-Mills and gravitational fields," Nucl. Phys. B **22**, 397–411 (1970) doi:10.1016/0550-3213(70)90416-5.

[31] V.I. Zakharov, "Linearized gravitation theory and the graviton mass," JETP Lett. **12**, 312 (1970).

[32] A.I. Vainshtein, "To the problem of nonvanishing gravitation mass," Phys. Lett. B **39**, 393–394 (1972) doi:10.1016/0370-2693(72)90147-5.

[33] D.G. Boulware and S. Deser, "Can gravitation have a finite range?," Phys. Rev. D **6**, 3368–3382 (1972) doi:10.1103/PhysRevD.6.3368.

[34] E. Babichev, C. Deffayet and R. Ziour, "Recovering General Relativity from massive gravity," Phys. Rev. Lett. **103**, 201102 (2009) doi:10.1103/PhysRevLett.103.201102 [arXiv:0907.4103 [gr-qc]].

[35] C. de Rham and G. Gabadadze, "Generalization of the Fierz-Pauli Action," Phys. Rev. D **82**, 044020 (2010) doi:10.1103/PhysRevD.82.044020 [arXiv:1007.0443 [hep-th]].

[36] N. Arkani-Hamed, H. Georgi and M.D. Schwartz, "Effective field theory for massive gravitons and gravity in theory space," Annals Phys. **305**, 96–118 (2003) doi:10.1016/S0003-4916(03)00068-X [arXiv:hep-th/0210184 [hep-th]].

[37] C. de Rham, G. Gabadadze and A.J. Tolley, "Resummation of Massive Gravity," Phys. Rev. Lett. **106**, 231101 (2011) doi:10.1103/PhysRevLett.106.231101 [arXiv:1011.1232 [hep-th]].

[38] S.F. Hassan and R.A. Rosen, "Resolving the Ghost Problem in non-Linear Massive Gravity," Phys. Rev. Lett. **108**, 041101 (2012) doi:10.1103/PhysRevLett.108.041101 [arXiv:1106.3344 [hep-th]].

[39] S.F. Hassan and R.A. Rosen, "Confirmation of the Secondary Constraint and Absence of Ghost in Massive Gravity and Bimetric Gravity," JHEP **04**, 123 (2012) doi:10.1007/JHEP04(2012)123 [arXiv:1111.2070 [hep-th]].

[40] S.F. Hassan, R.A. Rosen and A. Schmidt-May, "Ghost-free Massive Gravity with a General Reference Metric," JHEP **02**, 026 (2012) doi:10.1007/JHEP02(2012)026 [arXiv:1109.3230 [hep-th]].

[41] G. D'Amico, C. de Rham, S. Dubovsky, G. Gabadadze, D. Pirtskhalava and A.J. Tolley, "Massive Cosmologies," Phys. Rev. D **84**, 124046 (2011) doi:10.1103/PhysRevD.84.124046 [arXiv:1108.5231 [hep-th]].

[42] A.E. Gumrukcuoglu, C. Lin and S. Mukohyama, "Open FRW universes and self-acceleration from nonlinear massive gravity," JCAP **11**, 030 (2011) doi:10.1088/1475-7516/2011/11/030 [arXiv:1109.3845 [hep-th]].

[43] A.E. Gumrukcuoglu, C. Lin and S. Mukohyama, "Cosmological perturbations of self-accelerating universe in nonlinear massive gravity," JCAP **03**, 006 (2012) doi:10.1088/1475-7516/2012/03/006 [arXiv:1111.4107 [hep-th]].

[44] A. De Felice, A.E. Gumrukcuoglu and S. Mukohyama, "Massive gravity: nonlinear insta-

bility of the homogeneous and isotropic universe," Phys. Rev. Lett. **109**, 171101 (2012) doi:10.1103/PhysRevLett.109.171101 [arXiv:1206.2080 [hep-th]].

[45] A. Higuchi, "Forbidden Mass Range for Spin-2 Field Theory in De Sitter Space-time," Nucl. Phys. B **282**, 397–436 (1987) doi:10.1016/0550-3213(87)90691-2.

[46] A.E. Gumrukcuoglu, C. Lin and S. Mukohyama, "Anisotropic Friedmann-Robertson-Walker universe from nonlinear massive gravity," Phys. Lett. B **717**, 295–298 (2012) doi:10.1016/j.physletb.2012.09.049 [arXiv:1206.2723 [hep-th]].

[47] A. De Felice, A.E. Gumrukcuoglu, C. Lin and S. Mukohyama, "Nonlinear stability of cosmological solutions in massive gravity," JCAP **05**, 035 (2013) doi:10.1088/1475-7516/2013/05/035 [arXiv:1303.4154 [hep-th]].

[48] S.F. Hassan and R.A. Rosen, "Bimetric Gravity from Ghost-free Massive Gravity," JHEP **02**, 126 (2012) doi:10.1007/JHEP02(2012)126 [arXiv:1109.3515 [hep-th]].

[49] A. De Felice, T. Nakamura and T. Tanaka, "Possible existence of viable models of bigravity with detectable graviton oscillations by gravitational wave detectors," PTEP **2014**, 043E01 (2014) doi:10.1093/ptep/ptu024 [arXiv:1304.3920 [gr-qc]].

[50] A. De Felice, A.E. Gumrukcuoglu, S. Mukohyama, N. Tanahashi and T. Tanaka, "Viable cosmology in bimetric theory," JCAP **06**, 037 (2014) doi:10.1088/1475-7516/2014/06/037 [arXiv:1404.0008 [hep-th]].

[51] K. Aoki and S. Mukohyama, "Massive gravitons as dark matter and gravitational waves," Phys. Rev. D **94**, no.2, 024001 (2016) doi:10.1103/PhysRevD.94.024001 [arXiv:1604.06704 [hep-th]].

[52] A. De Felice and S. Mukohyama, "Minimal theory of massive gravity," Phys. Lett. B **752**, 302–305 (2016) doi:10.1016/j.physletb.2015.11.050 [arXiv:1506.01594 [hep-th]].

[53] A. De Felice and S. Mukohyama, "Phenomenology in minimal theory of massive gravity," JCAP **04**, 028 (2016) doi:10.1088/1475-7516/2016/04/028 [arXiv:1512.04008 [hep-th]].

[54] A. De Felice, F. Larrouturou, S. Mukohyama and M. Oliosi, "Minimal Theory of Bigravity: construction and cosmology," JCAP **04**, 015 (2021) doi:10.1088/1475-7516/2021/04/015 [arXiv:2012.01073 [gr-qc]].

[55] C. Cheung and G.N. Remmen, "Positive Signs in Massive Gravity," JHEP **04**, 002 (2016) doi:10.1007/JHEP04(2016)002 [arXiv:1601.04068 [hep-th]].

[56] B. Bellazzini, F. Riva, J. Serra and F. Sgarlata, "Beyond Positivity Bounds and the Fate of Massive Gravity," Phys. Rev. Lett. **120**, no.16, 161101 (2018) doi:10.1103/PhysRevLett.120.161101 [arXiv:1710.02539 [hep-th]].

[57] C. de Rham, S. Melville, A.J. Tolley and S.Y. Zhou, "Positivity Bounds for Massive Spin-1 and Spin-2 Fields," JHEP **03**, 182 (2019) doi:10.1007/JHEP03(2019)182 [arXiv:1804.10624 [hep-th]].

[58] P. Hořava, "Quantum Gravity at a Lifshitz Point," Phys. Rev. D **79**, 084008 (2009) doi:10.1103/PhysRevD.79.084008 [arXiv:0901.3775 [hep-th]].

[59] S. Groot Nibbelink and M. Pospelov, "Lorentz violation in supersymmetric field theories," Phys. Rev. Lett. **94**, 081601 (2005) doi:10.1103/PhysRevLett.94.081601 [arXiv:hep-ph/0404271 [hep-ph]].

[60] K. Toma, S. Mukohyama, D. Yonetoku, T. Murakami, S. Gunji, T. Mihara, Y. Morihara, T. Sakashita, T. Takahashi, Y. Wakashima, H. Yonemochi and N. Toukairin, "Strict Limit on CPT Violation from Polarization of Gamma-Ray Burst," Phys. Rev. Lett. **109**, 241104 (2012) doi:10.1103/PhysRevLett.109.241104 [arXiv:1208.5288 [astro-ph.HE]].

[61] M. Henneaux, A. Kleinschmidt and G.L. Gomez, "A dynamical inconsistency of Hořava gravity," Phys. Rev. D **81**, 064002 (2010) doi:10.1103/PhysRevD.81.064002 [arXiv:0912.0399 [hep-th]].

[62] B.P. Abbott *et al.* [LIGO Scientific and VIRGO], "GW170104: Observation of a 50-Solar-Mass Binary Black Hole Coalescence at Redshift 0.2," Phys. Rev. Lett. **118**, no.22, 221101 (2017) [erratum: Phys. Rev. Lett. **121**, no.12, 129901 (2018)] doi:10.1103/PhysRevLett.118.221101 [arXiv:1706.01812 [gr-qc]].

[63] K. Izumi and S. Mukohyama, "Stellar center is dynamical in Hořava-Lifshitz gravity," Phys. Rev. D **81**, 044008 (2010) doi:10.1103/PhysRevD.81.044008 [arXiv:0911.1814 [hep-th]].

[64] C. Doran, "A New form of the Kerr solution," Phys. Rev. D **61**, 067503 (2000) doi:10.1103/PhysRevD.61.067503 [arXiv:gr-qc/9910099 [gr-qc]].

[65] S. Mukohyama, "Caustic avoidance in Hořava-Lifshitz gravity," JCAP **09**, 005 (2009) doi:10.1088/1475-7516/2009/09/005 [arXiv:0906.5069 [hep-th]].

[66] A.E. Gumrukcuoglu, S. Mukohyama and A. Wang, "General relativity limit of Hořava-Lifshitz gravity with a scalar field in gradient expansion," Phys. Rev. D **85**, 064042 (2012) doi:10.1103/PhysRevD.85.064042 [arXiv:1109.2609 [hep-th]].

[67] A.O. Barvinsky, D. Blas, M. Herrero-Valea, S.M. Sibiryakov and C.F. Steinwachs, "Renormalization of Hořava gravity," Phys. Rev. D **93**, no.6, 064022 (2016) doi:10.1103/PhysRevD.93.064022 [arXiv:1512.02250 [hep-th]].

[68] D. Anselmi and M. Halat, "Renormalization of Lorentz violating theories," Phys. Rev. D **76**, 125011 (2007) doi:10.1103/PhysRevD.76.125011 [arXiv:0707.2480 [hep-th]].

[69] A.E. Gümrükçüoğlu, M. Saravani and T.P. Sotiriou, "Hořava gravity after GW170817," Phys. Rev. D **97**, no.2, 024032 (2018) doi:10.1103/PhysRevD.97.024032 [arXiv:1711.08845 [gr-qc]].

[70] J. Oost, S. Mukohyama and A. Wang, "Constraints on Einstein-aether theory after GW170817," Phys. Rev. D **97**, no.12, 124023 (2018) doi:10.1103/PhysRevD.97.124023 [arXiv:1802.04303 [gr-qc]].

[71] J. Kluson, "Hamiltonian Analysis of Non-Relativistic Covariant RFDiff Hořava-Lifshitz Gravity," Phys. Rev. D **83**, 044049 (2011) doi:10.1103/PhysRevD.83.044049 [arXiv:1011.1857 [hep-th]].

[72] S. Mukohyama, R. Namba, R. Saitou and Y. Watanabe, "Hamiltonian analysis of non-projectable Hořava-Lifshitz gravity with $U(1)$ symmetry," Phys. Rev. D **92**, no.2, 024005 (2015) doi:10.1103/PhysRevD.92.024005 [arXiv:1504.07357 [hep-th]].

[73] S. Mukohyama, "Dark matter as integration constant in Hořava-Lifshitz gravity," Phys. Rev. D **80**, 064005 (2009) doi:10.1103/PhysRevD.80.064005 [arXiv:0905.3563 [hep-th]].

[74] S.F. Bramberger, A. Coates, J. Magueijo, S. Mukohyama, R. Namba and Y. Watanabe, "Solving the flatness problem with an anisotropic instanton in Hořava-Lifshitz gravity," Phys. Rev. D **97**, no.4, 043512 (2018) doi:10.1103/PhysRevD.97.043512 [arXiv:1709.07084 [hep-th]].

[75] G. Calcagni, "Cosmology of the Lifshitz universe," JHEP **09**, 112 (2009) doi:10.1088/1126-6708/2009/09/112 [arXiv:0904.0829 [hep-th]].

[76] R. Brandenberger, "Matter Bounce in Hořava-Lifshitz Cosmology," Phys. Rev. D **80**, 043516 (2009) doi:10.1103/PhysRevD.80.043516 [arXiv:0904.2835 [hep-th]].

[77] S. Mukohyama, "Hořava-Lifshitz Cosmology: A Review," Class. Quant. Grav. **27**, 223101 (2010) doi:10.1088/0264-9381/27/22/223101 [arXiv:1007.5199 [hep-th]].

[78] S. Mukohyama, "Scale-invariant cosmological perturbations from Hořava-Lifshitz gravity without inflation," JCAP **06**, 001 (2009) doi:10.1088/1475-7516/2009/06/001 [arXiv:0904.2190 [hep-th]].

索　引

ア

Einstein の等価原理　　4
Einstein-Hilbert 作用　　6
Einstein 方程式　　8
Advanced LIGO　　2

EFT　　43
EFT of inflation　　44, 47, 51
EFT of dark energy　　45, 47, 51
Equillateral タイプ　　65
一次拘束条件　　14
一般座標変換　　22
一般相対論　　5, 29
一般相対論の検証　　2
In-in 形式　　63
インフラトン　　52
インフレーション　　2, 51
インフレーションの有効場の理論　　44, 47, 51

Vainshtein 機構　　78, 114
Vainshtein 半径　　78, 114
VLBI　　36
vDVZ 不連続性　　76
宇宙項問題　　2, 6
宇宙揺らぎ　　52
運動量拘束条件　　15

HRBG　　91
ADM 分解　　13
ADM vielbein　　93
NG ボソン　　46, 48, 54
エネルギー運動量テンソル　　8
エネルギー運動量テンソルの保存則　　9
effective field theory　　43
FLRW 計量　　51
MTMG　　93
MTBG　　94

Orthogonal タイプ　　65

Ostrogradsky ゴースト　　103
音の地平線　　150
音速　　58

カ

外曲率　　13
回転成分　　118
counter 項　　128
加速膨張　　51
カッシーニ探査機　　38
完全流体　　24

局所 $U(1)$ 対称性　　138
極大対称時空　　44
曲率定数　　51
曲率揺らぎ　　58

空間計量　　13
空間のパリティー変換　　99
gradient expansion　　119
繰り込み可能性　　119
繰り込み群　　103

計量　　4
k-inflation　　59
ゲージ場の理論　　45

caustics　　117
caustics の回避　　117
拘束条件　　14
ゴースト　　17
ゴーストインフレーション　　67
ゴースト凝縮　　44
cosmic time　　60
conformal time　　60

サ

サイクリック宇宙　　147
sound horizon　　150

GW170817　　10

CPT 不変性　　99

Jeans 不安定性　　110

時間反転　　99

次数勘定　　96

次数勘定の意味で繰り込み可能　　98

シフトベクトル　　13

Shapiro time delay　　29, 37, 38

重力子振動　　91

重力子の質量　　74

重力定数　　26

重力波　　9

重力波の伝搬速度　　10

スカラー重力子　　107, 108

スカラーテンソル理論　　39, 43

スカラー場　　39, 52

スケーリング次元　　50, 96

scaling degree　　122

スケール不変な宇宙揺らぎ　　147

Stückelberg 場　　81

spectral index　　62

静止質量密度　　24

生成シナリオ　　145

生成消滅演算子　　61

静的宇宙　　147

赤外固定点　　143

self-accelerating 解　　87

全エネルギー密度　　24

測地線　　11

測地線偏差の式　　12

粗視化　　118

タ

ダークエネルギー　　1

ダークエネルギーの有効場の理論　　45, 47, 51

ダークマター　　1, 117, 141

第一類　　16

第一類拘束条件　　16, 84

dynamical critical exponent　　97

第二類　　16

第二類拘束条件　　84

超弦理論　　96

dRGT 理論　　81

TT ゲージ　　11

decoupling limit　　81

定曲率空間　　51

degree of divergence　　128

diffeomorphism　　22

deflection angle　　34, 36

テスト実験　　4

テスト粒子　　4

テンソル重力子　　108

等方圧力　　24

ナ

南部–Goldstone ボソン　　46, 48

二次拘束条件　　15

Newton 極限　　26, 117

Newton ポテンシャル　　26, 116

Non-projectable 理論　　130

ハ

場　　52

bispectrum　　64, 70

バウンス　　117

バウンス宇宙　　147

発散の次数　　128

Hassan-Rosen bigravity　　91

Hubble 地平線　　150

Hubble horizon　　150

ハミルトニアン　　14

ハミルトニアン拘束条件　　15

バリオン数保存則　　24

power counting　　96

Power spectrum　　62

power spectrum　　69

Bunch-Davies 真空　　61

Painlevé-Gullstrand 座標　　116

Bianchi 恒等式　　9

BRST ゴースト　　120

BRST 反ゴースト　　120

BRST 変換　　120

PN 展開　　26

PN 補正　　34, 37
BD ゴースト　　80, 89
PPN 形式　　26
PPN 計量　　26
PPN 座標系　　28, 34, 37
PPN パラメータ　　29
比エネルギー密度　　24
非 Gauss 性　　60
光の時間遅延　　29, 37, 38
光の偏向　　29, 33, 38
Higuchi ゴースト　　89
非線形ゴースト　　89
Higgs 機構　　45
非等方圧力　　24
非等方インスタントン　　153
非等方 FLRW 解　　90
非等方スケーリング　　97
ビリアル平衡　　25

Fierz と Pauli の線形理論　　73
physical metric　　82
fiducial metric　　82
foliation preserving diffeomorphism　　98
Planck　　62
Planck スケール　　26
Friedmann-Lemaître-Robertson-Walker 計量　　51
precursor 理論　　93, 94
projectability 条件　　100
projectable 理論　　99
proper time　　60
プロパゲーター　　121

平坦な宇宙の創世　　152
偏向角　　34, 36

Hořava-Lifshitz 理論　　96

補助場　　120
post-Newtonian 展開　　26
保存質量密度　　25
Boulware-Deser ゴースト　　80
Poisson 括弧　　14

massive gravity　　73

minimal theory of bigravity　　93
minimal theory of massive gravity　　93
Milne 時空　　86
Minkowski 計量　　4

モード関数　　61

U(1) 拡張　　138
有効場の理論　　43
ユニタリゲージ　　48, 54, 83

弱い等価原理　　4
弱い等式　　15

light deflection　　29, 33, 38
ラプス関数　　13
Lovelock 重力　　20
Lovelock の定理　　17

Lifshitz スケーリング　　97
流体素片の速度　　24
量子重力理論　　2, 96

regular　　122

local タイプ　　66

著 者 略 歴

向山 信治
むこうやま　しんじ

1994 年	京都大学理学部卒業
1999 年	京都大学大学院理学研究科博士課程修了
	博士（理学）
1999 年	ビクトリア大学 研究員
2001 年	ハーバード大学 研究員
2004 年	東京大学大学院理学系研究科 助手
2007 年	日本物理学会若手奨励賞受賞
2008 年	東京大学カブリ数物連携宇宙研究機構 特任准教授
2014 年	京都大学基礎物理学研究所 教授,
	東京大学カブリ数物連携宇宙研究機構 客員上級科
	学研究員
2014 年	Lagrange Award 受賞
専門	宇宙論，重力理論

SGC ライブラリ-170
一般相対論を超える
重力理論と宇宙論

2021 年 7 月 25 日 ⓒ　　　　　初 版 発 行

著　者　向山 信治　　　　　　発行者　森 平 敏 孝
　　　　　　　　　　　　　　　印刷者　馬 場 信 幸

発行所　　株式会社 サ イ エ ン ス 社
〒151–0051　東京都渋谷区千駄ヶ谷 1 丁目 3 番 25 号
営業 ☎ (03) 5474-8500 (代)　　振替 00170-7-2387
編集 ☎ (03) 5474-8600 (代)
FAX ☎ (03) 5474-8900　　　　表紙デザイン：長谷部貴志

印刷・製本　三美印刷 (株)

《検印省略》

ISBN978–4–7819–1517–3

PRINTED IN JAPAN

サイエンス社のホームページのご案内
https://www.saiensu.co.jp
ご意見・ご要望は
sk@saiensu.co.jp　まで．